Rhino
三维建模
高级实例教程

张 崟
梁跃荣
李旭文
李灿熙
编

化学工业出版社
·北京·

内容简介

本书全面介绍了Rhino的高级功能及其在产品设计、工业设计中的具体应用案例。

本书采用循序渐进的方式对Rhino高质量绘制NURBS曲线与曲面的方法和技巧进行深入讲解，重点介绍了Rhino倒角的方法和技巧、产品纹理表皮的制作方法、产品渐消面的制作方法，并把NURBS曲线与曲面绘制的高级技法融入后续的案例制作部分，分别通过路由器、电熨斗、眼部检测仪及电钻等建模难度逐步加深的实际案例，充分展示Rhino软件在产品设计中具体的高级建模理念、方法与操作步骤，让读者能够学以致用。

本书适于具备一定Rhino软件基础的读者学习，可作为高等院校产品设计、工业设计等专业教材和培训机构的培训教学用书，还适合从事产品设计、工业设计、建筑设计等专业的技术人员学习和参考。

图书在版编目（CIP）数据

Rhino三维建模高级实例教程/张崟等编. —北京：化学工业出版社，2022.6（2025.4重印）
ISBN 978-7-122-41084-9

Ⅰ.①R… Ⅱ.①张… Ⅲ.①产品设计-计算机辅助设计-应用软件-教材 Ⅳ.①TB472-39

中国版本图书馆CIP数据核字（2022）第051640号

责任编辑：李彦玲　　文字编辑：师明远
责任校对：王　静　　装帧设计：王晓宇

出版发行：化学工业出版社（北京市东城区青年湖南街13号　邮政编码100011）
印　　装：北京建宏印刷有限公司
787mm×1092mm　1/16　印张15　字数399千字　2025年4月北京第1版第3次印刷

购书咨询：010-64518888　　售后服务：010-64518899
网　　址：http://www.cip.com.cn
凡购买本书，如有缺损质量问题，本社销售中心负责调换。

定　　价：89.90元　

前言

PREFACE

Rhino

Rhino是美国Robert McNeel & Associates公司开发的功能强大的专业三维造型软件，广泛用于产品设计、工业设计、建筑设计、三维动画制作等领域。

本书是继2018年出版的《Rhino三维建模实例教程》之后的进阶版本，为了使读者能快速掌握Rhino高阶建模的理念与方法，编者在《Rhino三维建模实例教程》一书中讲解过的Rhino核心建模理念——NURBS曲线与曲面的基本构成原理及其连续性的应用内容的基础上，进一步编写了本书，希望通过本书，使读者学会通过Rhino软件绘制高质量曲线和曲面，掌握各类高级造型的制作技巧。全书共分10章，主要包括Rhino界面介绍和个性化设置、高质量NURBS曲线和曲面的绘制、倒角的方法和技巧、产品纹理表皮的制作、产品的渐消面制作等内容，最后结合多个实际产品案例阐述了Rhino高阶建模方法。

本书主要针对具备一定Rhino建模基础的读者，是追求Rhino建模技术能进一步精进的读者实现快速而全面掌握其高级技法的必备参考书。

本书提供了书中实例的源文件及素材，可通过书中附的二维码获取，以便读者练习使用。

由于编写人员的水平有限，本书在编写过程中难免有不足之处，望广大读者不吝赐教，拨冗指正。

编　者

2022年3月

CONTENTS

目录

Rhino

1 Rhino界面介绍与个性化设置 1

2 绘制高质量NURBS曲线的方法与技巧 21

CONTENTS

3 绘制高质量精简NURBS曲面的方法与技巧 36

4 Rhino倒角的方法与技巧 63

1

Rhino界面介绍与个性化设置

素材与源文件

Rhino

1.1 Rhino界面介绍

双击打开Rhino（犀牛），我们就进入了崭新的世界，可以看见最基本的Rhino布局。Rhino界面主要由标题栏、菜单栏、指令栏、标准栏、工具列、状态栏、属性对话框以及工作视窗组成，而工作视窗标题则是工作视窗组成的一部分。接下来我们分区域进行了解。如图1-1所示。

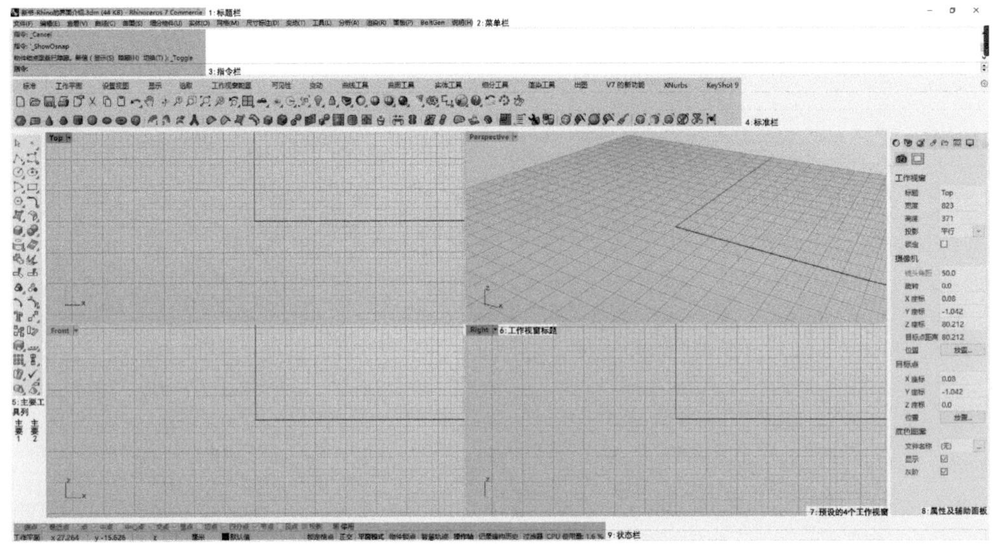

图1-1

① 标题栏：显示文件名，包含文件存储路径的标题。

② 菜单栏：将Rhino的指令按相同属性进行归类以及是否有安装插件也可在菜单栏显示。

③ 指令栏：指令栏是设计师在Rhino建模中与Rhino随时随地进行交流的窗口，分为指令历史栏和指令输入栏。功能为指令别名的输入，显示当前命令的执行，提示下一步的操作，所需操作数值的输入，指令参数的选用，显示执行命令的结果或已经执行操作失败的原因等。且许多建模工具还在指令栏中提供了相应的选项，当执行命令后，需要搭配某些参数才能达到目标，而此时只能通过命令栏进行改变，操作方式可以直接输入参数字母代号或鼠标点击。如图1-2所示。

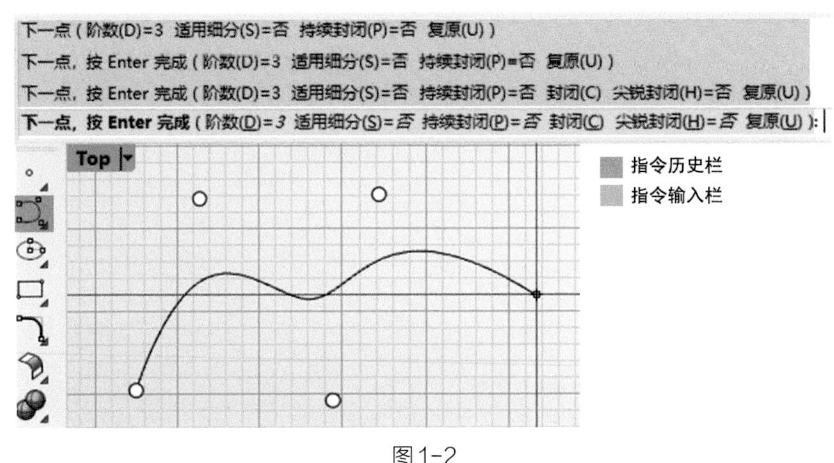

图1-2

当我们进行绘制曲线时，软件本身会反馈给设计师需要几阶的曲线等参数选项的需求，而设计师同时也可以根据自身需求在指令栏中进行参数调整。

④ 标准栏：工具和插件的分类，也可以根据自己的习惯进行改变位置以及对其重新命名。

⑤ 工具列：Rhino常用工具的指令，软件设计者按点线面体变动编辑的逻辑进行排列，使操作非常人性化。a.将鼠标左键光标移动到工具列的指令上，将会显示出此指令的名称。b.在Rhino中很多指令按钮集成了两个指令，使用鼠标左键和鼠标右键具有不同的指令。c.工具列中指令按钮图标的右下角带有小三角符号，此符号表示这个按钮指令下面还隐藏着多个工具，点击小三角▶图标即可显示隐藏在下方的多个按钮。如图1-3所示。

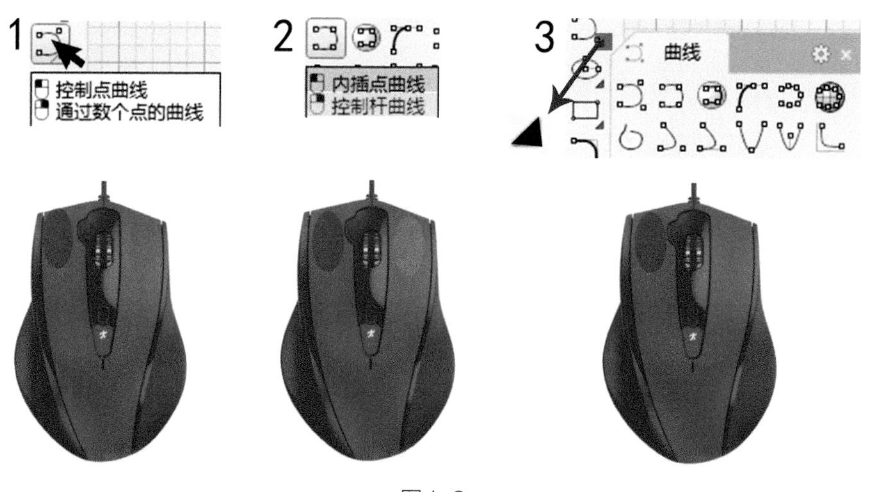

图1-3

⑥ 工作视窗标题：可以对视窗进行切换显示模式、设置视图等操作。如图1-4所示。

图1-4

⑦ 预设的4个工作视图：Rhino建模操作与模型的显示都是在视图中完成的。工作视图包括工作视窗标题、背景以及工作平面的格线和世界坐标图示。在Rhino视窗默认的状态下Rhino界面则分为【Top（顶视图）】【Perspective（透视图）】【Front（前视图）】以及【Right（右视图）】4个视窗，但是也可以根据需要在工作视窗的标题中进行安排视图。如图1-5所示为修改后的视窗。

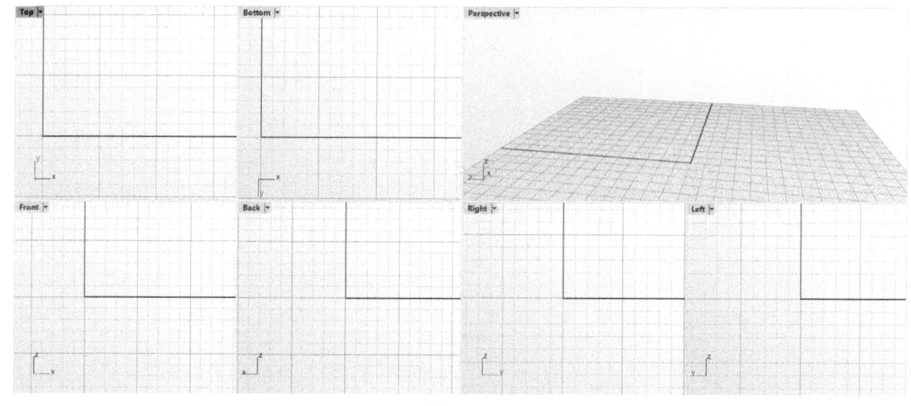

图1-5

⑧ 属性及辅助面板：常用于查看物件属性、图层的相对应操作（如设置图层名称，修改物件图层，赋予物件材质等系列操作）。

⑨ 状态栏：包含了显示坐标系统、光标系统、模型公差单位、图层、建模辅助和可用内存及CPU使用率等信息。如图1-6所示。

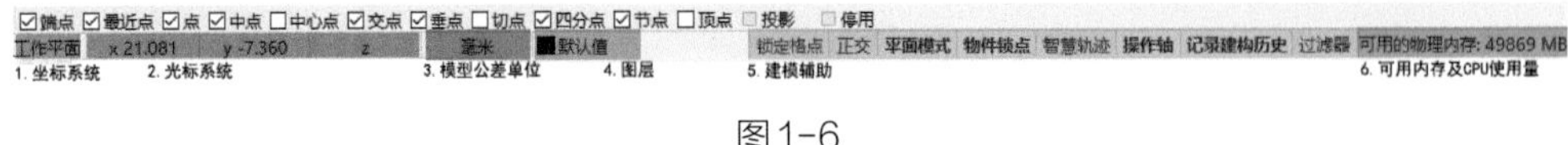

图1-6

接下来我们对状态栏的每一项进行了解。

【坐标系统】：单击坐标系统即可以在【世界坐标】和【工作平面坐标】之间进行切换。

【光标系统】：即时显示当前的X、Y、Z坐标的位置，需注意的是数值的显示是基于左边的坐标系。

【模型公差单位】：建模常用的模型单位与公差，用鼠标左键双击⚙【设置】命令，在弹窗中单位选项里可根据读者所需进行修改。

【图层】：单击该图标，即可弹出图层快捷编辑图层面板，可快速编辑物件图层。

【建模辅助】：此区域为光亮显示并且字体较粗时表示为激活状态。

建模辅助系列详解1：【锁定格点】在激活状态下可以限制住鼠标光标的移动，只能在工作平面上的格点进行移动，这样可以有效地保证图纸的精确程度，但是也会给操作带来一定的限制，建议关闭。如图1-7所示。

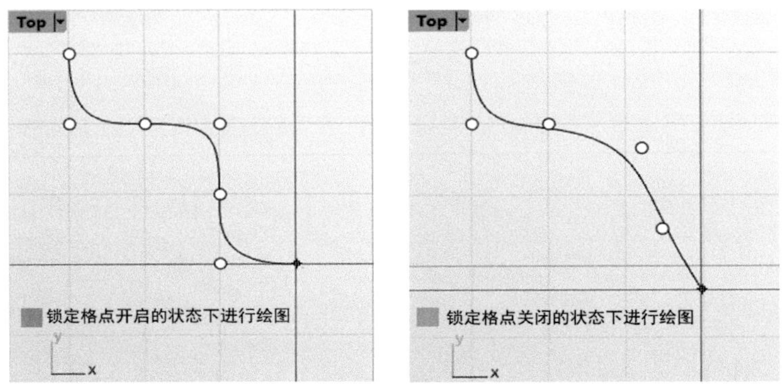

图1-7

建模辅助系列详解2：【正交】激活状态时可以用来保持水平和垂直捕捉，而【Shift】键则可以暂时停用与开启正交。

建模辅助系列详解3：【平面模式】在开启的状态下进行三维绘图时可以强迫鼠标所点位置与上一个指定点保持跟同一工作平面平行。需注意的是如开启了其他捕捉模式，能即时改变其位置。如图1-8所示。

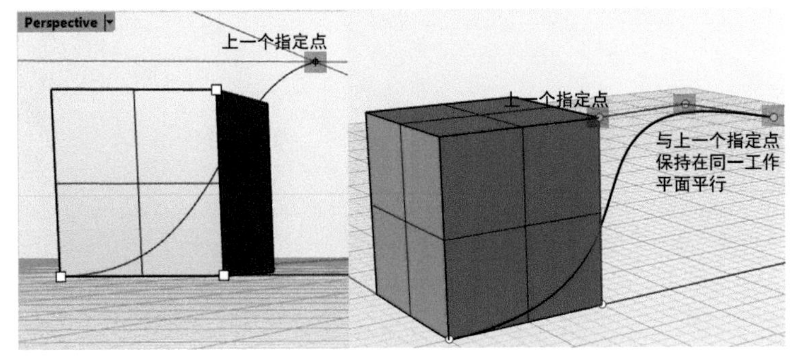

图1-8

建模辅助系列详解4：【物件锁点】是使用频率极高的一个建模辅助项，在建模过程中用来帮助捕捉物件对象。如需要进行捕捉哪个点，在【物件锁点】开启的状态下，在所要捕捉的那个点前勾选即可激活。如图1-9所示为笔者建议大家开启的选项。

☑端点 ☑最近点 ☑点 ☑中点 ☐中心点 ☑交点 ☑垂点 ☐切点 ☑四分点 ☑节点 ☐顶点 ☐投影 ☐停用

工作平面 x 21.081 y -7.360 z 毫米 ■默认值 锁定格点 正交 平面模式 物件锁点

图1-9

> **小技巧** 在绘图中使用【物件锁点】时，如遇到想临时关闭【物件锁点】，也可以根据停用状态配合键盘【Alt】键进行临时开启与关闭。未【停用】状态下按【Alt】键则为临时关闭，而【停用】状态下按【Alt】键则为临时开启【物件锁点】。

建模辅助系列详解5：【智慧轨迹】开启时可以在Rhino建模中建立临时性的辅助线或者点。如图1-10所示。

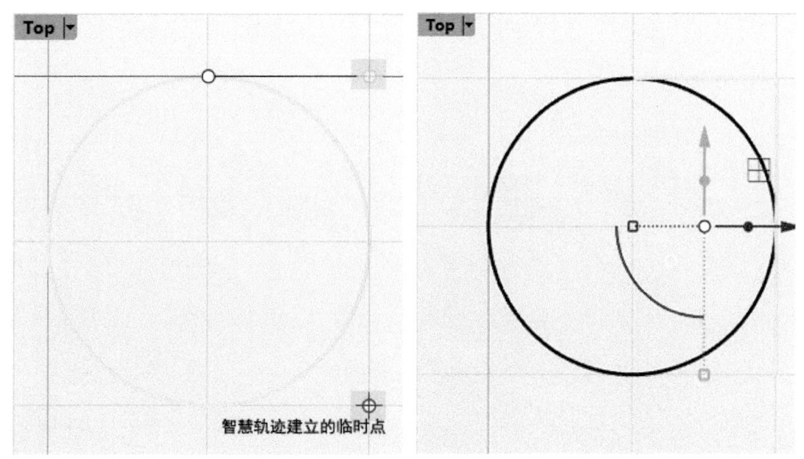

图1-10

建模辅助系列详解6：【操作轴】在Rhino 5.0以前是没有的，它是Rhino 5.0新增的辅助建模工具，可以通过操作轴对物件对象进行辅助性的移动、旋转和缩放等操作。Rhino操作轴的出现，极大地方便了绘图操作，提高了绘图效率，让广大设计师以及爱好者爱不释手。如图1-11所示。

如图1-12所示，按住【Ctrl+Shift】键，同时配合鼠标左键，可以单独选中模型的曲面或者边缘，先拖拽操作轴，再按住【Ctrl】键不放，接着松开鼠标左键，可以当挤出工具来使用。

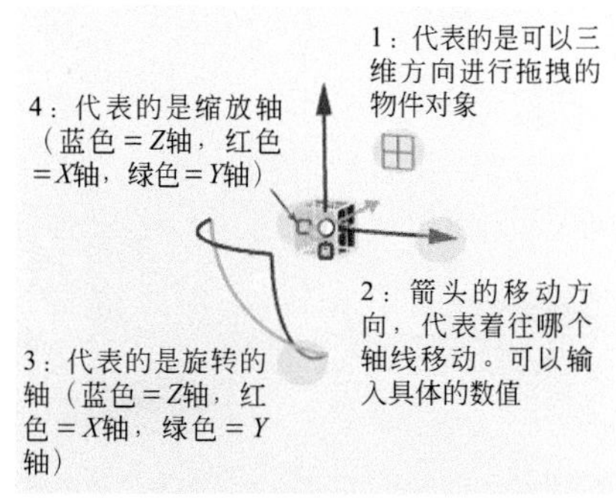

图1-11

> **小技巧** 操作轴的移动轴在移动物件时配合键盘【Alt】还具备快速复制的功能。在使用操作轴移动物件时，可按住键盘【Alt】键，然后拖动物件，会出现一个“+”号在新拖动的物件处。松开鼠标即可达到物件复制的效果。也可先拖动物件，然后快速按键盘【Alt】键，再拖动物件，也会出现一个“+”号在新拖动的物件处。如图1-13所示。

选择操作轴的旋转轴向进行旋转，便可以快速地对想要编辑的物体进行修改和调整形态，缩放轴同理。如图1-14所示。

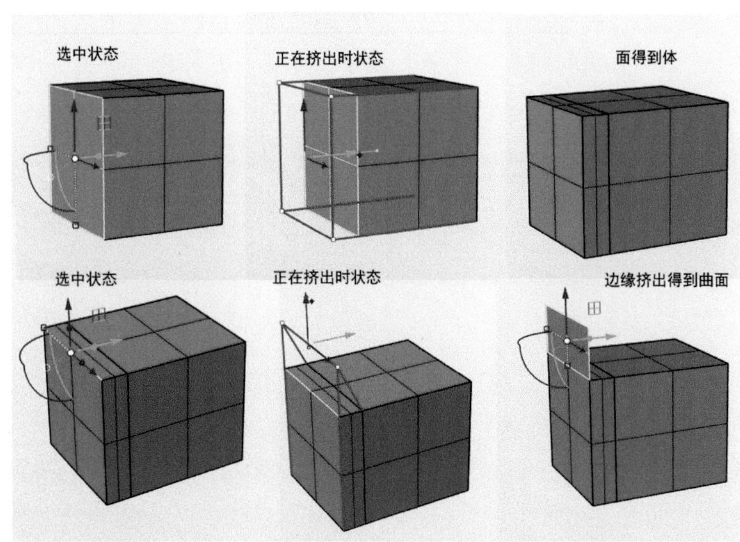

图1-12

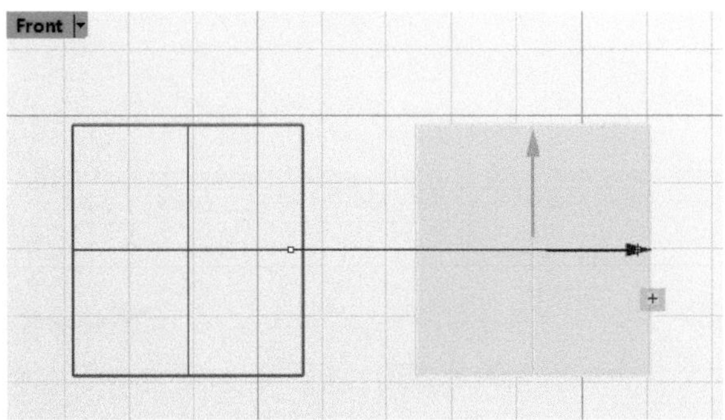

图1-13

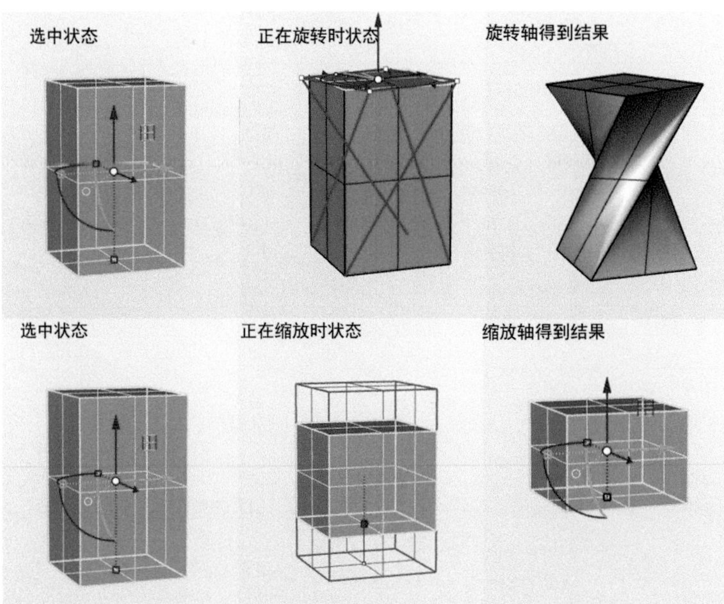

图1-14

小技巧

操作轴的缩放轴也可以输入数值进行缩放，可以精确地得到想要的结果，同时还可以对曲线或曲面的控制点进行对齐处理。如图1-15所示。

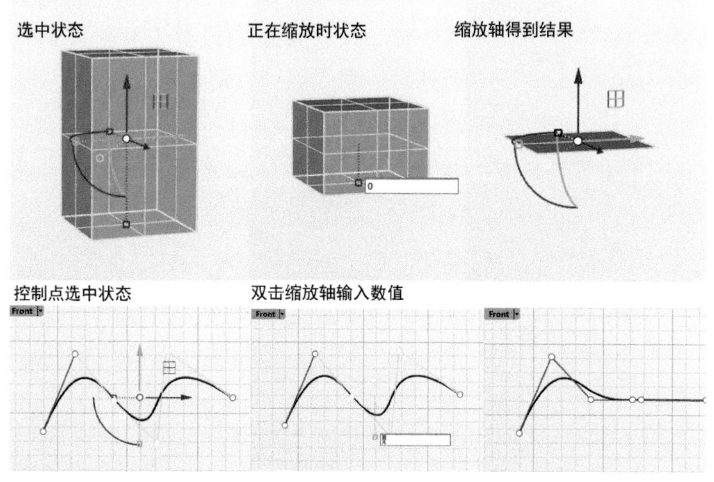

图1-15

快速定位操作轴中心：先将鼠标左键移动到操作轴中心点，如图1-16所示，再按【Ctrl】键，接着松开【Ctrl】键，即可轻松地定位物件操作轴的中心。

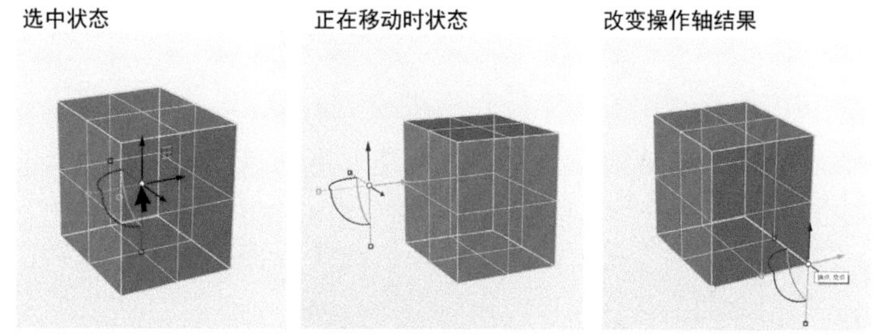

图1-16

建模辅助系列详解7：【记录建构历史】。如图1-17所示，画一条线，然后使用旋转成形得到一个曲面，曲面就是由最初的那一条线通过旋转成形得到的，请注意这一点，当打开那条曲线的控制点进行调整时曲面也会随之跟着改变。而打开曲面的控制点则会破坏它们之间记录的历史，它们之间存在着子物件与母物件之间的关系。

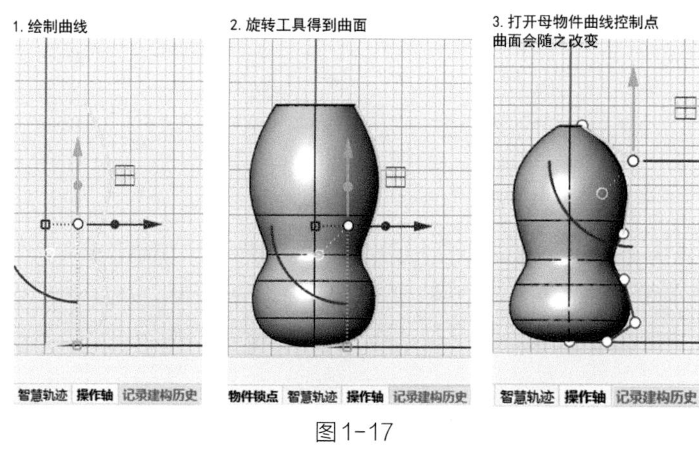

图1-17

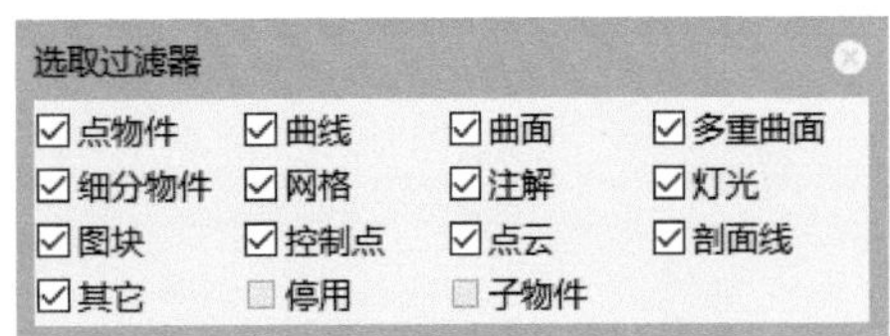

图1-18

在【记录建构历史】的面板上点击【鼠标右键】，会弹出记录建构历史的菜单供选择。

建模辅助系列详解8：【过滤器】是一个很好理解的项目，在【过滤器】中有被勾选的物件类型才允许被操作者选取，否则无法选取某物件。如图1-18所示。

【可用内存及CPU使用量】：显示目前的内存使用量、可用的物理内存以及CPU使用量、绝对公差与距离上次保存过的时间等信息。

1.2 Rhino的基础操作

本小节主要讲解Rhino中视图的基础操作和物件的选取。视图的操作较为简单，主要分为4个部分，即平移视图、旋转视图、缩放视图、单一视图最大化。在图1-19中我们可以看见标准栏中有专门的【设置视图】工具组。

图1-19

①【平移视图】：点击标准栏中的【平移】 指令，在视图中按住鼠标左键进行拖拽，即可以上下左右平移视图。在视图中我们也可以不点击指令做到快速平移视图的操作。如直接右击鼠标右键也可以达到平移视图的目的，在此我们需要注意，Rhino中视图分为平移视图和透视图。所以直接右击鼠标右键只对【平行视图】有用，那么在【透视图】中来说则需要搭配键盘上的【Shift】键与鼠标右键。相比而言这样操作能提高工作效率。

②【旋转视图】：执行【旋转视图】 按钮，在视图中拖拽鼠标就可以旋转所需要的视图角度。或者在透视图中直接点击【鼠标右键】即可。而平行视图则需要【Ctrl+Shift+鼠标右键】才能在平行视图中进行旋转视图。因此我们需要注意的是平行视图，我们一般是不要旋转操作的，因为旋转操作后的视图投影模式还是平行模式，会导致模型透视看起来有些奇怪，若此时再用【鼠标右键】拖拽视图就不是平移视图而是旋转视图了。

小技巧

那么如何将视图恢复回预设呢？很简单，只需要在标准栏中鼠标右键点击 【默认的四个工作视窗】便可恢复。

③【缩放视图】：点击标准栏中的【动态缩放：Ctrl+鼠标右键】 指令，在视图中即可按住鼠标左键进行缩放视图，在实际操作中为了节约时间，我们可以直接使用【Ctrl+鼠标右键】或直接用鼠标滚轮代替，进行缩放，无须点击指令按钮。

④【单一视窗最大化】：在Rhino默认中双击工作视图标题 Top 即可实现最大化窗口，同时也可以设置成单击最大化。执行标准栏中的【选项】 按钮，然后在弹出的对话框中找到【视图】这一选项，接着勾选上【单击最大化】即可。如图1-20所示。

总结：切换视图很方便，鼠标三键（左键，滚轮，右键）要记牢对应的功能，这样我们在绘图中的效率就会大幅度上升。

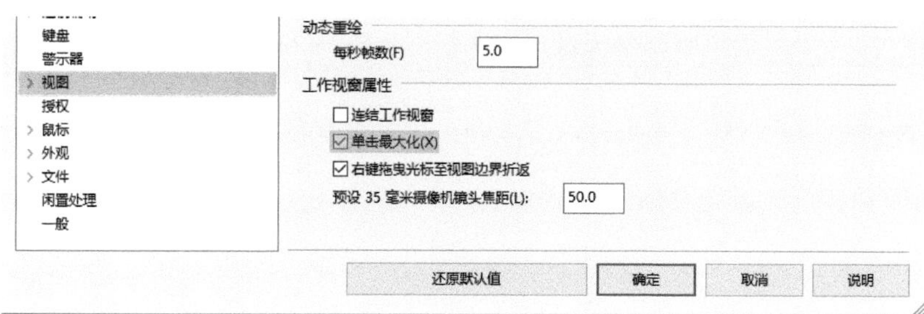

图1-20

在Rhino中物件对象的基础操作选取方式主要包括了物件的点选、框选（实框与虚框）、按类型（颜色）选取、全选、加选、减选、反选等。Rhino本身自带一组选取工具栏以及我们前面所学的过滤器也是选取的一分子。如图1-21所示。

图1-21

下面让我们来了解一下对象的选取。通常在Rhino中默认被选取到的物件，其显示颜色则是以黄色显示，所以我们在赋予物件颜色的时候就要避免使用黄色，不然可能绘图者本身都不知道有没有选中。如图1-22所示。

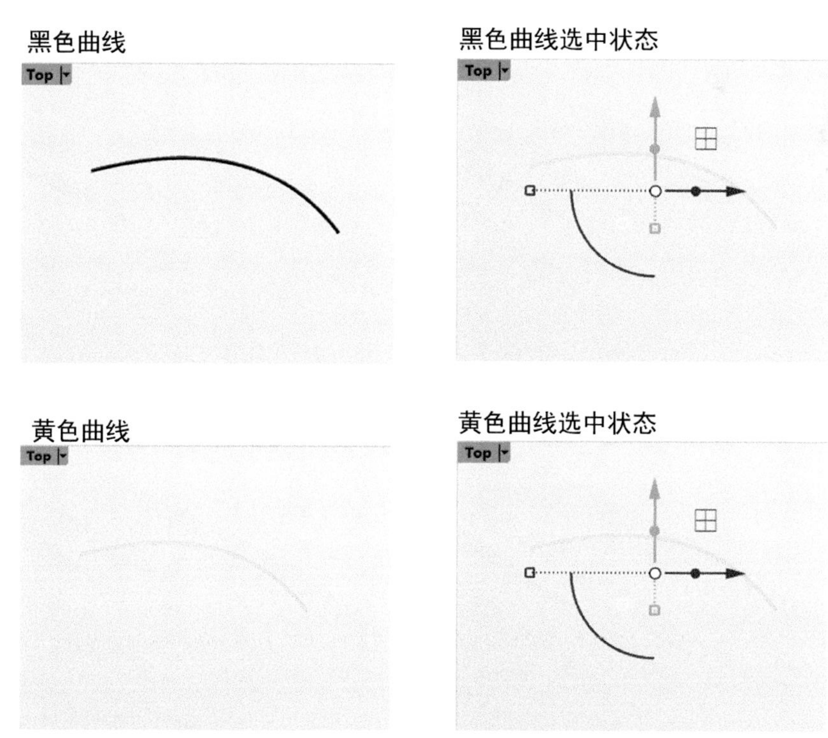

图1-22

鼠标实线框

鼠标虚线框

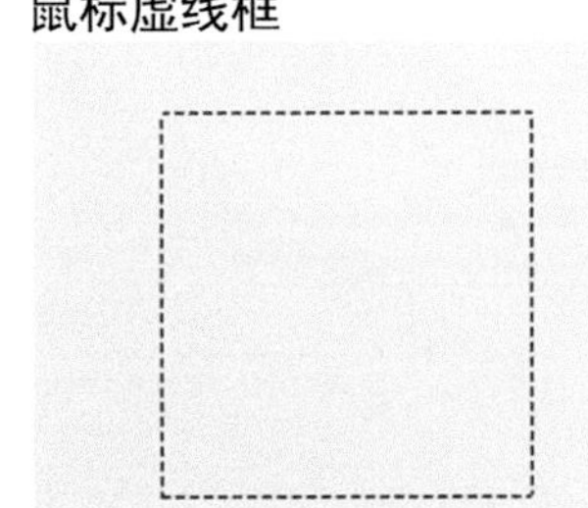

图1-23

实线框进行选取

实线框选取结果

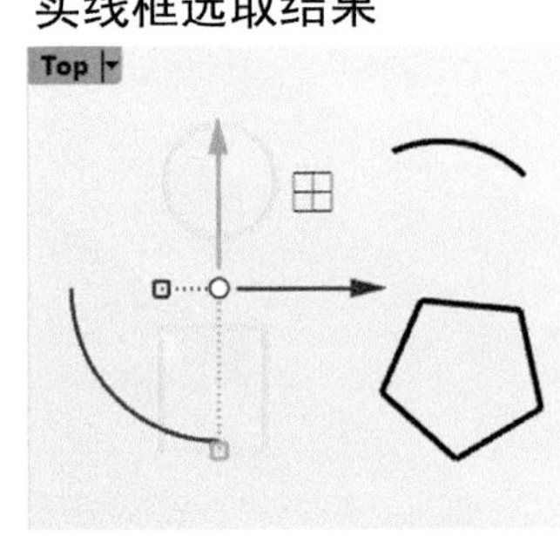

图1-24

虚线框进行选取

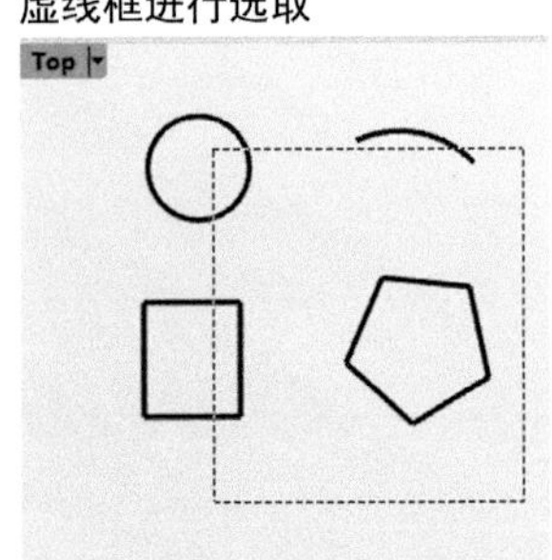

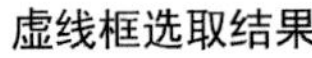

虚线框选取结果

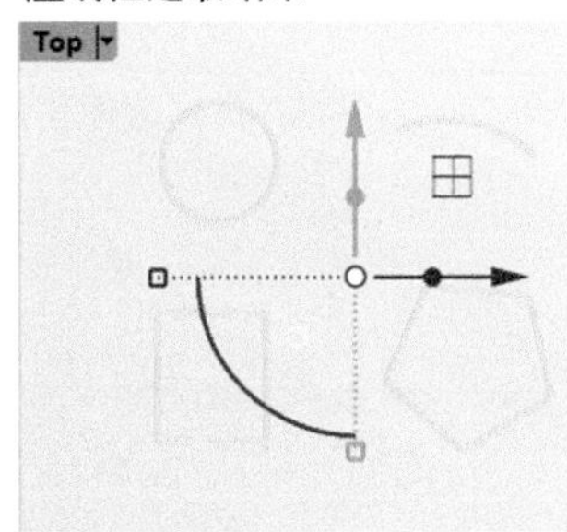

图1-25

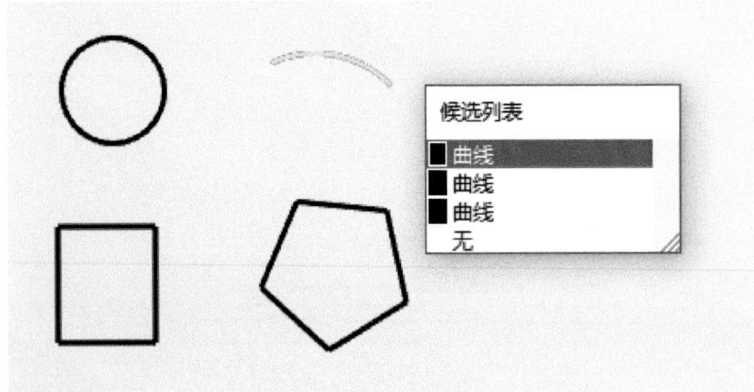

图1-26

① 物件的点选：使用鼠标左键点击需要选取的物件就是点选。而被点选中的物件则为黄色光亮显示。如需进行撤销，可以点击视窗空白处或按键盘上的【Esc】键。

② 物件的框选：在视窗中将需要选取的物件进行框选时，需要长按鼠标左键形成方框，并让方框完全跨过被选取的物件本身后才松开鼠标左键。

此方式区别于【Ctrl+A】，【Ctrl+A】是指选取视窗中所有的物件，而框选除非是框选中视窗中所有的物件才能选取视窗中所有的物件，否则只能框选中用户所完全框中的物件。而物件的框选又分为实框与虚框，如图1-23所示。

a. 实框：当按住鼠标左键在视图中从左往右进行框选时，只有被鼠标左键绘制出来的实线框完全框住的物件才能被选取中。如图1-24所示。

b. 虚框：虚框的意思就是当按住鼠标左键在视图中从右往左进行框选时，只要鼠标左键绘制出来的虚线框与想要框住的物件有接触即可被选中。如图1-25所示。

通常我们在视窗中进行绘图选取的过程中，难免会选中重叠的物件或者会遇到不同物件重叠交叉，此时当选取中某个对象时，可以在候选列表点击所要的物件，或滑动滚轮即可选取，如候选列表中没有所要选取的物件，则点击“无”即可，也可按【Esc】进行撤销。

也可以使用指令【选取完全重复的物件】，选取中有重复的物件，进行删除后再选取。

注：候选列表只有当选取的物件进行了重叠或者交叉才会出现。如图1-26所示。

③ 物件选取中的加选：在Rhino中选取物件时，若选择某物件时还

需添加其他物件，而又不想撤销正在进行的操作，我们可以按住键盘上的【Shift】再点选其他物件，则可以将该物件增加至选取的状态。

④ 物件选取中的减选：在Rhino中选取物件时，会不小心将不想选取的物件加入进来选取的状态，而又不想撤销正在进行的操作，我们可以按住键盘上的【Ctrl】再点选要取消的物件，则可以将该物件取消选取的状态。

⑤ 物件选取中的反选：在视窗中通常会有多种物件，如只需要单独显示某物件，可以先点选要显示的物件，接着使用标准栏中的【选取】工具指令，选择弹出的对话框中的【反选选取集合】指令，即可实现反选操作，接着对物件进行隐藏或锁定之类的编辑。如图1-27所示。

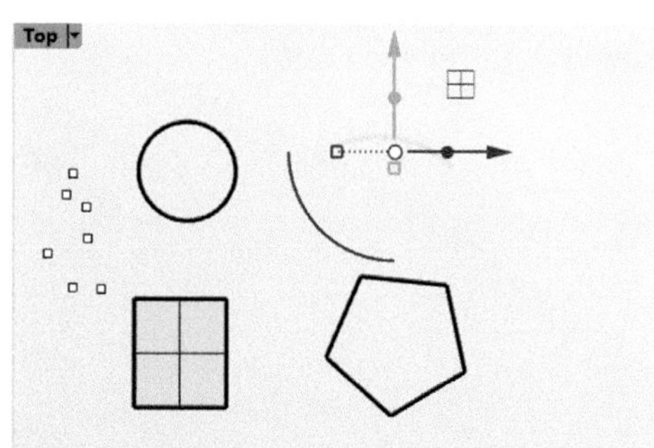

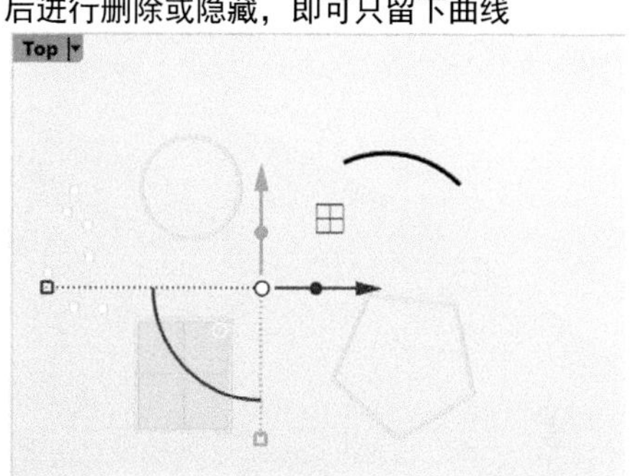

图1-27

1.3 用户个性化设置

1.3.1 Rhino显示模式的修改

在Rhino绘图时，我们常用的显示模式有【线框模式】【着色模式】以及【渲染模式】。每个独立的视窗都可以有独立的显示模式。在Rhino中有10种自带的显示模式供大家选择，点击工作视窗标签 Top 即可弹出对话窗，如图1-28所示。同时也支持用户对默认的显示进行修改和增加。

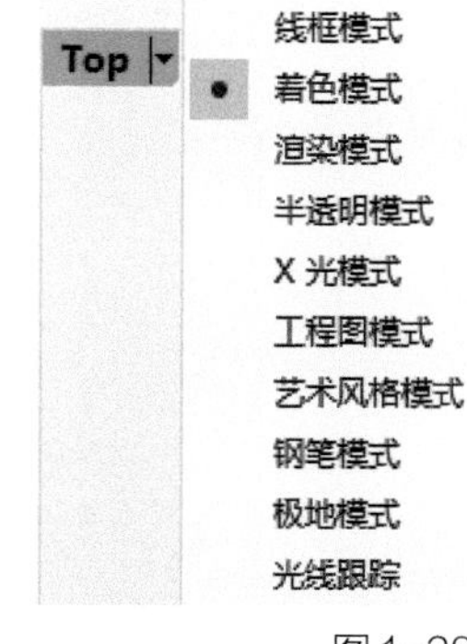

图1-28

所有的显示模式都可以在【选项】点击进去看到的【视图】栏中的【显示模式】下进行用户偏好设置。如图1-29所示。

在此笔者建议修改【线框模式】和【着色模式】，因为这两种显示模式是进行建模绘图时最常用的，而修改【着色模式】可以让用户清晰地识别曲面的正反面，判断曲面的部分属性以及分面情况。因此我们可以对Rhino自带显示模式的默认值进行优化。

【线框模式】：建议修改其背景为稍微光亮的颜色。曲线以及曲面边缘线宽，控制点，建议稍微修改放大，便于观察与背景美观。如表1-1所示分为自定义前以及自定义后之间的区别。

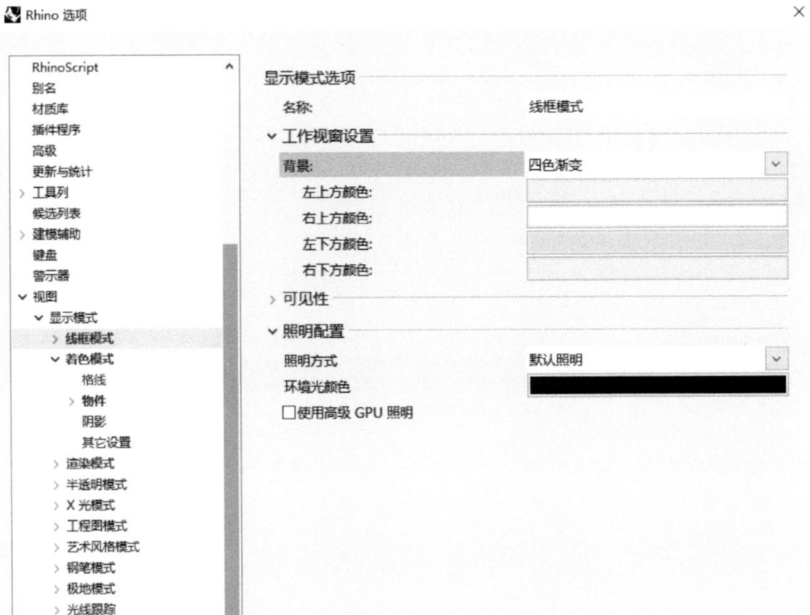

图1-29

表1-1

1：线框模式修改前的背景，可以看到较为灰暗，眼睛看久了会较为疲劳	2：线框模式修改后的背景，可以看到较为明亮舒适
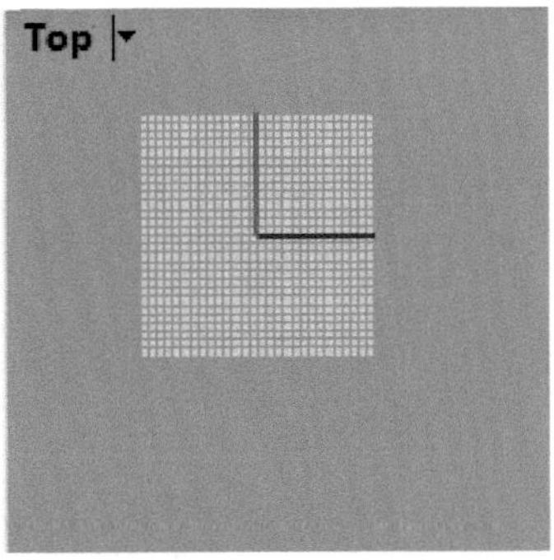	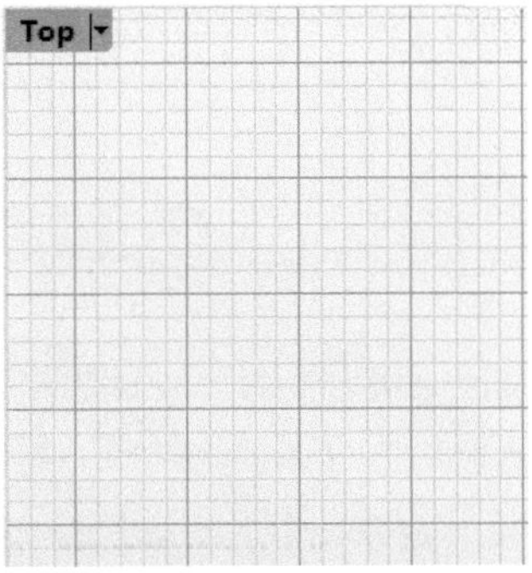
3：线框模式修改前的点线以及打开控制点的连线显示，我们可以看到点线都较小，不易于操作	4：线框模式修改后的点物件、曲线以及开启控制点后，可以看到明显地易于编辑
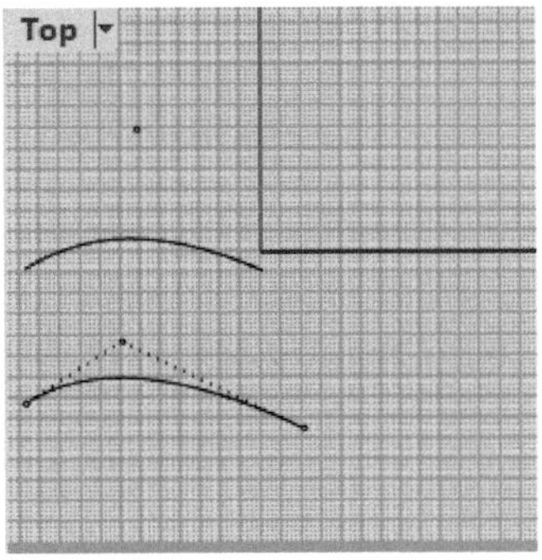	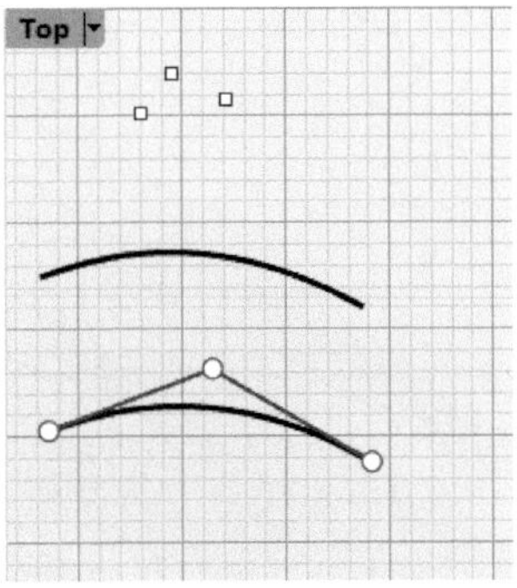

如图1-30所示为背景修改、点修改、曲线修改以及控制点修改的参数。

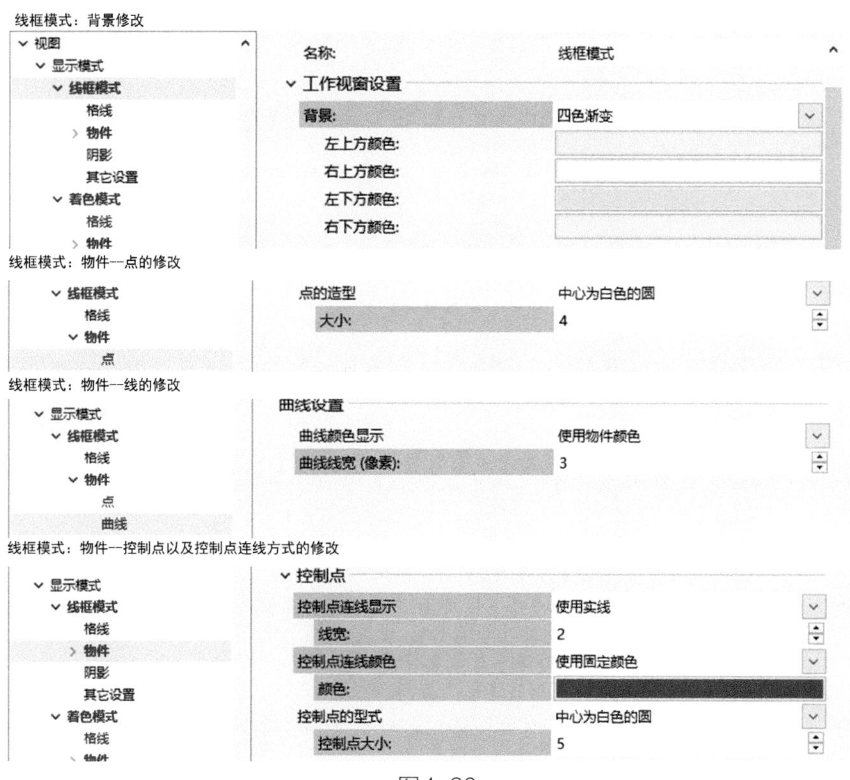

图1-30

【着色模式】：着色模式与线框模式类似，唯一的不同在于曲面物件显示时会赋予曲面物件设定好的颜色。默认的着色显示，曲面着色颜色比较灰暗且没有区分好正反面，这样不利于绘图在后期进行修剪或布尔操作时的判断。建议修改曲面的正反面颜色、曲线及曲面边缘线宽，控制点建议修改放大。背景修改、点修改、控制点修改以及控制点连线修改在【线框模式】时已经有详细的描述，因此，这里只对曲面着色进行比较以及修改。如表1-2所示。

表1-2

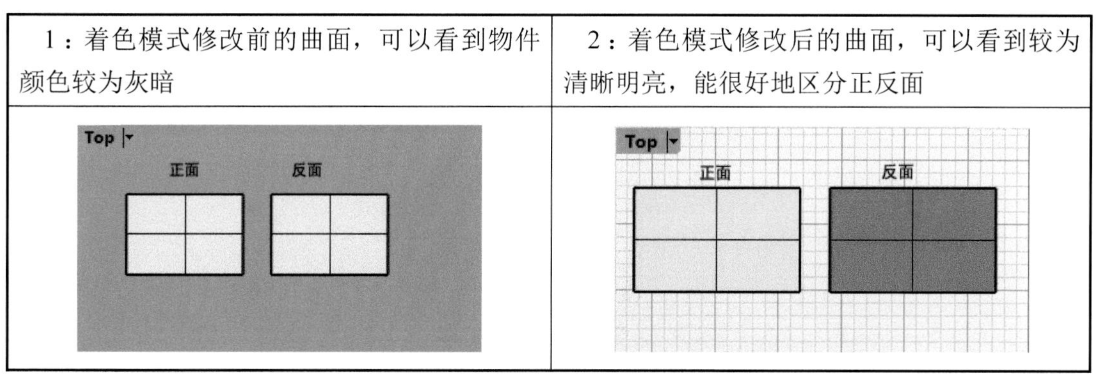

1：着色模式修改前的曲面，可以看到物件颜色较为灰暗	2：着色模式修改后的曲面，可以看到较为清晰明亮，能很好地区分正反面

如图1-31所示为曲面正反面的修改，读者可以根据自己的喜好去自定义着色显示的物件颜色。

修改后的显示模式都是可以进行单独的导出保存并支持移植到其他PC设备上的Rhino使用，每种显示模式都是可以单独的导入和导出，笔者也自行修改了几种供读者参考。读者可以在本书配套的资源中找到“Lixuwen-Rhino界面显示配置”文件进行导入。

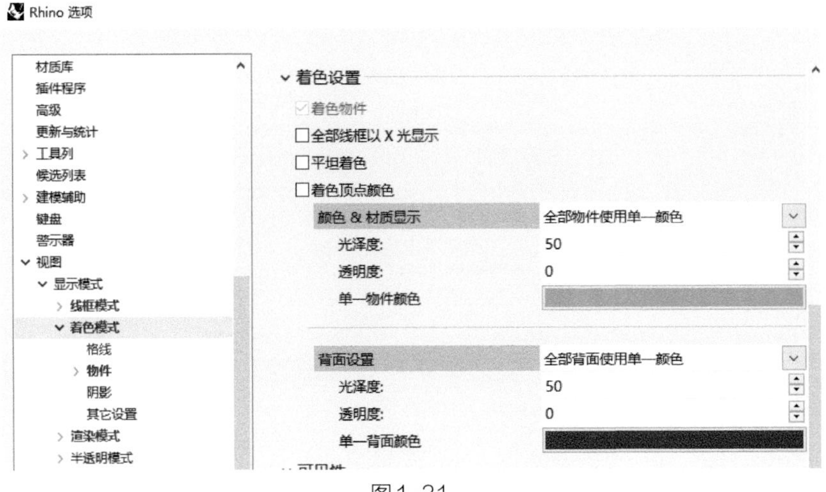

图1-31

1.3.2 Rhino设置别名的方法

在Rhino绘图中，我们除了直接点击工具指令建模外，还可以在指令栏输入相应的指令代号进行建模，以提高绘图效率。【别名】区别于Rhino自带的快捷键，因为【别名】当用户在指令栏输入指令之后还需执行【确认键】，而快捷键则不需要。打开Rhino，在标准栏中点击【选项】指令，进入Rhino选项找到【别名】，我们可以看到Rhino里面默认自带的别名指令。如图1-32所示。

别名:	指令巨集:
AdvancedDisplay	! _OptionsPage _DisplayModes
Break	! _DeleteSubCrv
C	' _SelCrossing
COff	' _CurvatureGraphOff
COn	' _CurvatureGraph
DisplayAttrsMgr	! _OptionsPage _DisplayModes
M	! _Move
O	' _Ortho
P	' _Planar
POff	! _PointsOff
POn	! _PointsOn
S	' _Snap
SelPolysurface	' _SelPolysrf
U	_Undo
W	' _SelWindow
Z	' _Zoom
ZE	' _Zoom _Extents
ZEA	' _Zoom _All _Extents
ZS	' _Zoom _Selected
ZSA	' _Zoom _All _Selected
插件管理器	! _OptionsPage _PlugIns

图1-32

别名可以进行增加以及删除，因此我们可以把Rhino本身自带的别名指令进行导出备份，然后进行删除清空，接着输入自己常用的别名。

在Rhino建模中通常需要不断地进行切换显示颜色，如【线框模式】【着色模式】【渲染模式】三种显示模式，在不设置别名前，进行切换则需点击工作视窗标题 Top 下进行切换。如图1-33所示。

而这三种显示模式在Rhino系统默认中是自带着快捷键的，打开Rhino，在标准栏中找到【选项】指令，进入Rhino选项找到【建模辅助】—【键盘】，我们可以看到Rhino里面默认自带的快捷键指令。找到【线框模式】的快捷键指令复制其指令码（在Rhino中【线框显示】模式默认的快捷键为【Ctrl+Alt+W】)。接着来到别名，进行设置，把刚才复制好的指令码粘贴过来，设置别名指令（我们可以对距离【空格键】最近的字母进行设置，在线框模式我们设置成了【X】)，如图1-34所示。

从图1-35中我们可以看见Rhino自带的快捷键，键盘字母与字母之间跨距较大，不便于操作，因此我们可以将其指令修改成自身常用的别名指令。

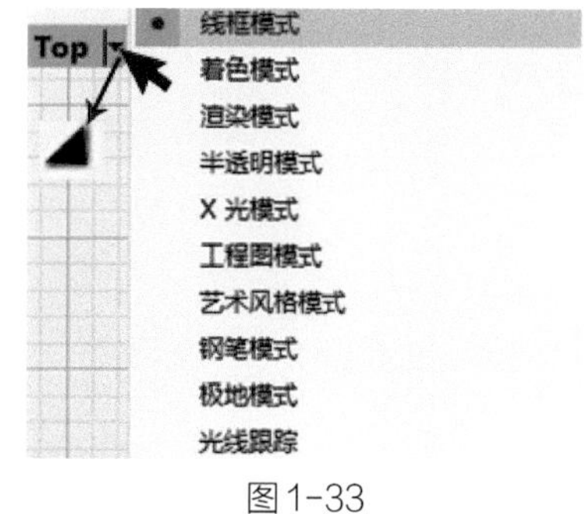

图1-33

图1-34

自带快捷键的按键，可以看见按键较多且操作麻烦。

自定义别名后的字母搭配，只需一个键配合空格键即可，操作轻松快捷。

图1-35

小技巧

空格键在Rhino中有【确认】的意思

【线框模式】设置完毕，【着色模式】自带的快捷指令为【Ctrl+Alt+S】，复制其指令码，大家可以设置成字母【C】键。而【渲染模式】所对应的快捷键则为【Ctrl+Alt+R】，同样复制指令码，大家可以将其设置成字母【V】键。大家可以自行进行操作练习一下，是不是比Rhino自带的快捷键方便。

除此之外，我们同样可以对Rhino指令进行设置，这样我们就不用再为了找指令而烦恼了，因为Rhino中有很多常用指令并不能直接在默认界面处点击使用。举个例子，如我们通常在建模

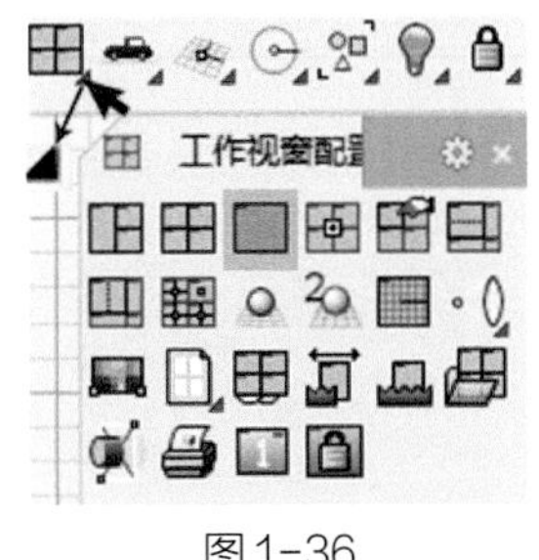

图1-36

时需要不断地切换视窗最大化，每次都需要进行双击工作视窗标题 Top 或去标准栏中的【四个工作视窗】指令旁边的小三角，找到【最大化/还原工作视窗】指令进行点击。如图1-36所示。

因此为了能提高绘图效率，我们也可以为其设置别名。鼠标右键光标放在【最大化/还原工作视窗】指令上，且同时右击鼠标右键和按下【Shift】键，弹出对话框，复制指令码。我们将【最大化/还原工作视窗】指令粘贴到别名处，将其设置成【Z】键。如图1-37所示。

其他工具指令别名同理可得，大家可以根据自己平时的绘图习惯自行去设置自己较为常用的一套别名，笔者在多年的建模中也总结出了一套，供大家参考，如图1-38所示，也可以在本书配套的资源内导入设置好别名【lxw别名习惯设置】。

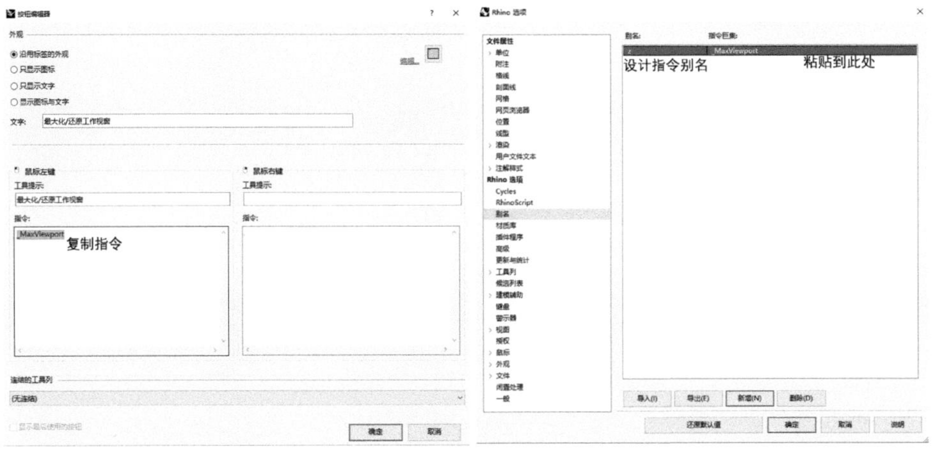

图1-37

lxw--Rhinoceros产品建模常用指令归纳与别名设置

1建模必用操作

别名	巨集	指令
DT	!_PictureFrame	帧平面（导图）
SD	!_Lock	锁定物件
DS	!_Unlock	解除锁定物件
KS	!_Zoom	框选缩放
A	!_Hide	隐藏物件
AA	!_Show	显示物件
AAA	!_Invert	显示隐藏的物件
SA	!_Invert	反选选取集合
XC	!_SelDup	选取重复的物件
SF	!_Zoom _Selected	缩放至选取物件
XD	!_SelPt	选取点（全选点）
XF	!_SelCrv	选取线（全选曲线）
XG	!_SelSrf	选取面（全选单一曲面）
XU	!_SelU	选取U方向（选取曲面U向点）
XV	!_SelV	选取V方向（选取曲面V向点）
X	!_WireframeViewport	切换线框模式
C	!_RenderedViewport	切换着色模式
V	!_ShadedViewport	切换渲染模式
Z	MaxViewport	切换视图(最大化/单一视图)
LXW	!_ToolbarReset	恢复出厂设置
AXZ	Testtoggleroundpoints	控制点方圆转换（针对Rh5）

2点,曲线创建与编辑指令

别名	巨集	指令
D	!_Points	画多点
FC	!_Divide _Pause _Length	依线段长度分段曲线
FD	!_Divide	依线段数目分段曲线
QA	!_Polyline	多重直线（可代替直线指令）
ZX	!_Line _BothSides	直线：从中点
CU	!_Curve	控制点曲线
W	!_InterpCrv	内插点曲线
TH	!_Helix	弹簧线
LX	!_Spiral	螺旋线
QQ	!_TweenCurves	在两条曲线之间建立均分曲线
YU	!_Circle _Deformable	画圆：可塑的
YI	!_Ellipse	椭圆：从中心点
YJ	!_Rectangle	矩形：角对角
DB	!_Polygon	多边形：中心点、半径
AZ	!_PointsOn	打开曲线/曲面控制点
EP	!_EditPtOn	打开编辑点
TY	!_Project	投影曲线
EB	!_DupEdge	复制曲面边缘（线）
EF	!_Intersect	计算物件交集(面生点、线生点、面线成点)
EG	!_CreateUVCrv	建立UV曲线

3点,曲线创建与编辑指令

别名	巨集	指令
HJ	!_BlendCrv	可调式混接曲线
CX	!_Match	衔接曲线
ET	!_Offset	偏移曲线
EU	!_OffsetNormal	往曲面法线方向偏移曲线
YX	!_Extend _Enter _Type=_Smooth	延伸曲线(平滑)
EO	!_CrvSeam	调整封闭曲线的接缝
CJ	!_Rebuild	重建曲线或曲面
LH	!_Pull	拉回曲线
EN	!_DupBorder	复制边框
CL	!_ExtractIsoCurve	抽离结构线
ED	!_ExtractWireframe	抽离线框
JY	!_MakeUniform	参数均匀化
UVN	!_MoveUVN	UVN移动
JX	!_InsertKnot	插入节点/线
JXX	!_RemoveKnot	移除节点/线
ZZ	!_EndBulge	调整曲线端点转折
ZX	!_Line _Normal	直线：曲面法线
ZD	!_Line _Angled	直线：指定角度

4曲面创建指令

别名	巨集	指令
SX	!_SrfPt	指定三或四个角建立曲面
SC	!_EdgeSrf	以二、三或四个边缘曲线建立曲面
SV	!_PlanarSrf	以平面曲线建立曲面
SB	!_NetworkSrf	从网线建立曲面
SN	!_Loft	放样
QM	!_Patch	嵌面
DG	!_Sweep1	单轨扫掠
SG	!_Sweep2	双轨扫掠
SW	!_Revolve	旋转成形
SWW	!_RailRevolve	沿着路径旋转
JC	!_ExtrudeCrv	挤出
JCM	!_ExtrudeSrf	挤出曲面
YG	!_Pipe	圆管
QF	!_Fin	往曲面法线方向挤出曲线

5曲面编辑指令

别名	巨集	指令
CF	!_FilletSrf	曲面圆角
YS	!_ExtendSrf	延伸曲面
CL	!_BlendSrf	混接曲面
PY	!_OffsetSrf	偏移曲面
CC	!_MatchSrf	衔接曲面
HB	!_MergeSrf	合并曲面
CA	!_FitSrf	以公差重新逼近曲面
SJ	!_ChangeDegree	更改曲面阶数
CT	!_Untrim	取消修剪
SH	!_ShrinkTrimmedSrf	缩回已修剪曲面
YP	!_Smash	压平
TZ	!_SrfSeam	调整封闭曲面的接缝
DC	!_SplitEdge	分割边缘
DC	!_MergeEdge	合并边缘

6实体的创建与编辑指令

别名	巨集	指令
FT	!_Box	立方体：角对角、高度
QT	!_Sphere	球体：中心点、半径
TT	!_Ellipsoid	椭圆体：从中心点
JZT	!_Pyramid	金字塔
VG	!_BooleanUnion	布尔运算联集
VH	!_BooleanDifference	布尔运算差集
VJ	!_BooleanIntersection	布尔运算交集
VK	!_BooleanSplit	布尔运算分割
CK	!_Shell	封闭的多重曲面薄壳
JG	!_Cap	将平面洞加盖
DJ	!_FilletEdge	不等距边缘圆角
DXJ	!_ChamferEdge	不等距边缘斜角
JD	!_RoundHole	建立洞
FZD	!_PlaceHole	放置洞
AF	!_SolidPtOn	打开实体物件的控制点
BK	!_BoundingBox	边框方块

7变动操作指令

别名	巨集	指令
BX	!_CageEdit	变形控制器编辑
ZH	!_Join	组合
ZK	!_Explode	炸开
XJ	!_Trim	修剪
FG	!_Split	分割
QZ	!_Group	群组
JZ	!_Ungroup	解散群组
JL	!_History _Record=_Yes _Enter	记录建构历史
JLL	!_History _Record=_No _Enter	停止记录建构历史
YD	!_Move	移动
CY	!_Copy	复制移动
XZ	!_Rotate	旋转
XXX	!_Rotate3D	3d旋转
SPH	!_Smooth	使平滑
EX	!_Export	导出
RX	!_SoftMove	不等量移动

8变动操作指令

别名	巨集	指令
QX	!_Shear	倾斜
3Z	!_Scale	三轴缩放
2Z	!_Scale2D	二轴缩放
DZ	!_Scale1D	单轴缩放
M	!_Mirror	镜像
DW	!_Orient	定位：两点
DWW	!_Orient3Pt	定位：三点
JP	!_Array	矩形阵列
JO	!_ArrayPolar	环形阵列
JI	!_ArrayCrv	沿着曲线阵列
DQ	!_SetPt	设定XYZ座标
LDJ	_Between	两点间
NZ	!_Twist	扭转
WQ	!_Bend	弯曲
LD	!_Flow	沿着曲线流动
LDD	!_FlowAlongSrf	沿着曲面流动
MX	!_Mirror 0 1,0	x轴镜像
MY	!_Mirror 0 0,1	y轴镜像

9分析操作指令

别名	巨集	指令
FX	!_Dir	分析方向
FZ	!_Flip	反转方向
QLS	!_CurvatureGraph	打开曲率图形
MJ	!_AreaCentroid	面积重心
TJ	!_VolumeCentroid	体积重心
BM	!_DraftAngleAnalysis	拔模角度分析
BMW	!_Zebra	斑马纹分析
WL	!_ShowEdges	显示边缘
JW	!_JoinEdge	组合两个外露边缘
AB	!_Dim	直线尺寸标注
AN	!_DimAligned	对齐尺寸标注
AM	!_DimAngle	角度尺寸标注
AR	!_DimRadius	半径尺寸标注

注：指令别名建议根据个人习惯进行修改！

如:谐音与形象设置法

图1-38

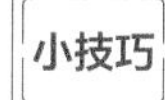

设置别名方法

① 指令中文谐音首缀字母设置。

② 工具指令首字母进行设置。

③ 个人键盘操作习惯设置。

1.3.3 Rhino自定义工具列与指令

Rhino自定义工具列：在前面小节中，我们了解到Rhino中有很多常用指令并不能在Rhino默认界面直接点击使用，且学习了如何自定义别名。接下来我们来学习可以快速调用和将自己绘图常用指令集成一个工具列，或中键（鼠标滚轮按钮）以方便笔者在后续的绘图中可以快速调用指令，提高建模效率。

首先启动Rhino，在标准栏中找到 【options】（选项）指令，在弹出的对话框中找到【Rhino选项】—【工具列】—【文件】。如图1-39所示，新建文件就会弹出一个对话框让读者命名并设置保存路径，此时读者可以根据自身习惯进行自定义设置，或参考笔者的放置路径（C盘—我的文档—Rhino自定义配置）。

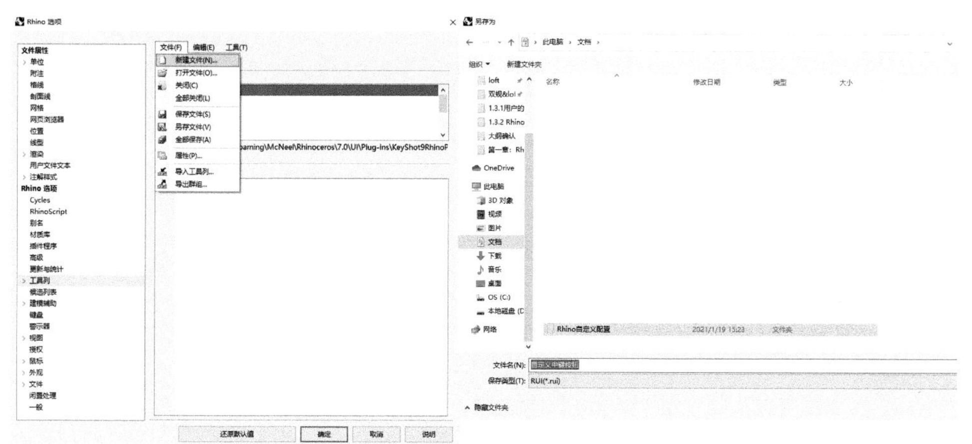

图1-39

回到Rhino视窗，会看到一个空白的工具列，可以将其放大或双击工具列名字处进行命名。如图1-40所示。

将鼠标光标放置在指令上，按键盘【Ctrl】键，会出现图1-41所示提示框。

图1-40

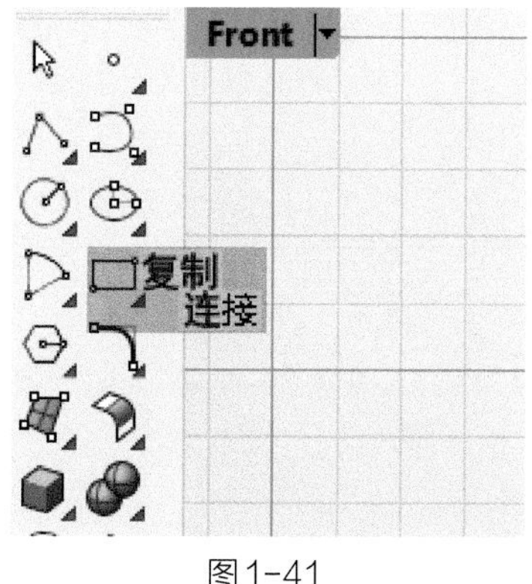

图1-41

同时执行【Ctrl+鼠标左键】可以将指令复制到新增的工具列上，如图1-42所示，将指令拖动到新建的工具列上，按住【Ctrl+鼠标左键】不放，则会出现【复制】两字，松开则可以看见指令已被复制。

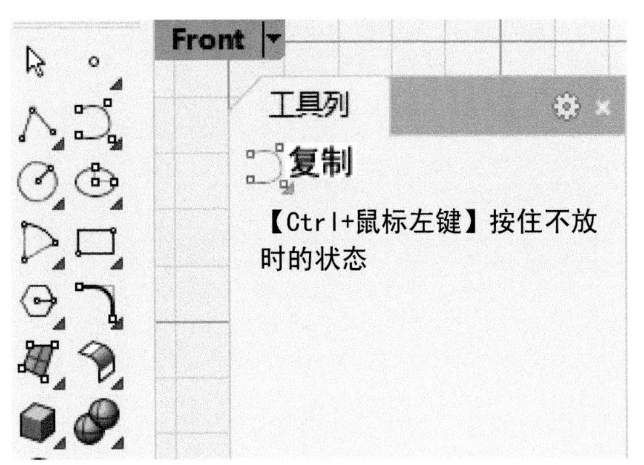

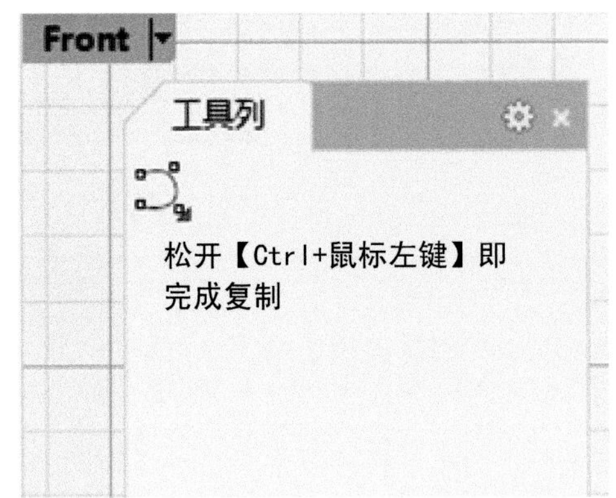

图1-42

小技巧 假如复制错了某个指令或者不需要此指令时，可以将鼠标图标放置在指令上，然后执行【Shift+鼠标左键】，将图标移动至视窗空白处即可删除。也可在工具列内调整指令的位置。如图1-43所示。

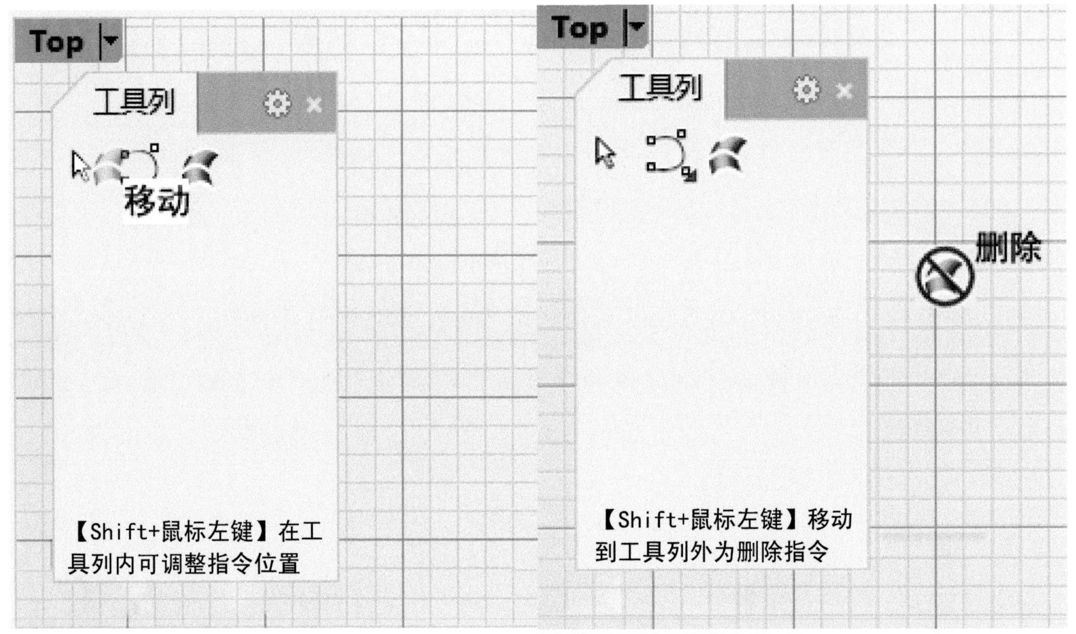

图1-43

Rhino自定义指令与图标：将鼠标光标放在指令上，然后执行【Shift+鼠标右键】，即可弹出按钮编辑器，如图1-44所示。

图1-44

在进行整合自己常用工具列时，为了精简指令数量，可以将两个指令整合在一个指令上。因为通过前面的知识也了解到单个指令是可以分鼠标左键点击以及鼠标右键点击的。如图1-45所示的【单轨扫掠】与【双轨扫掠】指令，我们可以将其整合成单个指令。

将鼠标光标放置在【单轨扫掠】指令上，同时执行【Ctrl+鼠标左键】将【单轨扫掠】指令复制到新增的工具列上。如图1-46所示。

图1-45

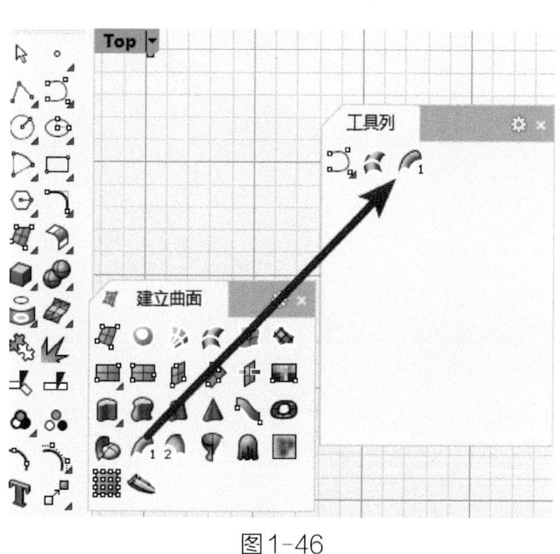

图1-46

将鼠标光标放在【单轨扫掠】指令上，然后执行【Shift+鼠标右键】，即可弹出按钮编辑器，然后将【双轨扫掠】指令的指令码复制进【单轨扫掠】指令处。指令图标读者可自定义进行绘制。如图1-47所示。

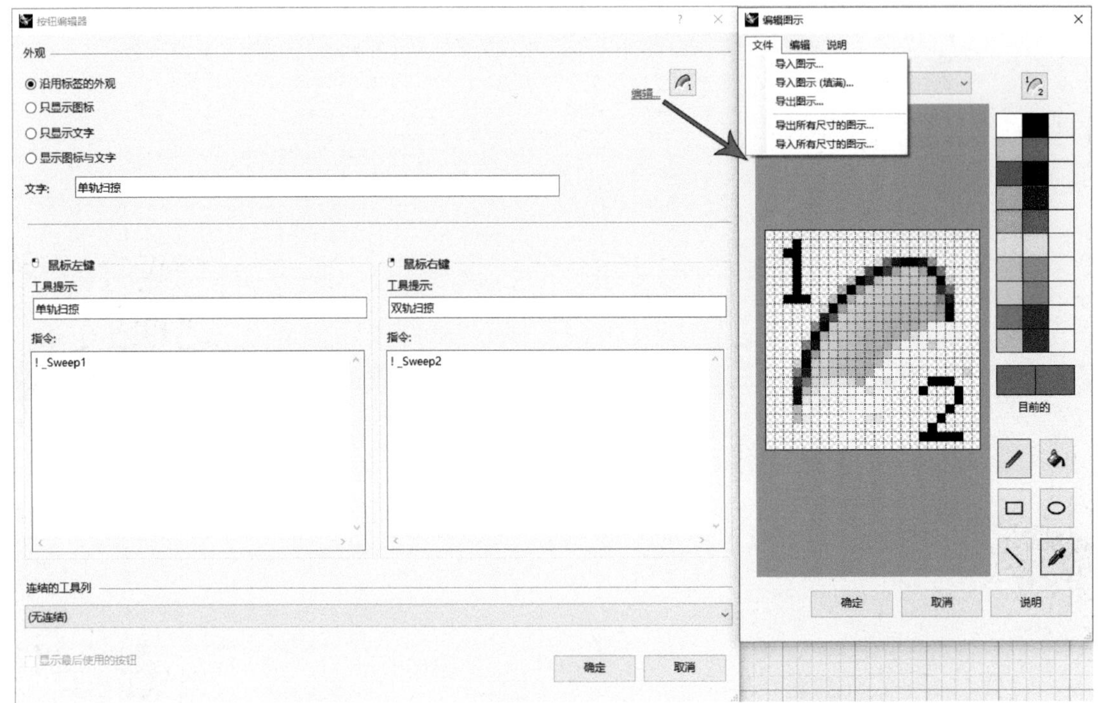

图1-47

新的指令制作完毕，切记勿随意修改指令，稳妥起见，建议修改指令前将默认工具列备份一份。

2

绘制高质量NURBS曲线的方法与技巧

素材与源文件

Rhino

2.1 NURBS曲线概述

NURBS是Non-Uniform Rational B-Splines的缩写，是“非均匀有理B样条曲线”的意思。

NURBS常用于描述3D几何图形，它是一种非常优秀的建模方式，能够比传统的网格建模方式更好地控制物体表面的曲线度（即曲率），从而能够创建出更逼真、更光顺的高质量曲面以及更加生动的造型。

简单地说，NURBS是专门做曲面物体的一种造型方法，它做出来的造型是由曲线和曲面进行定义的，高质量的曲线会生成高质量的曲面。因此，我们可以借助这一特点，做出各种复杂的造型和优秀的效果。

2.2 绘制高质量NURBS曲线的常用指令

一般而言，在Rhino中绘制曲线，笔者推荐大家使用【控制点曲线】命令，可操作性强。正如图标命令所示，除了起点与终点外，其生成的线条并不会穿过鼠标点到过的位置，因此我们可以调整控制点的位置，使绘制的曲线达到预期的效果。如图2-1所示。

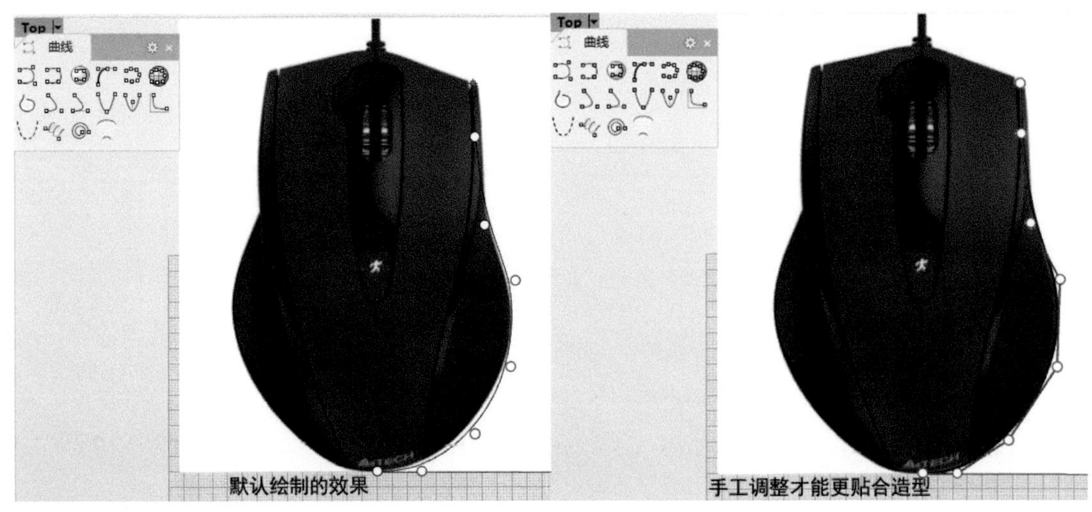

图2-1

注：控制点画曲线为Rhino建模中首选的绘图曲线方式。

2.3 NURBS曲线基本构成及重要定义项

在Rhino中，一条NURBS曲线的构成要素主要分为：控制点（简称cv点）、编辑点（简称EP点）以及Hull（控制点与控制点之间的线，可以翻译成“外壳”）。而NURBS曲线的重要定义项分别为：【阶数Degree】，【控制点cv】，【节点Knot】。

2.4 NURBS曲线基本元素的阐述

前面简要地介绍了曲线的组成部分以及重要的定义项。通过了解，我们知道了NURBS曲线的基本元素包括了【曲线的阶数Degree】、【控制点cv】、【编辑点EP】、【节点Knot】以及【权重Weight】，接下来具体地认识一下基本元素的重要知识点。

2.4.1 阶数

简单地说，阶数对于曲线或者曲面来说是一个数值，即一块曲面或者一条曲线的构成是需要多少【控制点cv】得到的。当我们使用 【控制点曲线】命令时，默认的阶数为3。如图2-2所示。

对曲线阶数分别进行1阶、2阶、3阶、5阶不同阶数的修改，看绘制出来的图形对比，如图2-3所示。从图中我们可以看出当阶数为1时，就只能绘制出多线段的直线条，而当曲线阶数不断增加时，曲线就会慢慢变得平滑，每个cv点对它的影响就越小。所以，阶数越高曲线趋向越容易光顺就是这个道理。

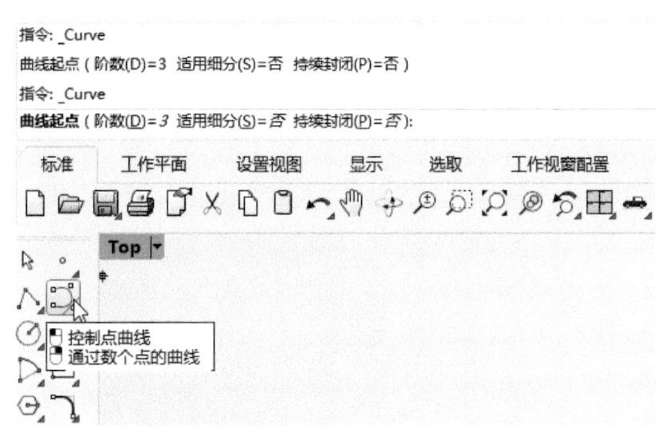

图2-2

图2-3

小技巧　曲线阶数越高就会越光滑，需要满足的控制点数量就会要求越多，那么计算机所需要的计算时间也会越长，因此阶数不宜设置太高，以免给后续操作带来困难以及电脑卡顿。这也就是为什么Rhino里将阶数的最大值限定在11阶的原因。

读者可以在默认【阶数=3】的情况下，绘制3根曲线，点数分别不同，进行比较。如图2-4所示。

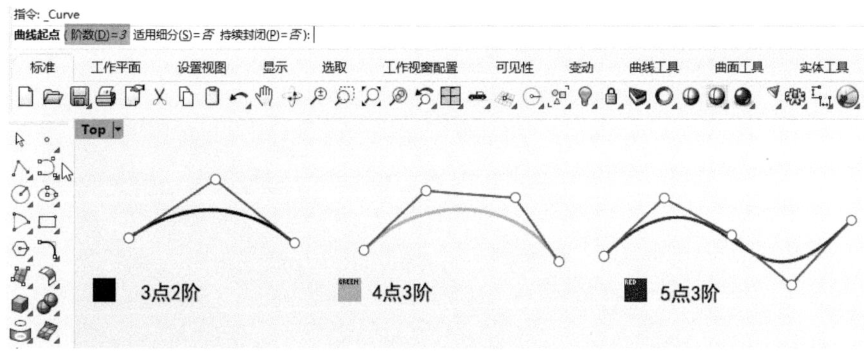

图2-4

通过绘制曲线我们不难发现一个规律，当使用【控制点曲线】命令，默认的阶数为3时，如绘制曲线少于4点，此时生成的曲线就不是3阶，它会自动降到2阶。但当绘制曲线大于或等于4点时，得到的曲线还是3阶的。

因此我们可以得到一个公式为：一条x阶的曲线至少需要（x+1）个【控制点】数，如果【控制点】数少于默认设置的【阶数】值，它就会默认转换成按照【控制点】数量可以做出来的最高【阶数】值的曲线（例如4点3阶）。需要我们注意的一点是："x阶的曲线至少需要（x+1）个【控制点】数"，用公式表示为【控制点】数=【阶数】+1，但不能转换成"【阶数】=【控制点】数–1"得到具体的阶数（例如5点3阶）。因为画一条3阶的线，就可以有x个【控制点】数，但是【阶数】却不等于【控制点】数–1。如表2-1所示。

表2-1

阶数	控制点对阶数的最低要求
1阶曲线	2点1阶
3阶曲线	4点3阶
5阶曲线	6点5阶

小技巧　在Rhino中符合【控制点】数=【阶数】+1的曲线，在后续笔者将其称为"极简曲线/单跨距曲线"。

在Rhino中除了用上述方法进行判断曲线阶数外，【物件属性】指令也可以清楚地将曲线或曲面的具体点数及阶数陈述给绘图者。如图2-5所示，选中需要查看的物件—点击标准栏中的【物件属性】指令—点击详细数据即可。

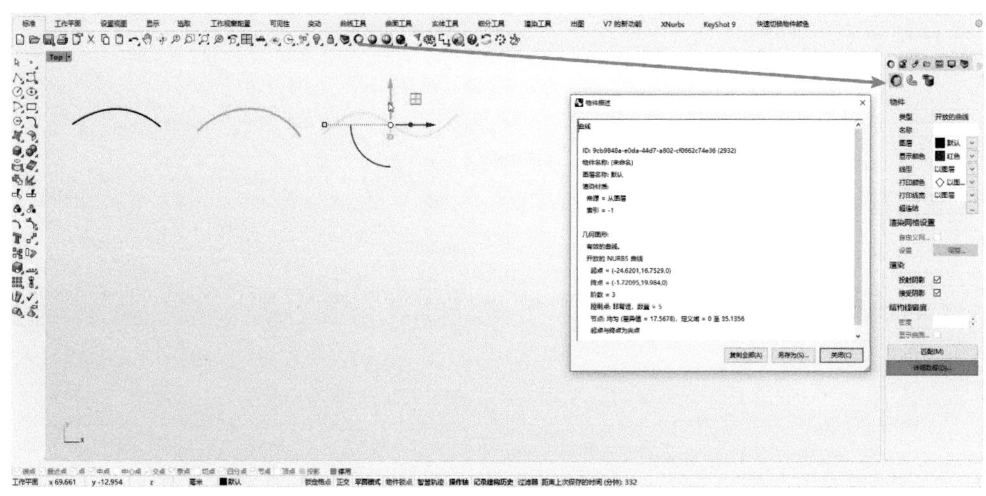

图2-5

2.4.2　控制点

在Rhino中，控制点是我们经常用来编辑曲线的对象，例如前面介绍的【控制点曲线】命令，我们知道控制点的排列决定着曲线的形态，并且只有首尾两点是落在曲线上，也就是说

控制点是附着在Hull虚线上的点群上。曲线上的控制点是一串的，其数量也至少是曲线的阶数加1为控制点的数量（记住是至少加1），前面说到的控制点的位置决定曲线的形状其实就是权重（Weight）在影响着，所有的控制点都具有权重（Weight，权值一般为1），其中的【权重Weight】值可以决定曲线是否为有理曲线。Weight也是NURBS的基本元素之一。如图2-6所示。

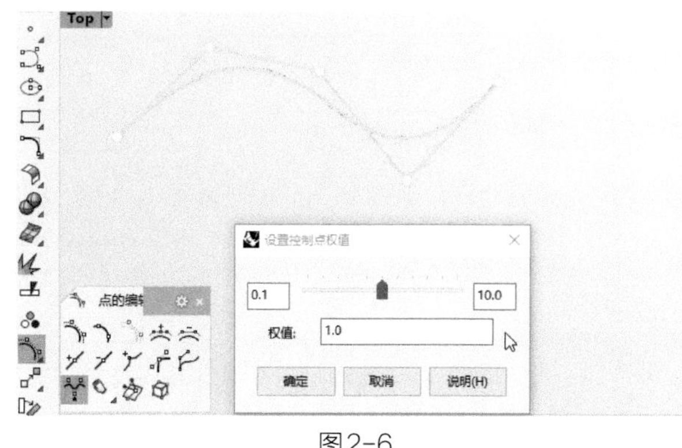

图2-6

2.4.3　控制点的权重

控制点的权重我们可以理解为控制点对曲线或曲面的拉伸力度，在Rhino中，默认的控制点权值范围在0.1～10，如图2-7所示，修改控制的权值可以看到曲线的变化。

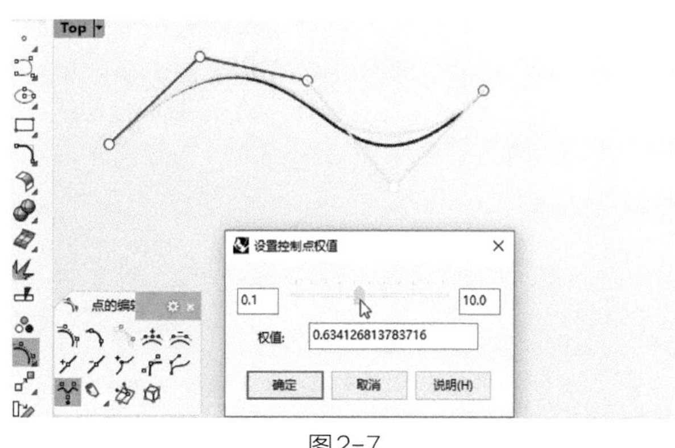

图2-7

以下介绍利用权重值区分有理曲线与非有理曲线。

在Rhino中，仔细观察一下，我们不难发现几乎所有的标准几何曲线比如圆、椭圆、圆角矩形等都是有理曲线。如图2-8所示，我们用圆作为例子，执行【圆：中心点、半径】绘制两个曲线圆，右边的圆需在指令栏点击【可塑形的】选项。如图2-8所示有理圆权值为混合，非有理圆权值则都为1。

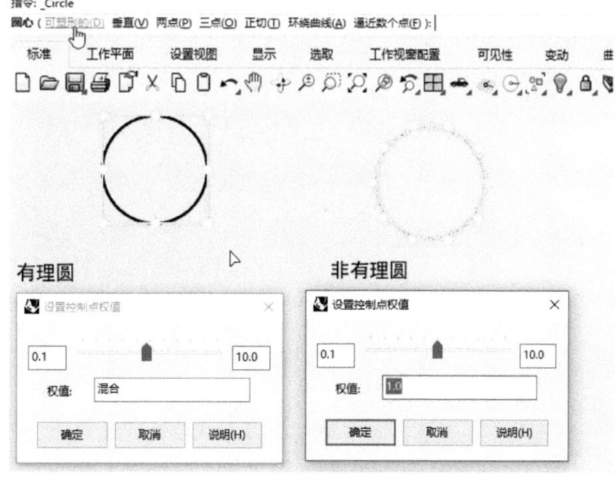

图2-8

绘制的两个曲线圆打开控制点，我们不难发现它们之间的区别，如图2-9所示，左边的控制点部分落在曲线身上，不可随意去拖动，否则会出现曲线间的折痕，则为有理圆=不可塑圆。而右边的控制点均在曲线外部，可以任意编辑不会出现折痕，为非有理圆=可塑圆。

打开【半径尺寸标注】指令，分别对两个圆进行测量。左边的曲线圆周期内其R值处处相等，说明它是标准的曲线圆。而右边的曲线圆其R值周期内并不相等，所以右边的非有理曲线圆则为近似圆。如图2-10所示。

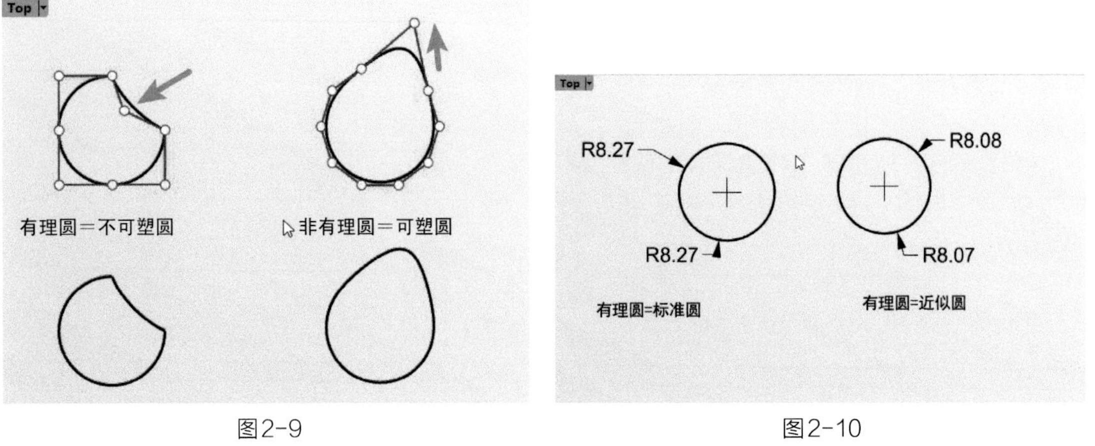

图2-9　　图2-10

综上所述，我们不难发现所谓【权重Weight】就是控制点的吸引力。权值越大，那么它的吸引力也就越大，控制点影响范围内的那部分曲线或曲面也就越接近控制点；相反，如果权重越小，它的吸引力也就越小，控制点影响范围内的那部分曲线或曲面也就越远离控制点。总的来说，权重影响的是控制点对曲线或曲面的吸引力。也就是说我们可以利用好这个特性做很多特殊造型，因为它能够保证用较少的控制点来绘制造型复杂的曲线和曲面，提高曲线与曲面的质量。

2.4.4　编辑点

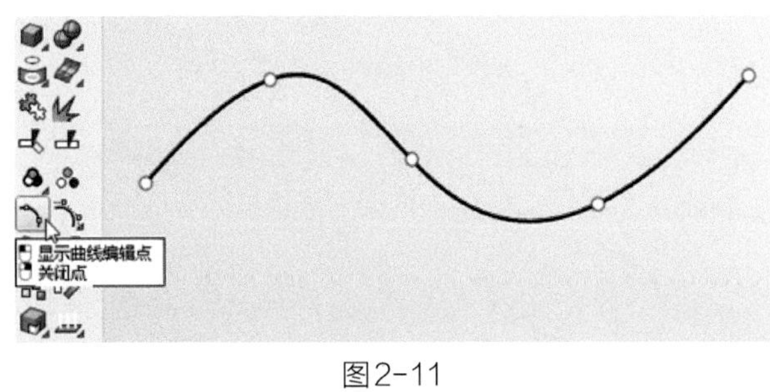

图2-11

【编辑点（EP）】是落在曲线上的点，它的位置和顺序都会决定曲线的形状和特点。因此我们可以知道编辑点曲线是通过【节点（Knot）】定义完一条曲线后在首尾各增加一个编辑点组成一条曲线。可以通过【显示曲线编辑点】指令来显示一条曲线上的编辑点。拖拽编辑点可以直接改变曲线形状，但不易精确控制曲线走向。因此在调整曲线时首先开启控制点来调整曲线造型。如图2-11所示。

2.4.5　曲线的节点

在Rhino中绘制3阶4点、4阶5点、5阶6点如此类推的曲线时，它们是没有节点的，也就是零跨距的曲线，没有节点的约束曲线就会出现极顺的状态。如图2-12所示。

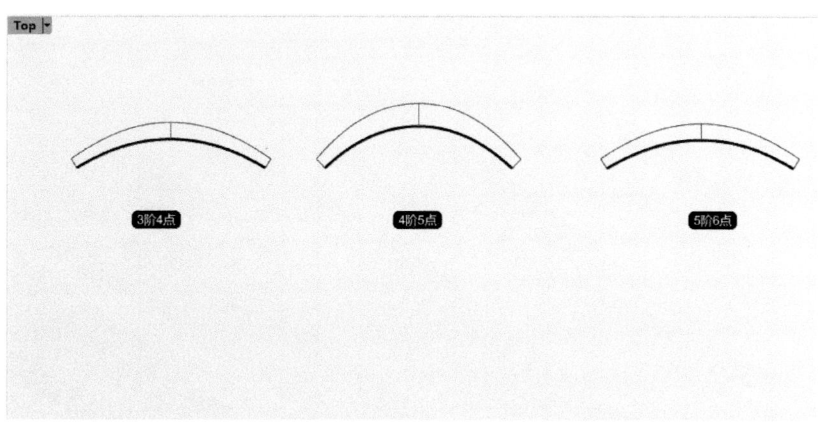

图2-12

但假如我们在绘制模型时因造型需要，需要15个控制点时，此时要求的阶数就达到了14阶，而Rhino本身最高阶只达到11阶，阶数越高，计算机容易卡顿，那么，解决方法就是节点将多条低阶曲线自动对接起来，并让曲线之间保持一定的平滑度。如图2-13所示，绘制一条3阶5点的曲线，那么它们之间就会有两条3阶4点的曲线，通过节点将它们捆绑成一条曲线。

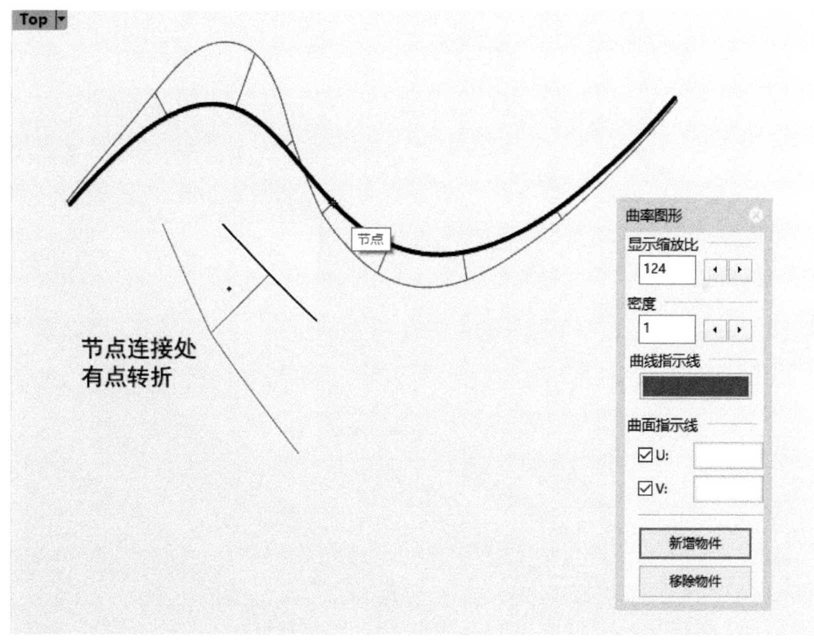

图2-13

【节点Kont】在曲面上的表现就是ISO结构线，所以【节点Kont】越多，模型上面的结构线也就越多，操作就越复杂。节点在曲线上，我们可以利用公式把节点的数量推算出来。也就是：【节点Kont】=（【控制点cv】–【阶数Degree】–1）得到。如图2-14所示。

小技巧

在实际设计绘图中，我们可以充分利用此特性进行绘图，在造型需要8个控制点时，可以适当增加阶数以达到减少节点数量的目的，笔者建议在产品设计绘图中可视情况适当将阶数增加到5阶为宜。

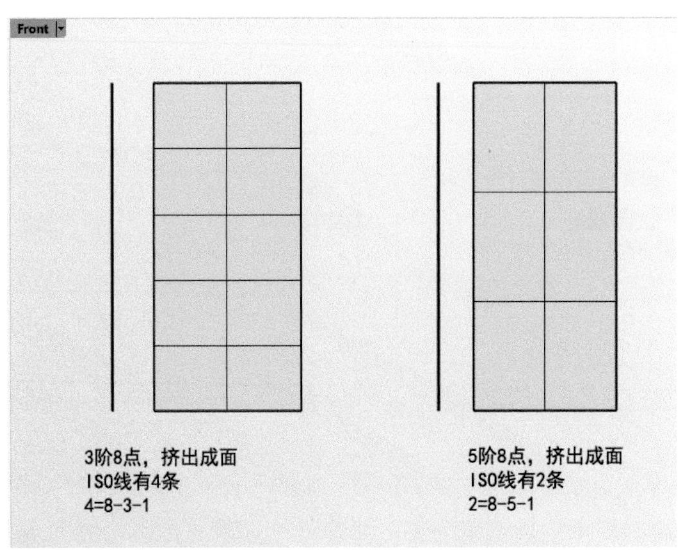

图2-14

2.4.6　曲线的均匀与非均匀

在Rhino中，曲线的均匀与非均匀是针对节点来说的，使用 【控制点曲线】命令绘制出来曲线，节点一定是均匀的，只有通过人为破坏才会变得非均匀。而使用 【内插点曲线】命令默认参数绘制出来的曲线节点才是非均匀的。它是用【节点Knot】来画线的。其默认的【节点：弦长】，所绘制出来的曲线即是非均匀的。如图2-15所示。

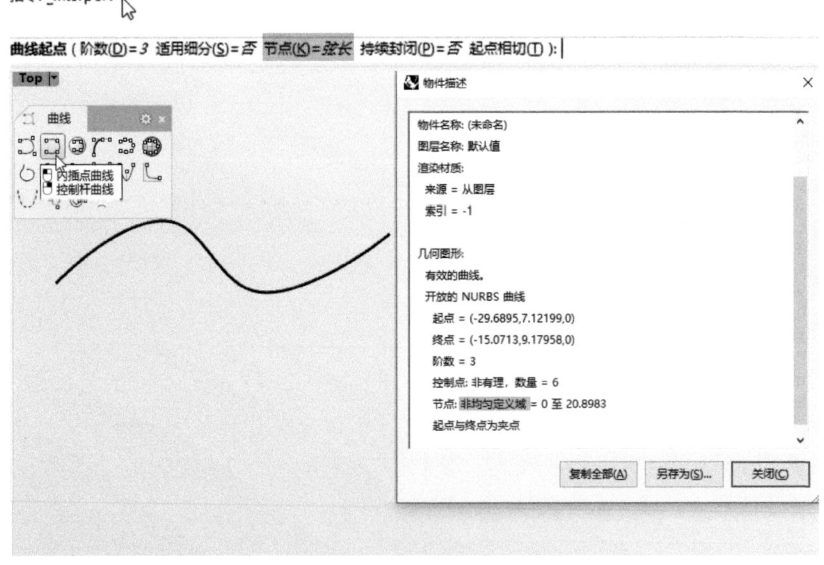

图2-15

如想使用 【内插点曲线】命令绘制出来的曲线节点是均匀的，可以将【节点：弦长】改为【节点：均匀】，如图2-16所示。

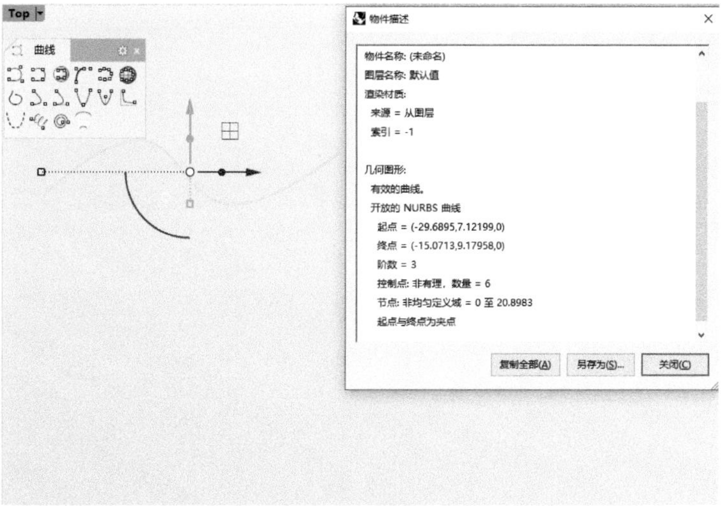

图2-16

除了绘制曲线的方式外，还有较多因素造成曲线的节点不均匀。下面笔者列举平时在教学中学生容易遇到的几点。

① 在绘图时修剪或分割非单跨距曲线，没有刚好分割在节点处（注意：3阶4点、5阶6点之类的曲线无论分割在何处，曲线依然是均匀的），如图2-17所示。

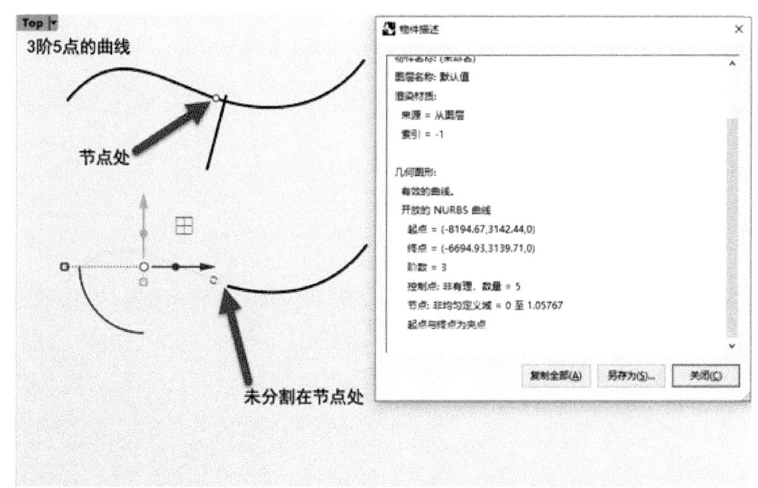

图2-17

② 在曲线上使用【插入节点】命令，未插入在节点处也会造成曲线的不均匀，因此应在曲线的节点上添加。如图2-18所示。

③ 在曲线上使用【移除节点】命令，删除曲线的节点也会造成非均匀。

注意：此处的曲线指3阶6点、5阶8点之类的曲线，并非指单跨距曲线。

④ 对曲线进行升阶时（【更改阶数】命令），指令栏中【可塑形的=否】的选项进行更改阶数，也会造成曲线节点不均匀。

注意：此处的曲线指3阶6点、5阶8点之类的曲线，并非指单跨距曲线。

认识曲线节点均匀与非均匀的意义：曲线节点均匀与非均匀，在相同阶数、相同控制点的情况下，此两条曲线是没办法进行完全重合的，也就是成面后两曲面直接进行衔接曲面后是无法组合成多重曲面的。如图2-19所示。

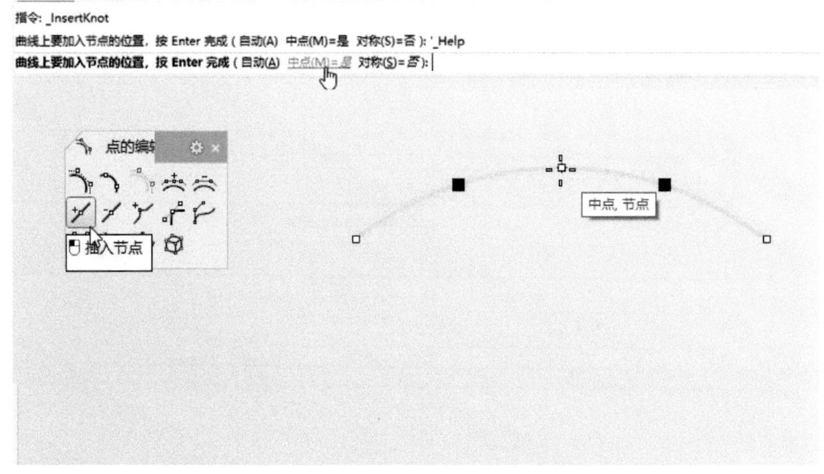

图2-18

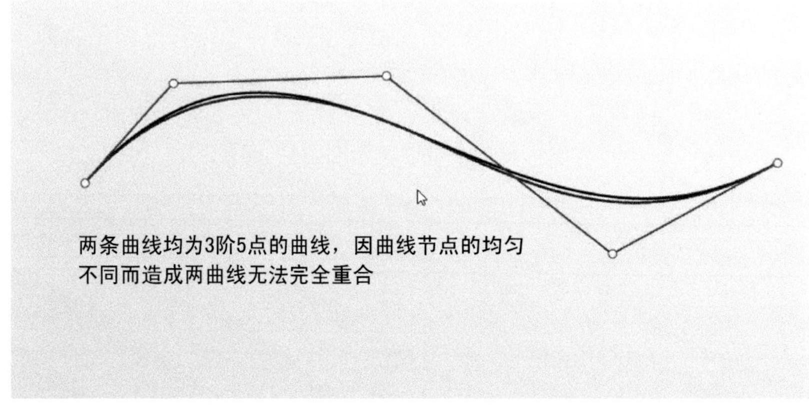

图2-19

总结：造成曲线节点的非均匀因素还有很多，前面列举的问题同时也是解决方案。除此之外，还可使用【重建曲线】指令与【参数均匀化】指令对曲线节点进行强制均匀，但曲线均会发生不同差异的形变。故在绘图时，应掌握曲线的知识点，做到一开始就尽量避免“掉坑”，从而提高自己的绘图效率。

2.5 NURBS曲线的连续性

Rhino中曲线的连续性主要分为两种，一是单一曲线的内连续，二是曲线与曲线之间的几何连续性。

2.5.1 单一曲线的内连续

不同阶数的曲线内部连续性是不一样的，前面说到高阶曲线会给计算机带来一定的负担。在平时绘图时较常使用3～5阶的曲线，对于复杂的曲线，就由节点将多条低阶曲线自动对接起来，并让曲线之间保持一定的平滑度。而低阶曲线在节点的连接处是比高阶曲线的连接处低的。如图2-20所示，我们对1阶、2阶、3阶以及5阶曲线进行对比。通过比较可以看出曲线阶数越高，曲线的内部连续性就越高。

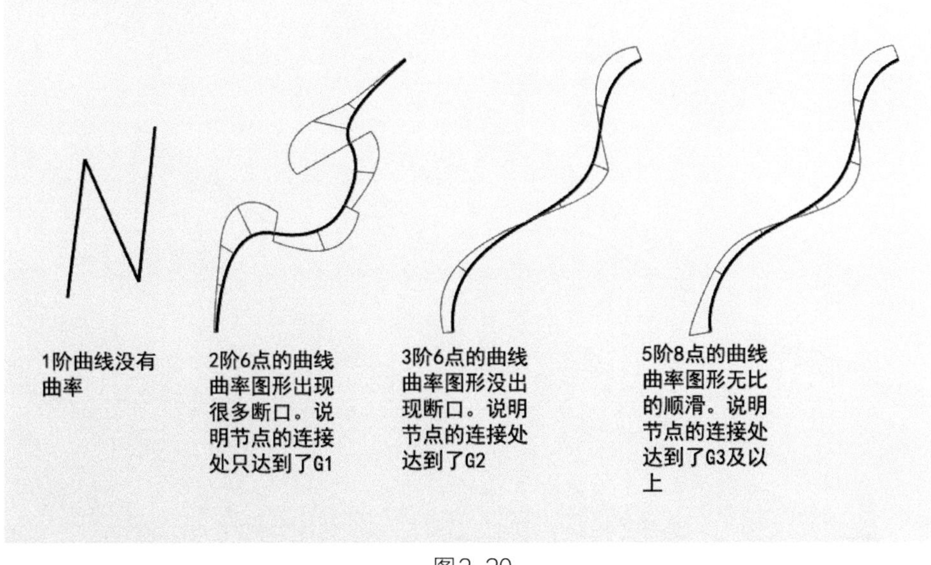

图2-20

2.5.2 曲线的几何连续性

它是判断两条曲线之间结合是否平滑过渡的重要参数。使用【两条曲线的几何连续性】命令配合【打开曲率图形】命令，可以在Rhino中检测曲线与曲线相接的三个等级，即位置=G0、相切=G1、曲率=G2，接下来具体地了解一下这三个等级。

第一级别：位置连续（G0）。当两条曲线的端点相接形成了尖锐角且曲率图形断裂时，它们之间的关系则为位置（G0）连续。如图2-21所示。

第二级别：相切连续（G1）。两曲线在相接的基础上端点处的切线方向一致，曲率图形合并在一起且有落差。如图2-22所示。

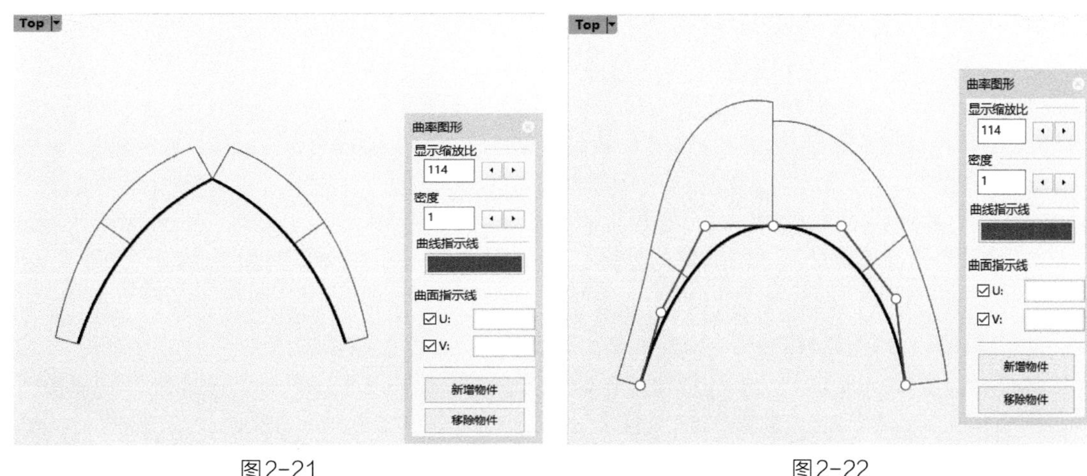

图2-21 图2-22

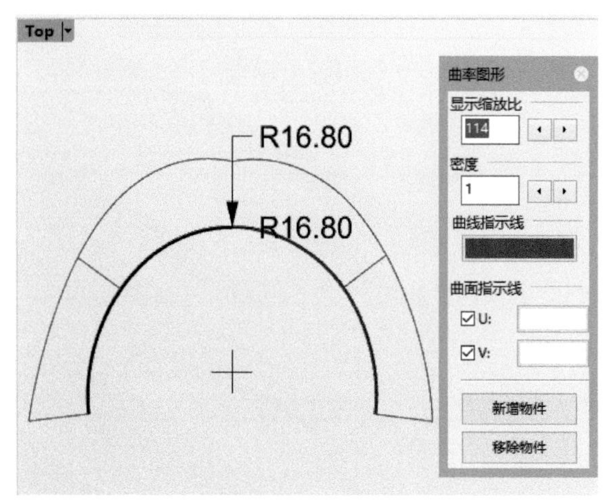

图2-23

第三等级：曲率连续【G2】。要达到曲率连续，除了满足曲线两端相接和端点相接处切线方向一致外，其之间的曲率圆半径值还需要达到一致。两曲线的曲率图形高度相同。如图2-23所示。

2.5.3 曲线的几何连续性与控制点之间的关系

在实际的绘图中，曲线与曲线之间需要达到一定的连续性级别时，要清楚地知道哪些点可调整，哪些点不可调整，或者，所匹配的曲线有没有足够的控制点去达到所需要的连续性级别。使用【衔接曲线】命令去验证，如图2-24所示。

衔接【位置G0】时，影响到曲线的第1个控制点，说明只需端点相接即可。

衔接【相切G1】时，会影响到曲线的第2个控制点。曲线与曲线端点处的控制点形成【3点共线】的特征，如图2-25所示。

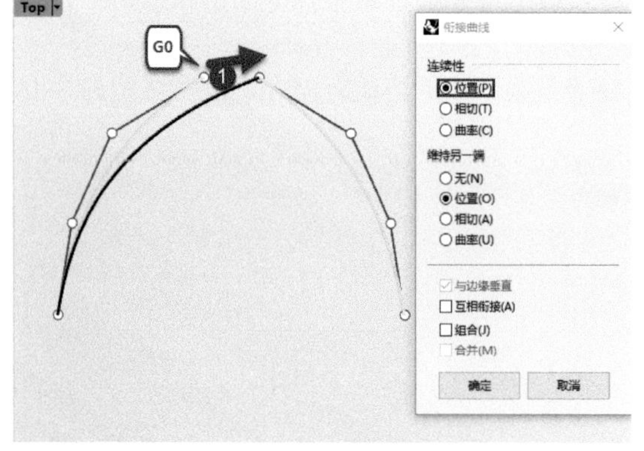

图2-24

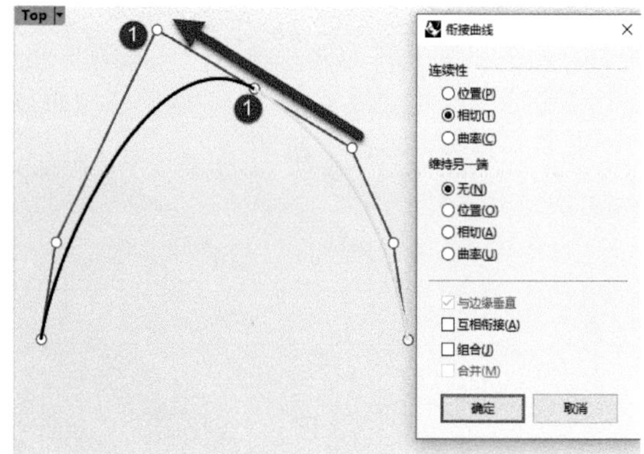

图2-25

衔接【曲率G2】时，会影响到曲线的第3个控制点。如图2-26所示。

使用【可调式混接曲线】也可清晰地知道达到某一级别几何连续性时需要的控制点数需要。如图2-27所示。

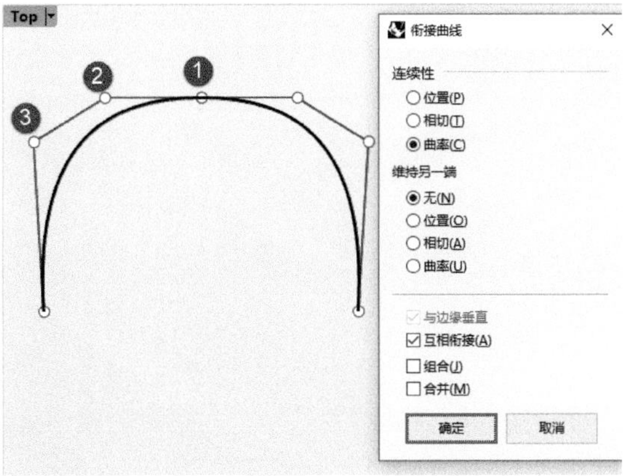

图2-26

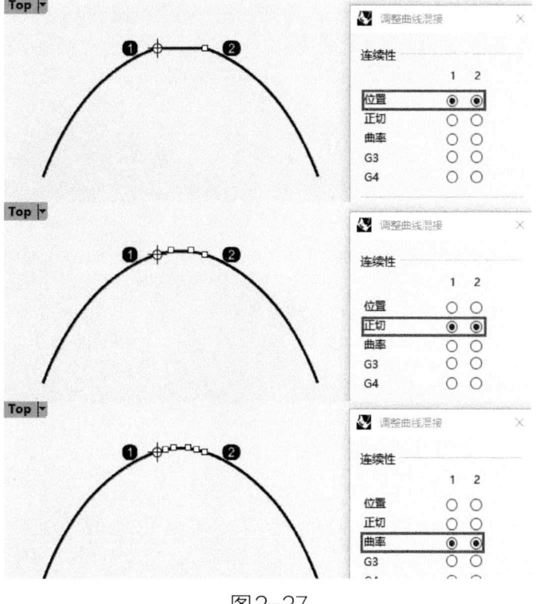

图2-27

2.6 绘制高质量NURBS曲线的技巧

在Rhino中，曲线的质量往往决定了曲面的质量，因此在绘制初期，我们就应该十分注意曲线的绘制，才能在后期曲面的编辑中减少问题的出现。

案例绘制技巧1：遇图形应先分析后下手，较多初学者在平时练习或设计中时遇到图形就直接开始描图，其实这是错误的。对于柱状弧度类的产品，较容易绘制高质量的曲线。如图2-28所示。

对于此案例来说点不需要太多，且控制点的排列不平均分布。如图2-29所示为错误的绘制。

那怎么办才较好绘制呢？可以使用【控制点曲线】命令先定产品图的两点，通过【更改阶数】命令将曲线升阶为3阶4点。如图2-30所示。

升阶完成，可以看见曲线的控制点均匀排布，此时可以使用操作轴进行调整。如图2-31所示。

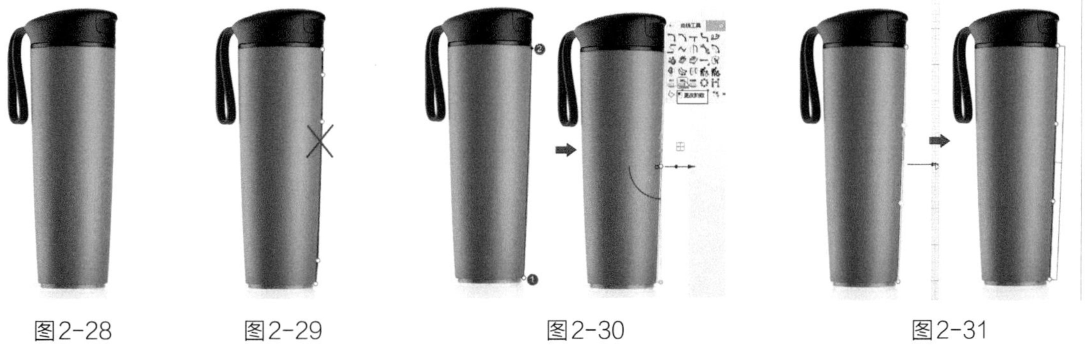

图2-28　图2-29　图2-30　图2-31

案例绘制技巧2：对于形状较为复杂的图形，也应该遵循点与点分布均匀的逻辑，应在转角处适当地给予点，否则会造成点数赘余。如图2-32所示。

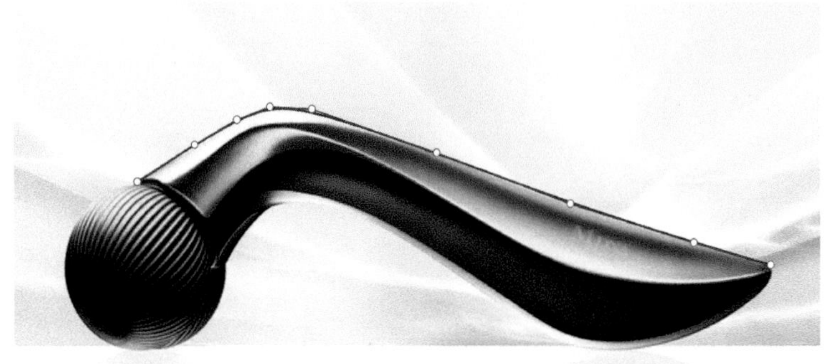

图2-32

案例绘制技巧3：对于弧形类的图形，不建议直接进行描图。如图2-33所示为错误的画法。

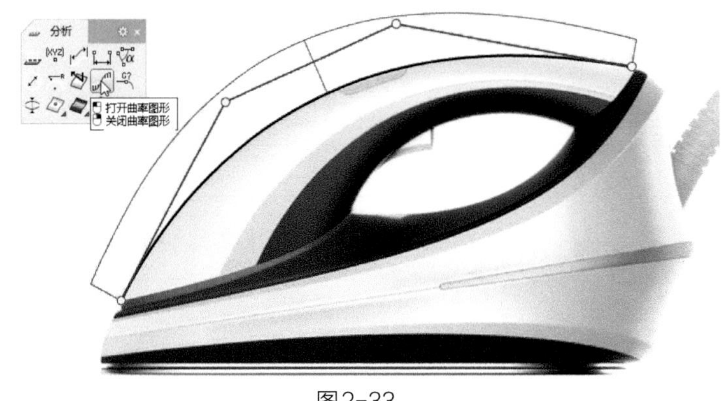

图2-33

正确画法为：找特征，定点画直线。如图2-34所示。

通过【更改阶数】命令将曲线升阶为3阶4点，打开曲线控制点，进行造型对准。如图2-35所示。

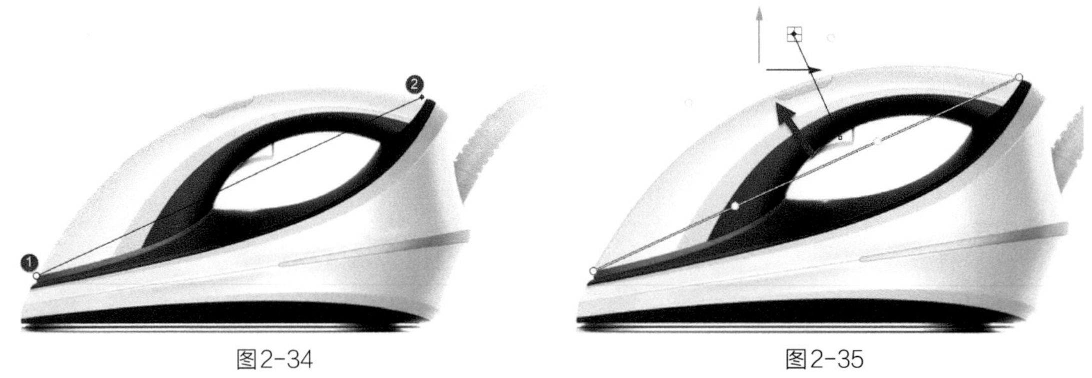

图2-34　　图2-35

调整完成，可打开曲率图形进行查看，这样高质量的极顺曲线就绘制出来了。如图2-36所示。

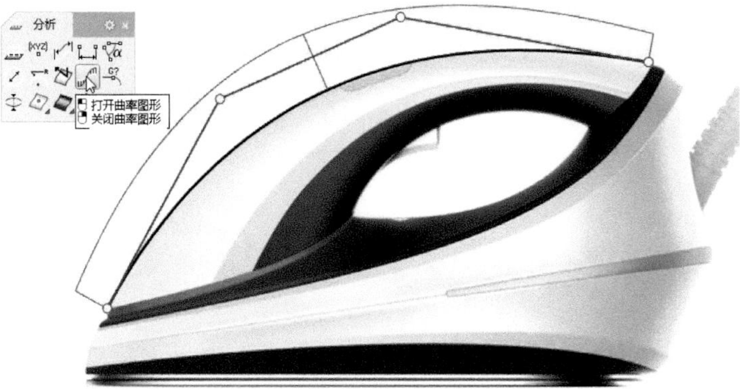

图2-36

案例绘制技巧4：在工业设计产品中，有很多对称造型。对称类产品图形绘制仅需绘制一半曲线，然后通过【镜像】命令的【复制（C）=是】即可。如图2-37所示。

小技巧 对称图形第二控制点应与第一点保持相切，这样通过【镜像】命令的【复制（C）=是】得到的曲线才能与原生绘制的曲线达到G1连续，即三点共一线。如图2-38所示。

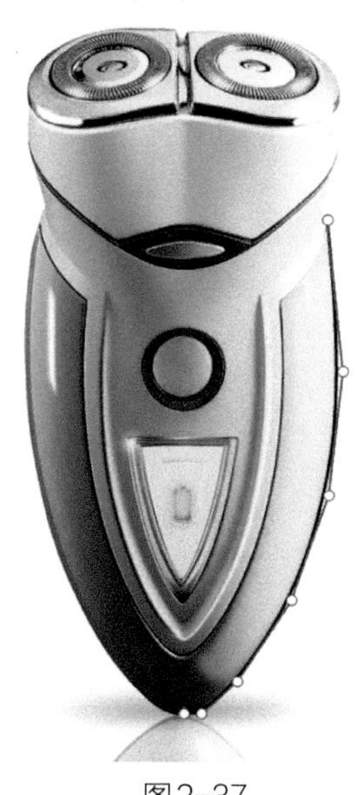

图2-37

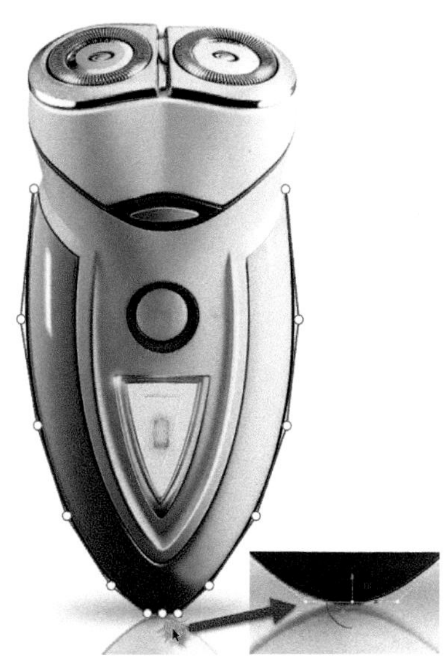

图2-38

总结：① 在产品设计案例绘制时首选3阶曲线/5阶曲线去绘制。

② 控制点与控制点的位置关系应适当均匀。

③ 线通常只需要绘制第一条原生曲线，如遇对称类图形可通过镜像复制、旋转复制、移动复制以及环形阵列复制去构建得到另外一条曲线，无须重复去绘制。

3

绘制高质量精简NURBS曲面的方法与技巧

素材与源文件

Rhino

3.1 曲面的构成

曲面的构成与曲线相似，曲面同样包含了点数和阶数，也就是说曲面的属性继承了曲线的属性，曲面是由曲线构成的。在Rhino中一块标准的曲面结构应当是具有四边，类似于矩形的结构，并且曲面上其控制点和线都是具有两个走向，而这两个方向是呈现网状交错的，也就是说一块曲面我们可以看作是由一系列的曲线沿着其一定的走向排列而来。如图3-1所示为Rhino的曲面，我们可以看出，曲面由4个边界组成，俗称的“四边面”也就是说在Rhino里曲面一定是4个边的。

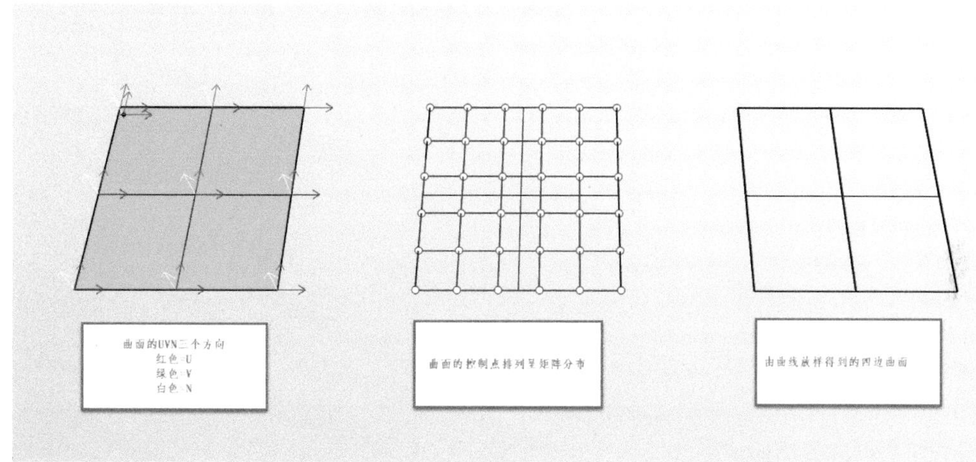

图3-1

通过图片我们可以看到，使用【分析方向】指令，我们便可知道何为【曲面UVN】方向，如图3-1中向上白色箭头则代表了N方向，而红色则代表了U方向，绿色代表了V方向。

那么结构线即是如图3-1中曲面上特定的U线或者V线（曲面上较细浅黑的颜色），而曲面边缘则是曲面最边界的U线或者V线了（较粗黑的）。如图3-2所示的曲面、封闭曲面、多重曲面。

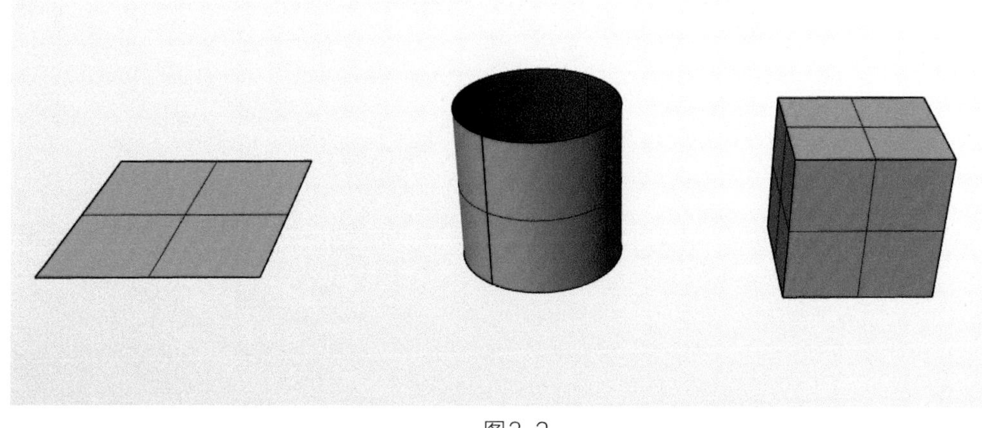

图3-2

读者也可在着色模式设置中将曲面的结构线改成与曲面方向一致的颜色，便于区分和可以直接看出曲面的U方向与V方向，如图3-3所示。

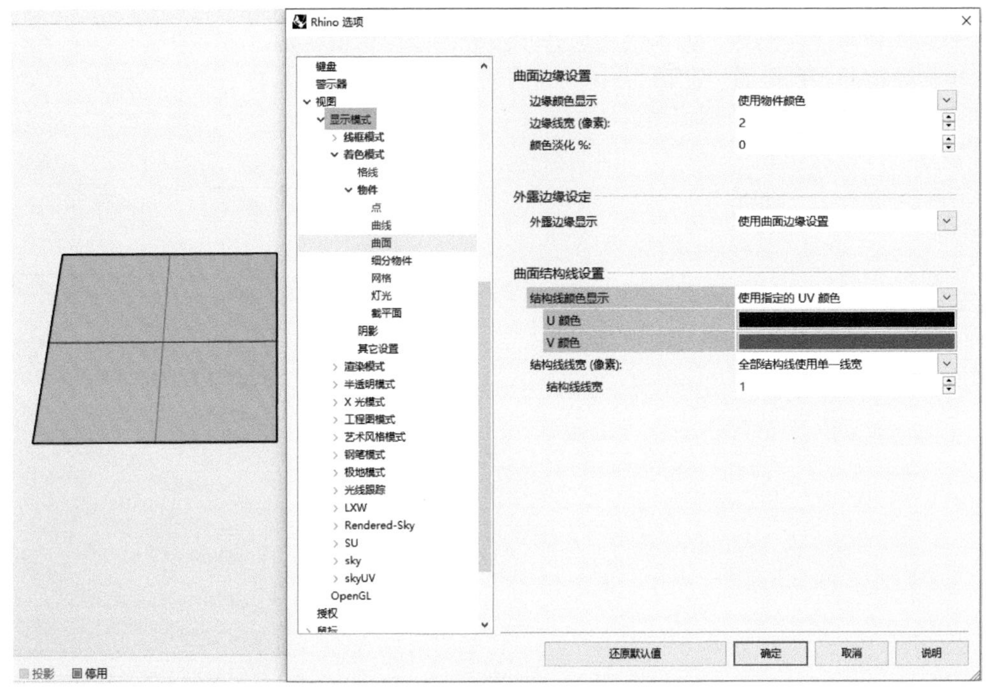

图3-3

区别曲面结构线与曲面边缘还可在属性对话框中的【显示曲面结构线】取消勾选。如图3-4所示。

图3-4

3.2 曲面的常见结构

前面章节提到在Rhino中曲面的标准结构是具有4个边的结构，但是在对无数的产品创意绘制3D图形时，我们建模遇见的各种曲面形态会与我们描述的曲面一定是4个边组成的理论显得有所不同。但其实这些曲面结构也是属于四边面，只不过为了满足产品形态，这种四边结构显得比较特殊罢了。

3.2.1 单边收敛的曲面结构

如图3-5所示汇聚成一个点。

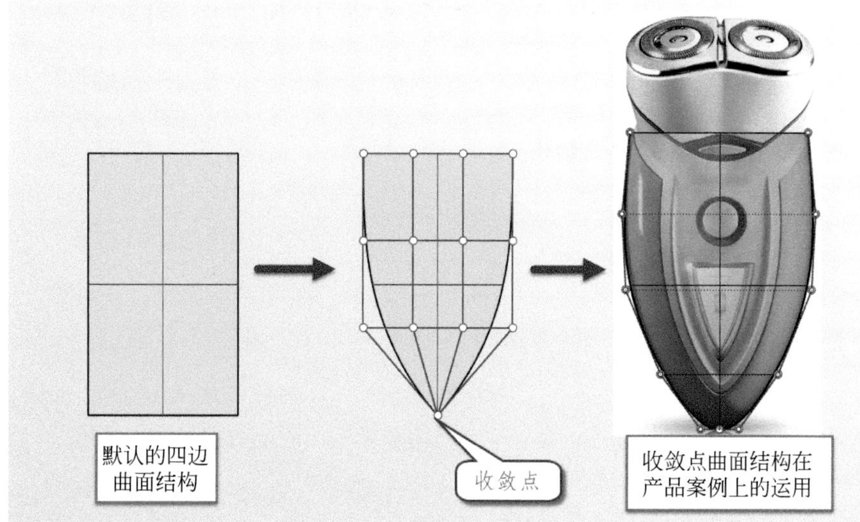

图3-5

使用【使平滑】指令可以将收敛点爆炸开，便可清晰地看见是原始的四边曲面。如图3-6所示。

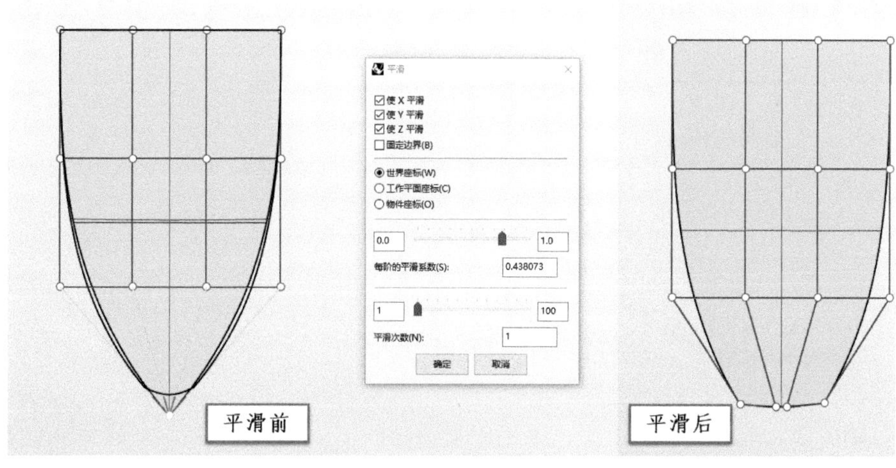

图3-6

3.2.2 两端收敛的曲面结构与封闭曲面结构

如图3-7所示，有一个方向闭合收敛的曲面，看起来不像是四边结构，通过推演判断出它们只是两个边缘有重合。

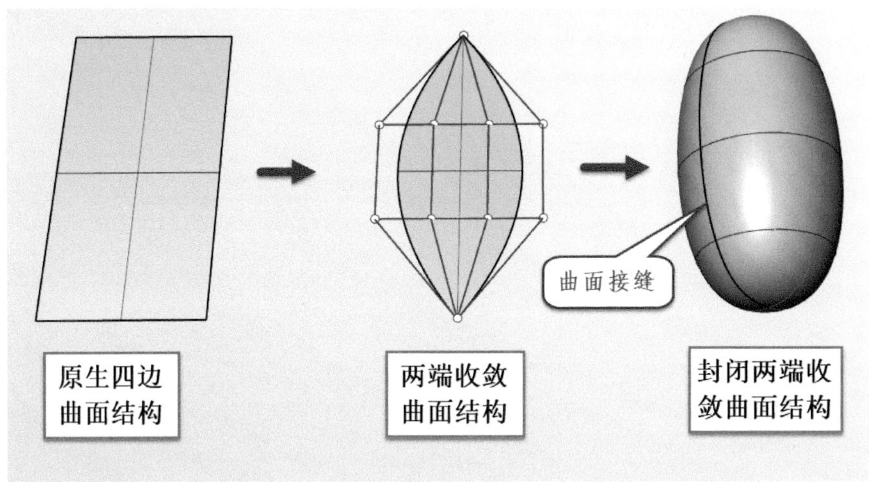

图3-7

3.2.3 边缘相切的曲面结构

当原生的四边曲面结构U方向的边缘与V方向的边缘相切时，此曲面边缘在视觉上看起来是平滑的。如图3-8所示。

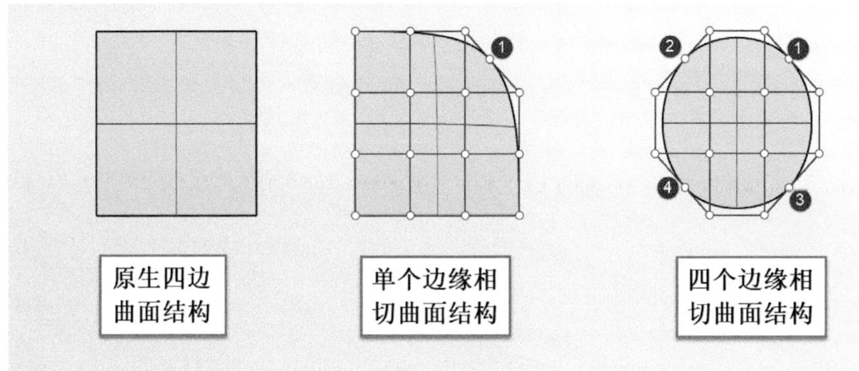

图3-8

3.2.4 修改过的多样化曲面结构

修剪过的曲面，单纯从外观上看，并不能直接判断出其4个边的结构。因此我们要先知晓Rhino中的【修剪】命令，它并不是将曲面进行删除，而是进行了暂时的隐藏。使用【显示物件控制点】命令，可以显示曲面的控制点，其控制点还是四边结构排列。或使用【取消修剪】命令可将其复原成原生的四边曲面结构。如图3-9所示。

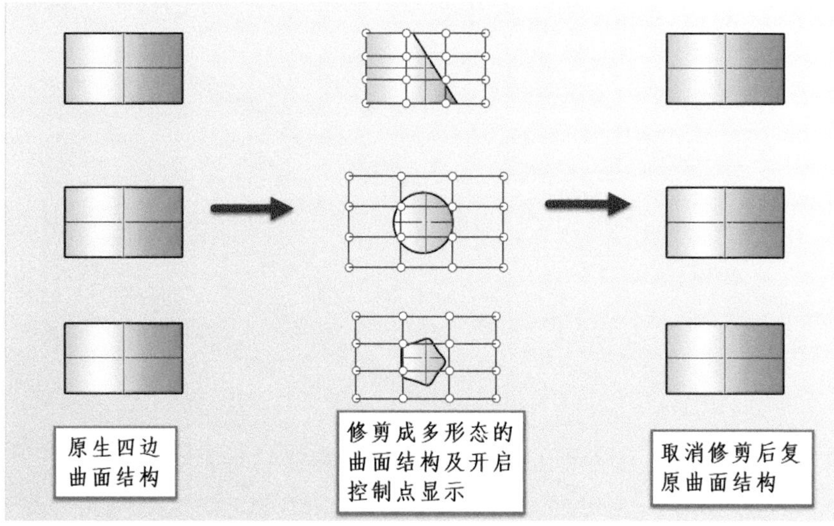

图3-9

3.3 NURBS曲面的连续性

在上一章节我们学习了曲线的知识以及连续性，并谈到了曲线决定着曲面的属性，也就是说曲面的连续性同样具备了位置=G0、相切=G1、曲率=G2这三个基本等级的连续性。接下来让我们了解NURBS曲面连续性的各种情况以及曲面控制点对连续性匹配的影响。

① G0=两曲面边缘相接且边缘的点相交于一起，如图3-10所示。

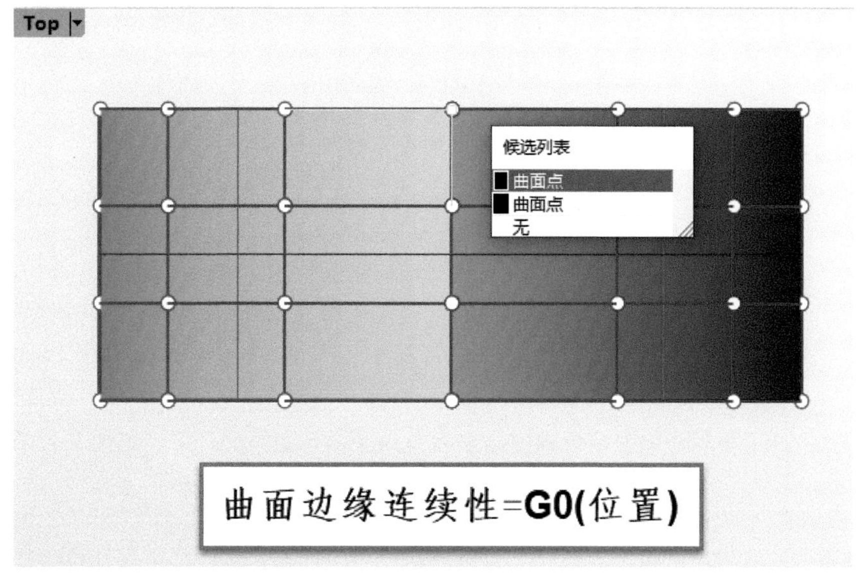

图3-10

② G1=两曲面边缘相切，控制点的关系呈现三排控制点共一线。如图3-11所示。

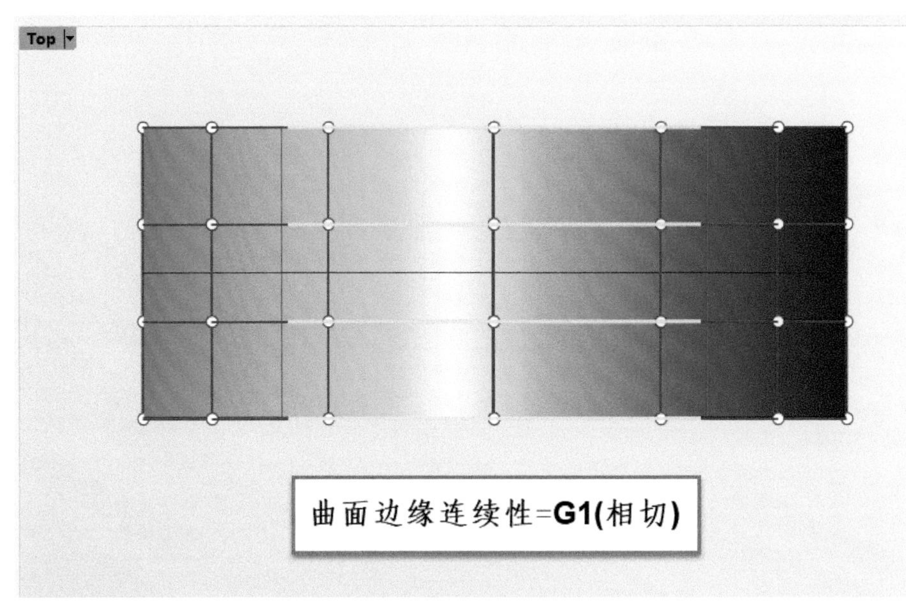

图3-11

非对称相切的两曲面需要达到相切连续的要求。如图3-12所示。

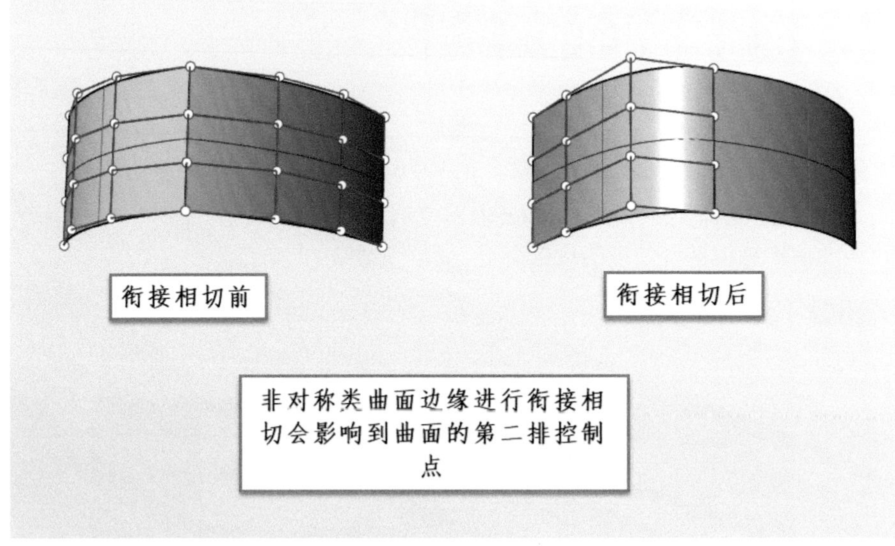

图3-12

③ G2=对称且相切。如图3-13所示，可使用【衔接曲面】命令进行验证，将连续性改为曲率，发现曲面并未发生抖动。

曲面边缘用【复制边缘】命令提取出来后使用【两条曲线的几何连续性】命令进行验证。如图3-14所示。

非对称相切的两曲面需要达到曲率连续的要求。如图3-15所示。

④ 边缘不连续，但内部控制点达到了连续性的要求，曲面之间一样可保持G1/G2的连续性，

如图3-16所示，并使用【斑马纹分析】命令检测曲面质量。

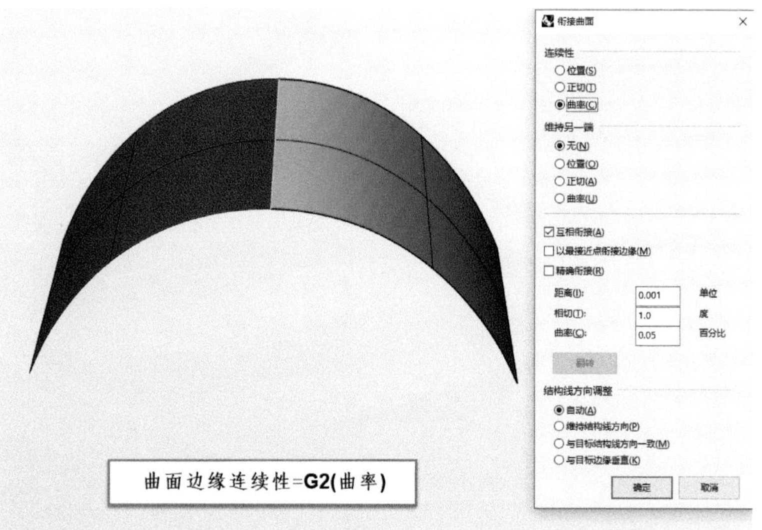

图3-13

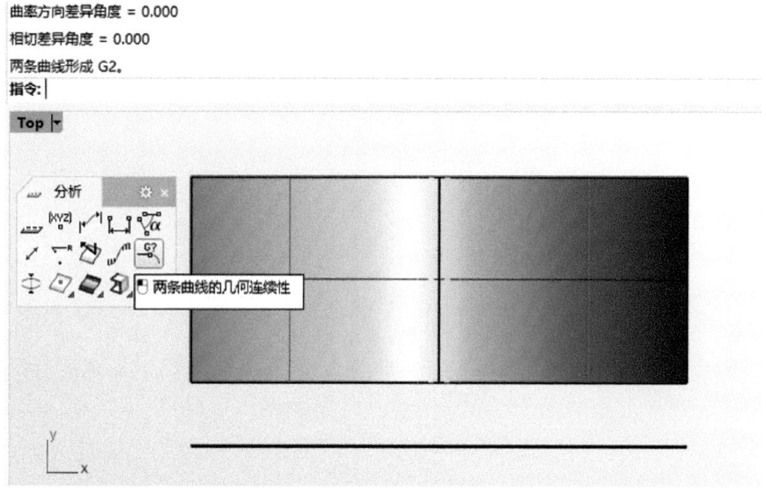

图3-14

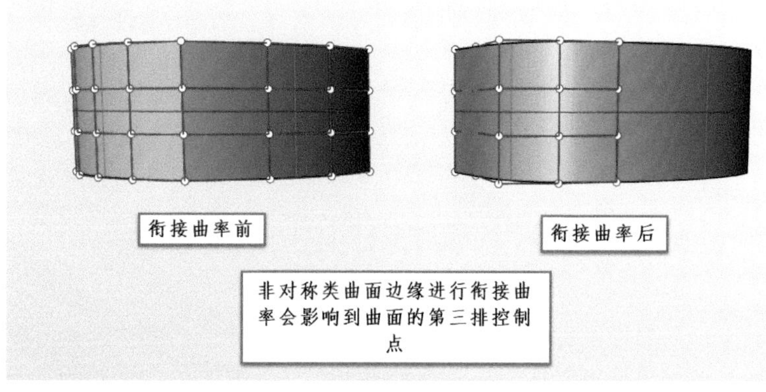

图3-15

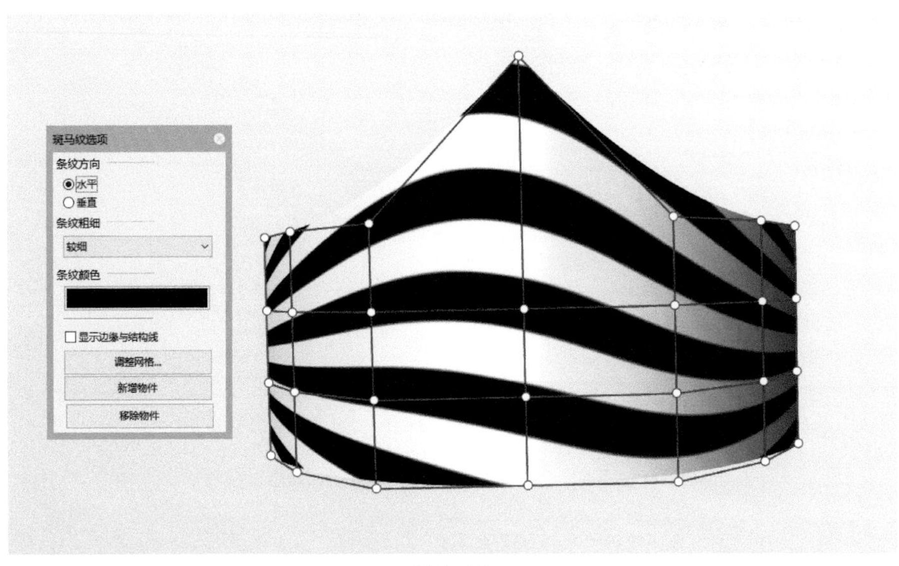

图3-16

其所呈现的连续性效果在曲面上与曲线上，同样是【位置G0】连续的不光滑的显示，只是在曲面边缘上进行了边缘的重合，【相切=G1】与【曲率=G2】这两种连续性在曲线或者曲面上用肉眼其实都不好分辨，通常此时我们都会借助Rhino中的【斑马纹分析】命令进行曲面光影分析，如图3-17所示为曲线的曲率图形与斑马纹显示。

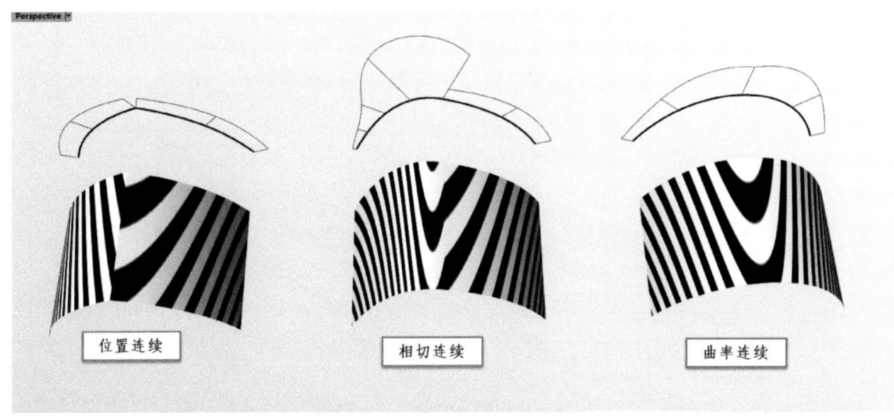

图3-17

从光影和斑马纹显示来看，我们都可以清楚地看到其【位置GO】连续是完全不连续的、有锐角的，而【曲率G2】连续的我们可以看到其反光和斑马纹很明显优于【相切G1】连续，这说明曲面更加光滑。

3.4 NURBS曲面连续性的匹配技巧

在前面的章节中，我们知道如果两曲线并没有达到连续性而需要达到某一连续时，通常可以使用【衔接曲线】这一重要的功能，或者找准其连续性匹配的要求进行手工匹配连续性。当然了，曲面也同样可以，就是说原本两个不平滑的曲面，可以通过曲面的衔接来达到平滑，而具体的平滑等级，可以是【位置GO】、【相切G1】以及【曲率G2】连续，甚至是G3。接下来我们使用【衔接曲面】来验证这一说法，如图3-18所示。

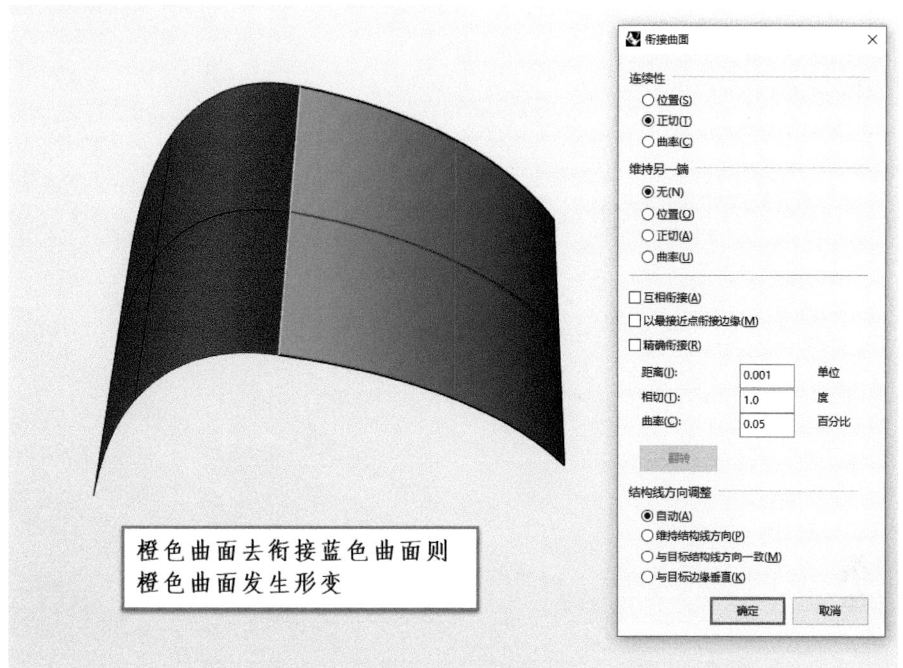

图3-18

我们使用左边的曲面去衔接右边的曲面，衔接曲率，可以发现曲面进行了匹配，控制点发生了改变，而控制点的改变是由其系统自带的属性完成的。连续性进行改变后其曲面的形状也会随之改变。对上面这段话我们可简单理解为，在曲面衔接的过程中，假设将主动衔接目标的边缘定义为A，目标边缘定义为B，那么在衔接后B将受衔接操作影响而发生形变。那么作为使用者，我们在进行衔接的时候最好做到"心中有数"，也就说我们理想中的衔接结果要和我们预计中的效果达到最接近的状态，这也就说明衔接指令"只是帮你衔接，而不帮你衔接好"的道理。此时我们就得自己动手，熟悉曲面衔接中的各个选项设置，才能做到在操作中"胸有成竹"。

①【连续性】：执行【衔接曲面】命令，我们可以看到衔接指令为我们提供了非常多的设置，而当我们勾选不一样的设置就会有不一样的结果。如图3-19所示，我们来分析其衔接连续性【位置GO】、【相切G1】以及【曲率G2】之间所发生的具体变化，我们可以看到衔接的连续性和其具体改变，这也是曲面衔接过程中会发生形变的原因。

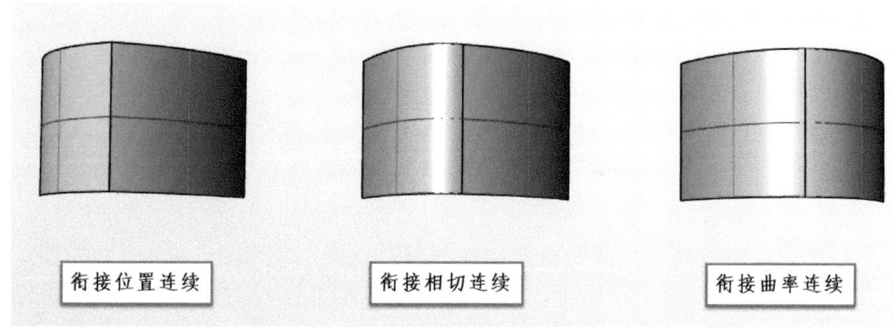

图3-19

②【维持另一端】：则说明在执行衔接的时候，衔接边缘的另一端连续性是维持还是破坏，一般情况下这里我们永远选择【无】，如需要，在相应的位置点击即可。

③【互相衔接】：如图3-20所示，我们可以看到当勾选上的时候，曲面则会两边都发生形变，而不是只改变一个曲面了，其主要用于对称曲面的匹配，一般在制作对称和规则的时候会很有用，但是切记它要求用于衔接曲面的边界均为没有修剪过的原生单一曲面。

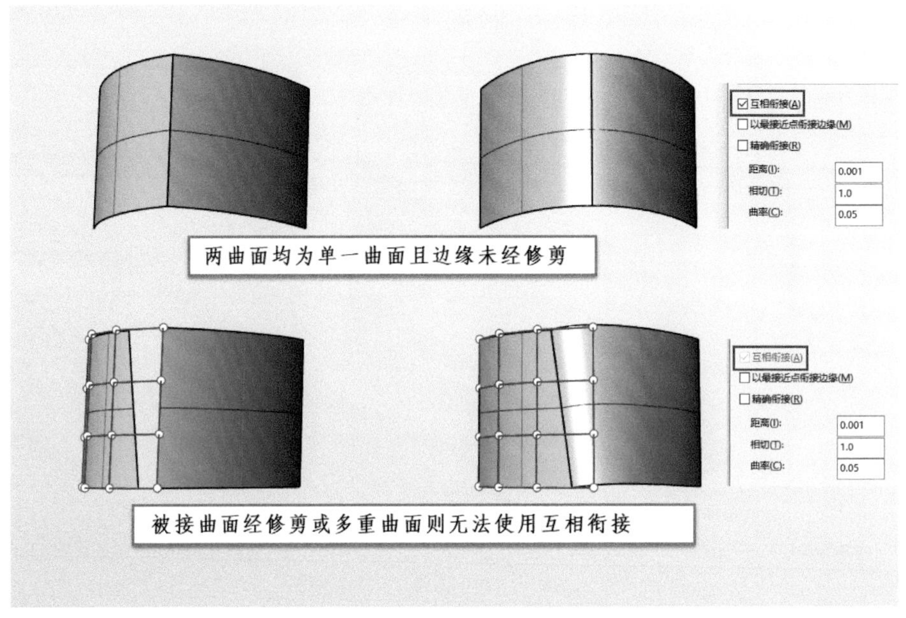

图3-20

④【以最近点衔接边缘】：顾名思义，我们可以理解成进行衔接的曲面是以距离它最近的那个边界进行衔接过去的。如图3-21所示。

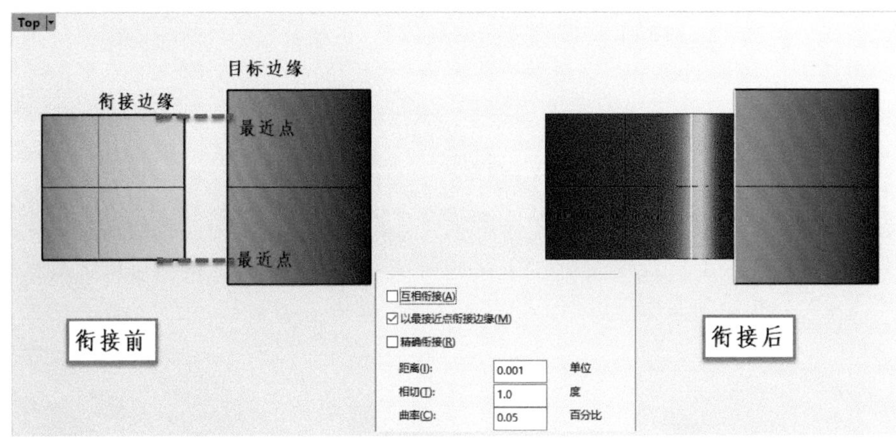

图3-21

⑤【精确衔接】：绘制图形过程中，衔接曲面时不可能一直遇到属性一样的衔接边缘，除非这些曲面边缘是经过精心设计过的，如图3-22所示，如遇属性不一致的边界的时候，当执行完【衔接曲面】指令，会发现它们之间依然存在缝隙并且无法组合。

勾选上【精确衔接】，如图3-23所示，我们可以看到系统会自动为衔接边界的曲面添加足够多的控制点去衔接目标曲面，从而达到逼近，使其能够组合上。

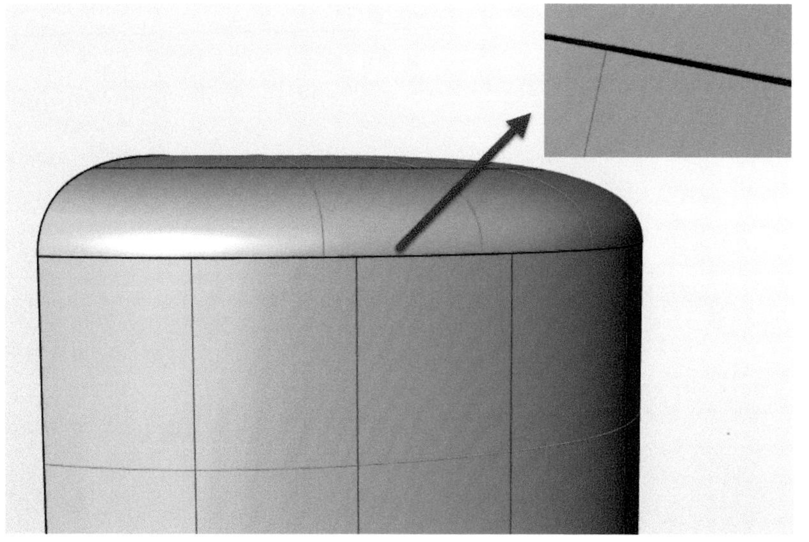

图3-22

图3-23

那么继续来看，绘制一个较为复杂的曲面和精简的曲面，进行衔接验证（如图3-24所示），无须勾选【精确衔接】也可衔接上。

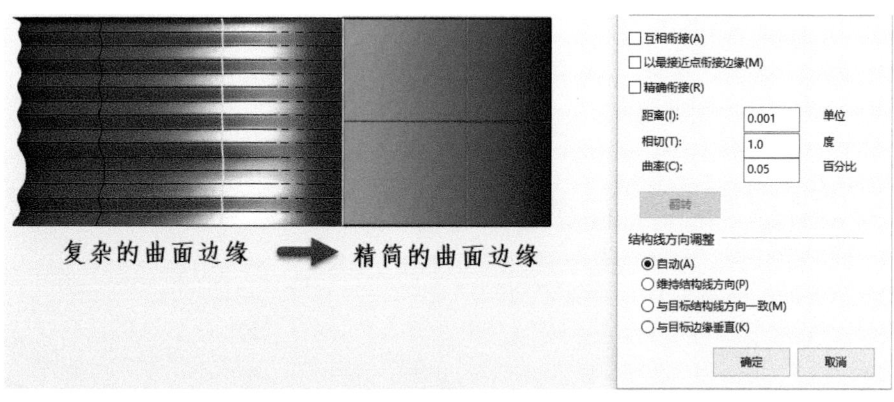

图3-24

而精简的曲面边缘去衔接复杂曲面边缘时则需勾选【精确衔接】方可衔接上，如图3-25所示。

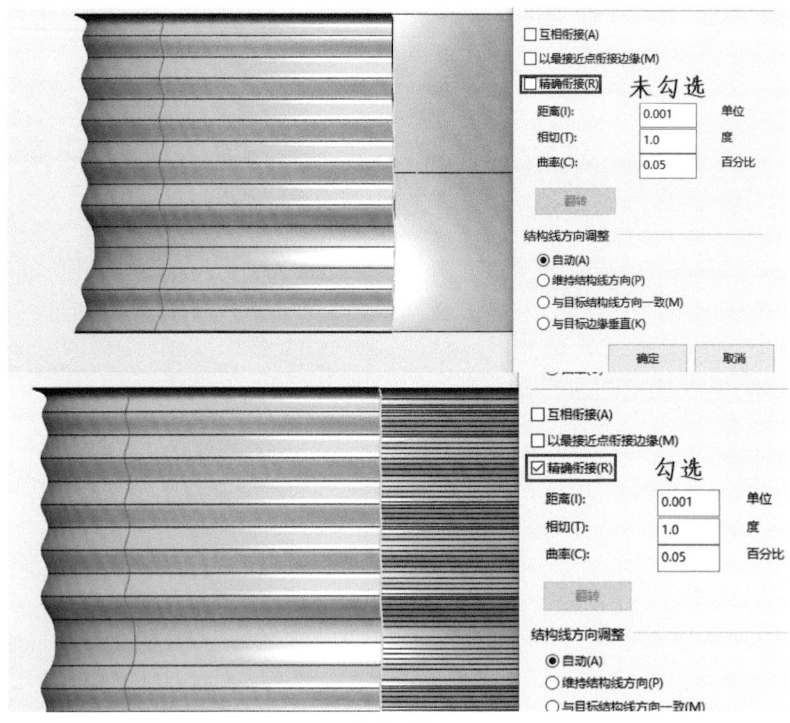

图3-25

我们不难发现，复杂衔接简单则不需要添加点，而简单衔接复杂则需要添加足够的点才能进行吻合，也就是其工作原理是通过容差（距离，相切，曲率）数值进行控制的。

⑥【结构线方向调整】：Rhino对其有四种方式进行设计。

第一种：自动。自动衔接是Rhino 3D中默认的衔接方式，也就是说用来衔接的曲面边缘不能是修剪边，但是目标边缘允许为修剪过的边。也就是说衔接的目标边缘此时就会有两种状态了：一种是已修剪曲面边缘，一种是未修剪曲面边缘。那么这两种模式进行匹配会出现怎么样的效果呢？如图3-26所示，我们对这两组进行比较分析。

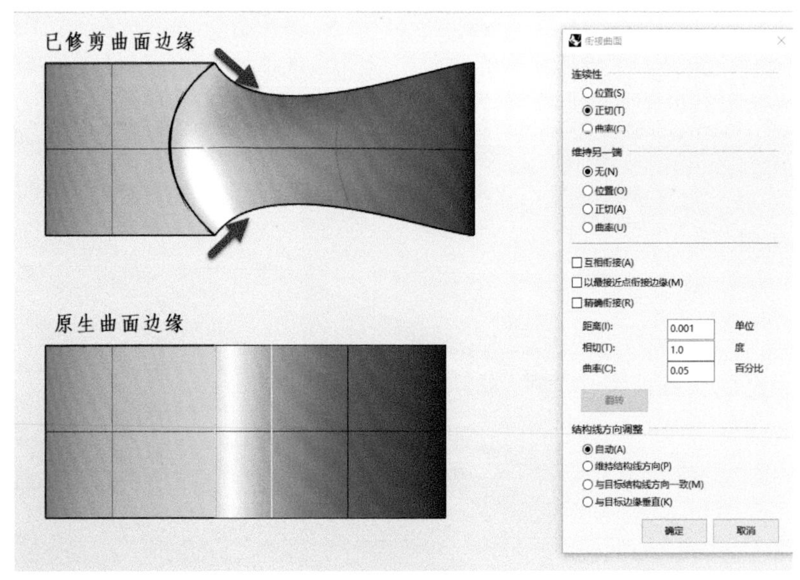

图3-26

我们可以看出，对于已修剪曲面边缘，使用【自动】参数的时候结构线与已修剪曲面呈现垂直关系，而未修剪曲面其结构线则是保持一致的。也就是说：对于目标曲面是已修剪曲面的时候，【自动】将会使衔接曲面的结构线垂直目标曲面的边缘；而对于目标曲面是未修剪曲面的时候，【自动】会使衔接曲面的结构线与目标曲面结构线方向一致。

第二种：维持结构线方向。不管衔接的曲面为已修剪曲面还是未修剪曲面，其都可以维持原来的结构线方向而尽量地做到不改变。也就是说用此种方式进行衔接曲面所发生的形变是最小的。如图3-27所示。

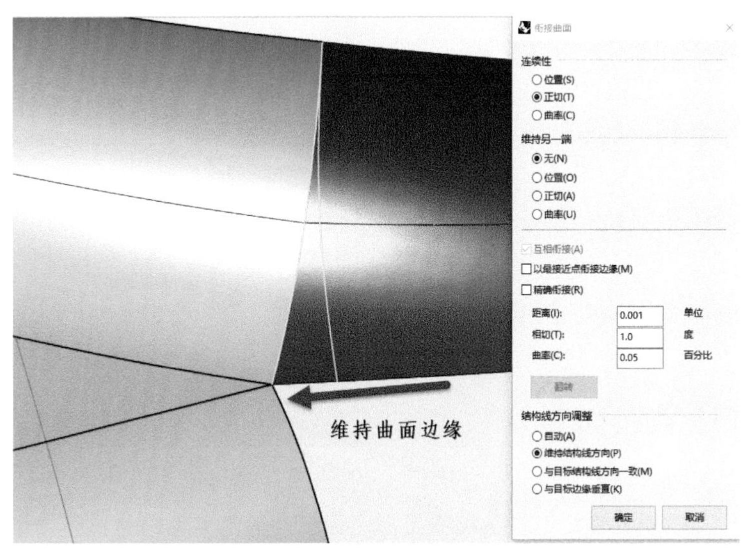

图3-27

第三种：与目标结构线方向一致。在这个模式情况下，无论是修剪的曲面边缘还是未修剪的曲面边缘，其衔接的曲面的结构线都会与目标曲面的结构线方向保持一致。进行衔接的目标曲面是已修剪曲面时，它就会改变结构线方向与目标曲面的结构线方向一致，如图3-28所示。

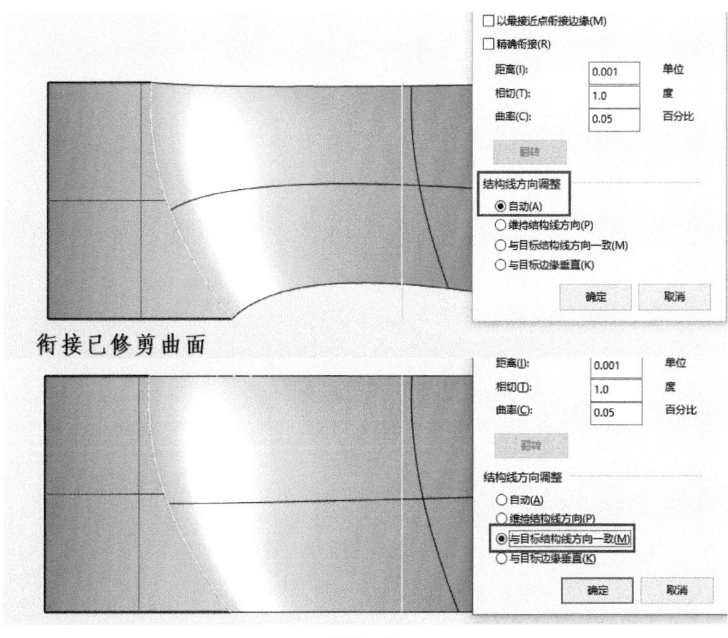

图3-28

未修剪曲面边缘的时候，其效果和默认的【自动】衔接是一样的，如图3-29所示。

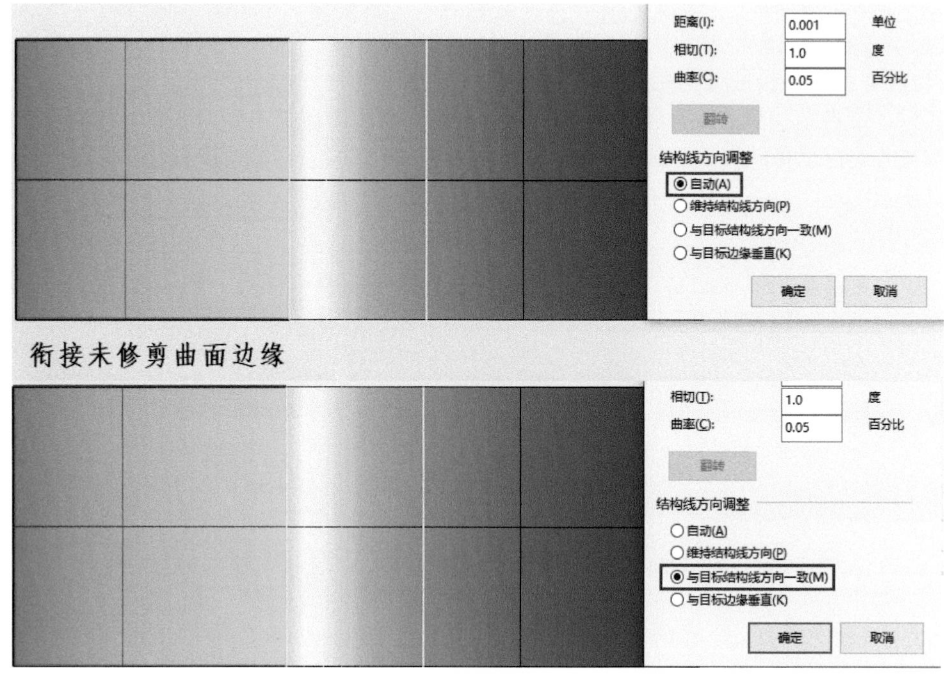

图3-29

第四种：与目标边缘垂直。不管衔接的目标曲面是修剪的曲面边缘还是未修剪的曲面边缘，它都会改变衔接曲面的结构线方向垂直于目标曲面的边缘线（与目标曲面边缘造型有关）。然而在进行衔接已修剪曲面边缘的时候，它的效果与勾选上【自动】是一样的，如图3-30所示。

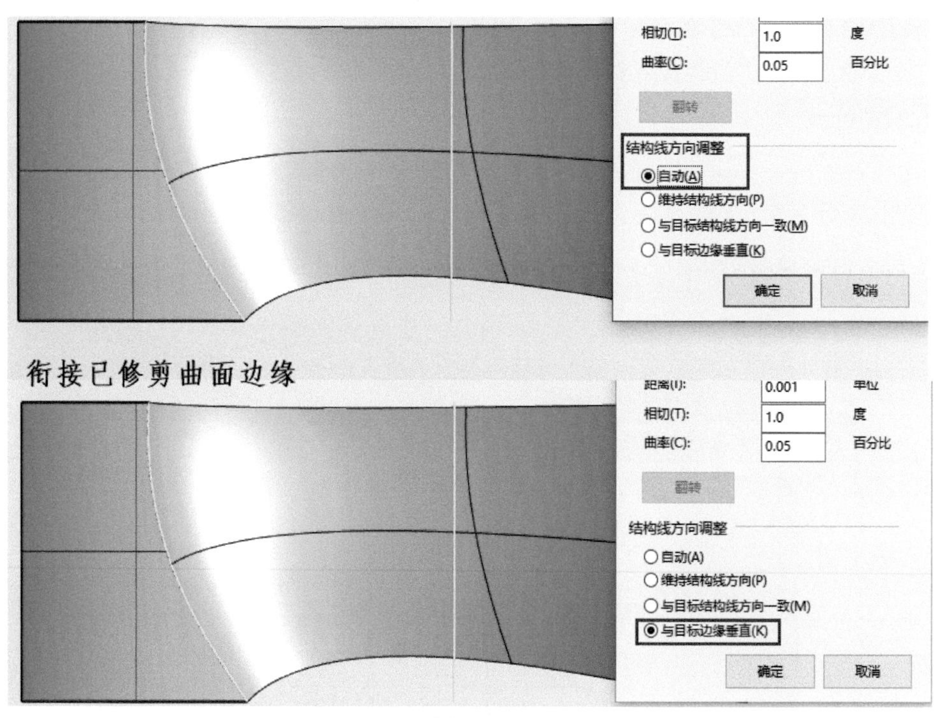

图3-30

当衔接未修剪曲面边缘的时候，其结构线方向垂直于目标曲面的边缘。如图3-31所示。

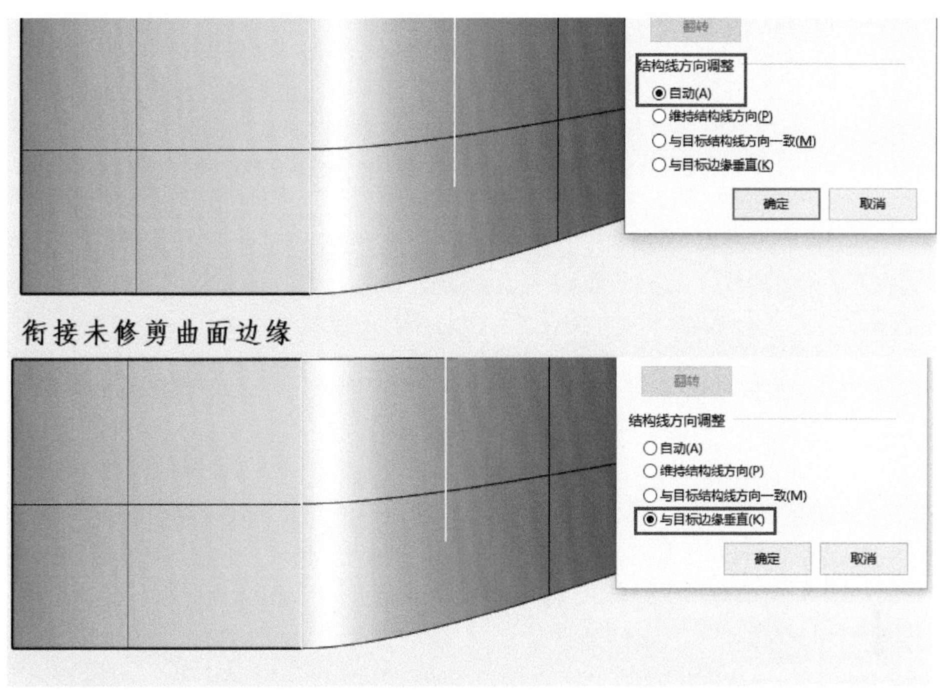

图3-31

把衔接未修剪曲面边缘形状改成与已修剪曲面边缘形状一样再去衔接验证，如图3-32所示。

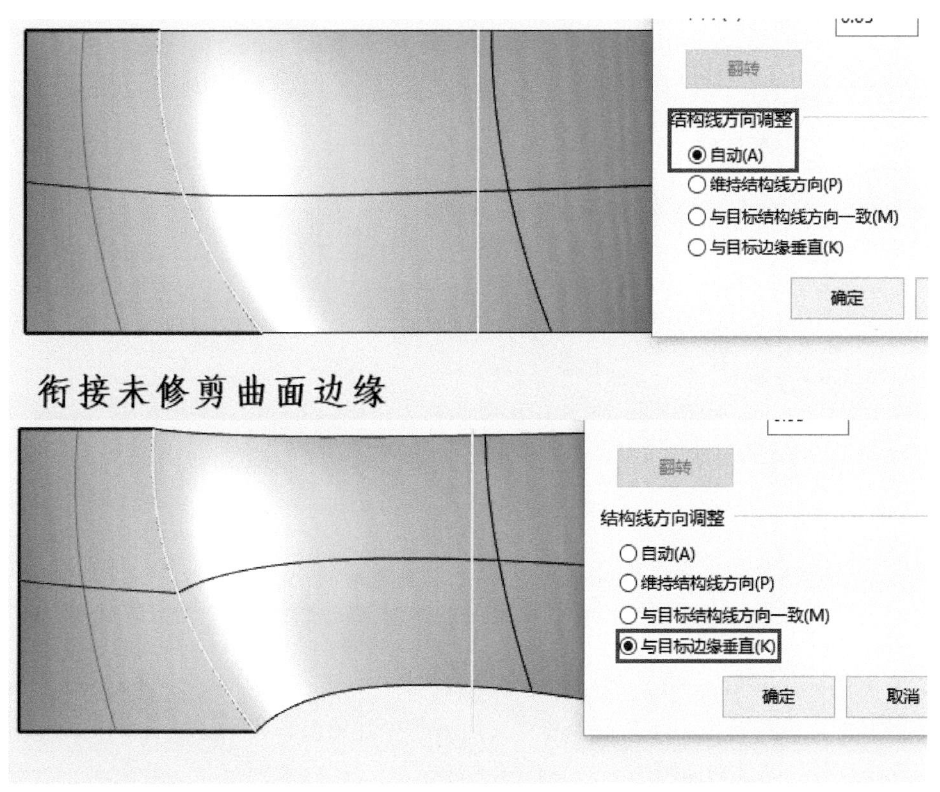

图3-32

3.5 绘制高质量精简NURBS曲面常用指令

每个人的绘图方式都不同，同一种产品案例存在着多种创建方法。选择什么样的方式去构建曲面，通常跟个人的建模习惯与经验有关。在Rhino中提供的基础曲面创建工具完全可以满足各类造型的建模需求。在前面章节提到的曲线质量决定曲面质量，也就意味着我们在进行基础曲面创建时，应尽量选择属性命令而不应选择逼近命令去创建基础曲面，因其属性命令创建的基础曲面能很好地继承曲线的质量，创建出来的曲面也精简，便于后续造型需求的调整。本书将重点介绍放样（Loft）、双轨（Sweep2）、旋转成形（Revolve）以及沿着路径旋转（RailRevolve）。

3.5.1 放样

放样命令是通过一系列同一走向的曲线进行构建曲面的，简单地说就是只有路径曲线。如图3-33所示，我们把单一方向系列的线用U方向和V方向进行描述。U与V曲线应避免建立自我交集的曲面，否则会被限制为【平直区段】或【可展开的】的样式。

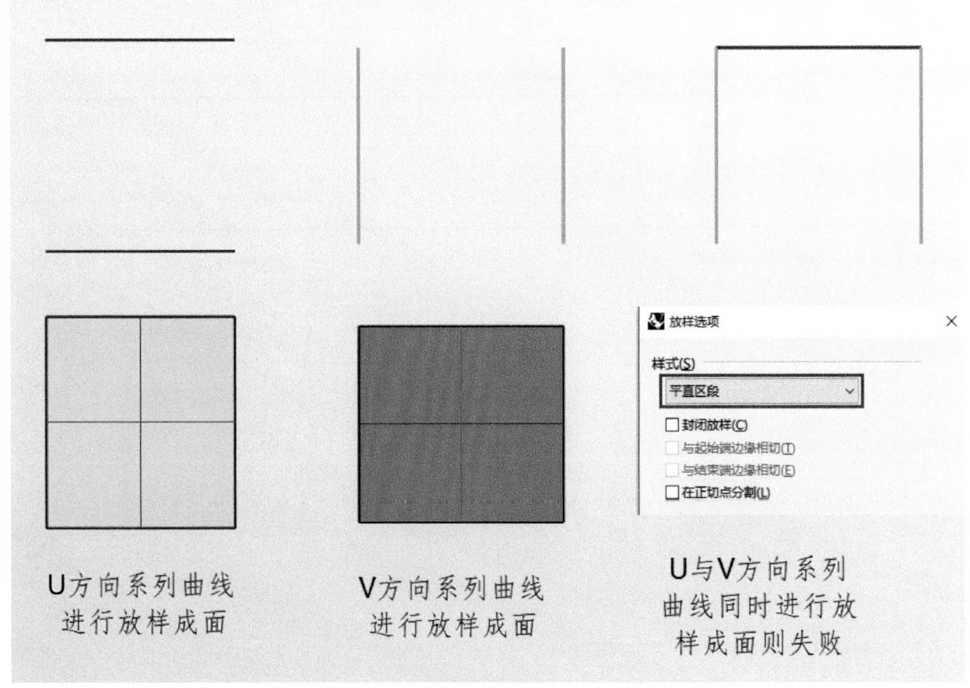

图3-33

选取曲线在满足同一走向的同时，还应满足均为开放的曲线或均为封闭的曲线。如图3-34所示。

始终遵循绘制一条原生曲线，因为得保证放样的系列曲线属性一样，确保得到最优曲面。对称类产品案例以及环状类产品案例，能用复制的曲线则不重新画。如图3-35所示用于放样系列曲线属性不一样，造成曲面结构线数量增加。

用于放样系列曲线属性一样，得到最优曲面，曲面继承曲线质量。如图3-36所示。

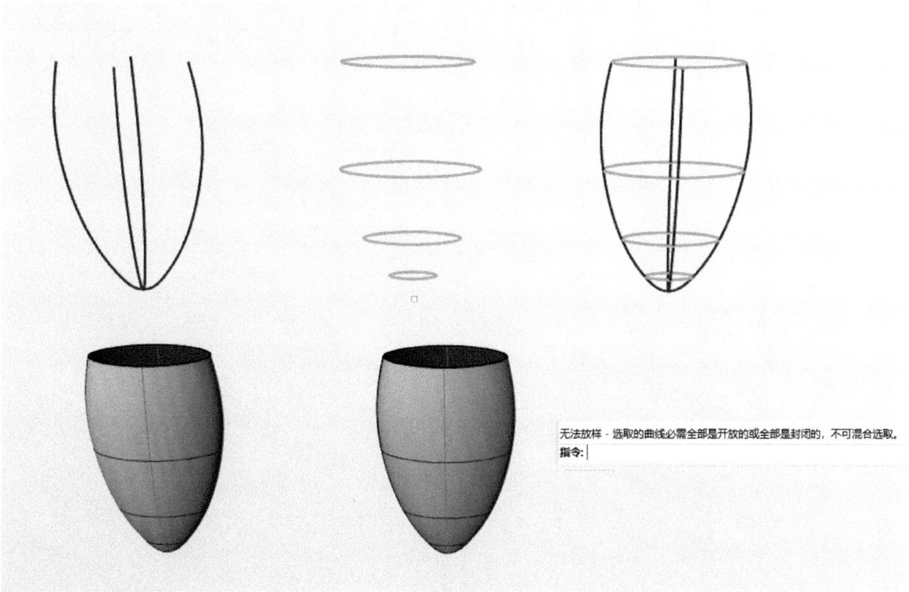

图3-34

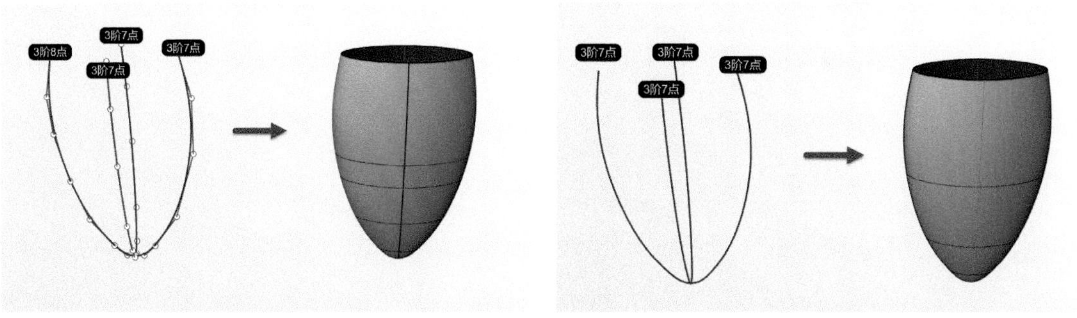

图3-35　　图3-36

多条空间曲线进行放样，曲线端点要么全相交于一点，要么全不接触，如遇部分曲线端点收敛，则会被限制为【平直区段】或【可展开的】的放样样式。如图3-37所示。

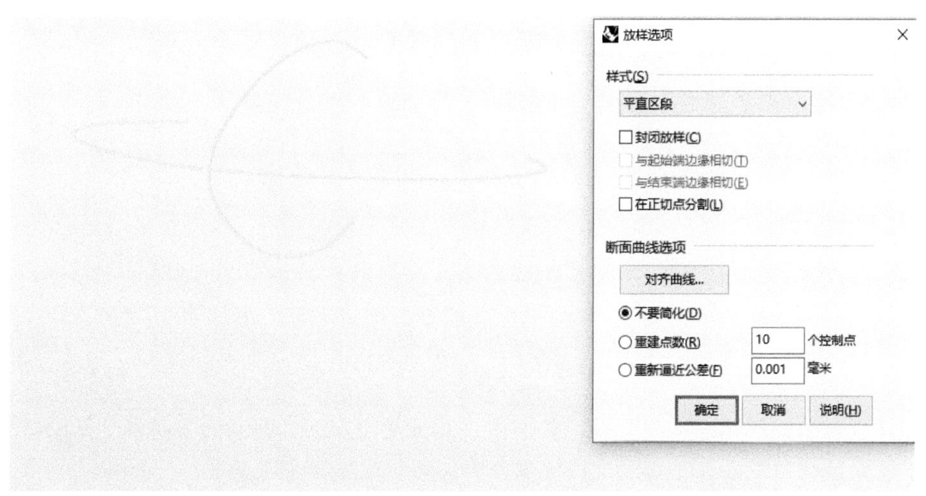

图3-37

曲线端点要么全相交于一点，要么全不接触，则能放样出标准曲面而不被限制为【平直区段】或【可展开的】的放样样式。如图3-38所示。

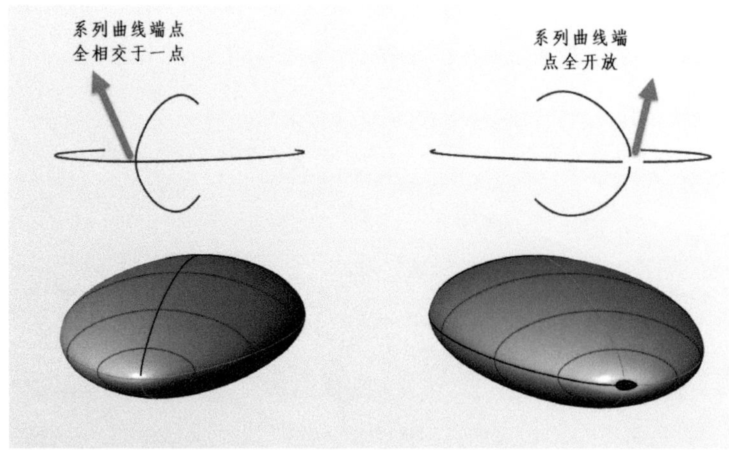

图3-38

用于放样的序列曲线为封闭曲线时，应考虑其接缝是否在同一方向，否则构建的曲面会发生扭曲。如图3-39所示。

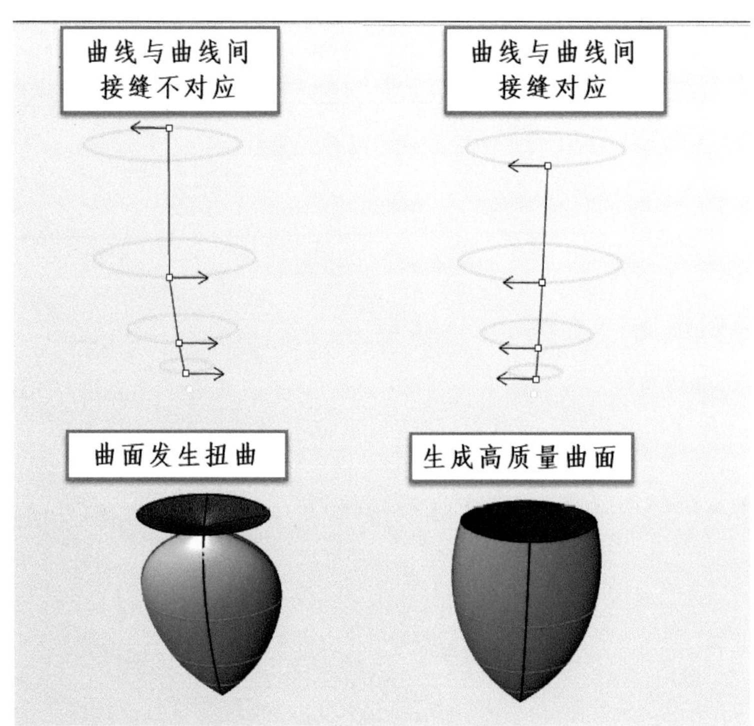

图3-39

总结：① 可以有N条曲线同时进行放样，可以是U方向也可以是V方向，就是不允许两个方向的曲线同时进行放样；

② 用于放样的曲线属性最好一样，绘制出一条原生曲线，其余曲线最好通过复制得到；

③ 开放曲线的端点要么全部相交，要么全部开放，就是不能混合；

④ 封闭曲线进行放样时要考虑接缝的问题！

放样应用实例如下。

说明：下面的实例仅用放样工具去构建曲面，不做细节的演示。

① 画出剃须刀的轮廓曲线，因其是对称类产品造型，故只需绘制一半即可。绘制曲线时应考虑点的排列关系，不应太复杂也不应太少。如图3-40所示。

② 将绘制好的曲线使用【放样】命令进行构建曲面。如图3-41所示。

③ 使用【镜像】命令，镜像曲面，便可得到剃须刀的基础曲面。如图3-42所示。

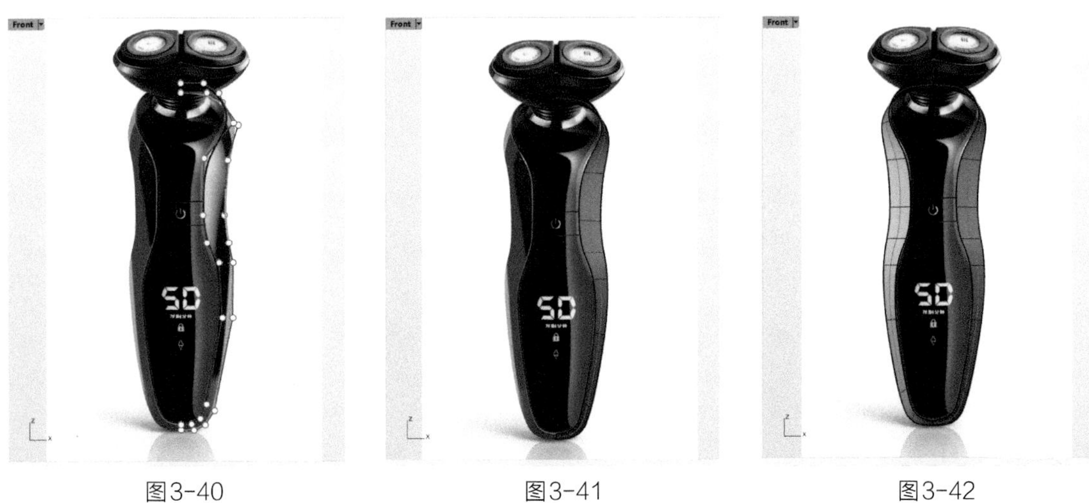

图3-40　　图3-41　　图3-42

3.5.2 双轨

双轨命令是通过路径曲线以及断面曲线进行构建曲面的，如图3-43所示路径曲线只允许两条，断面可以无数条。

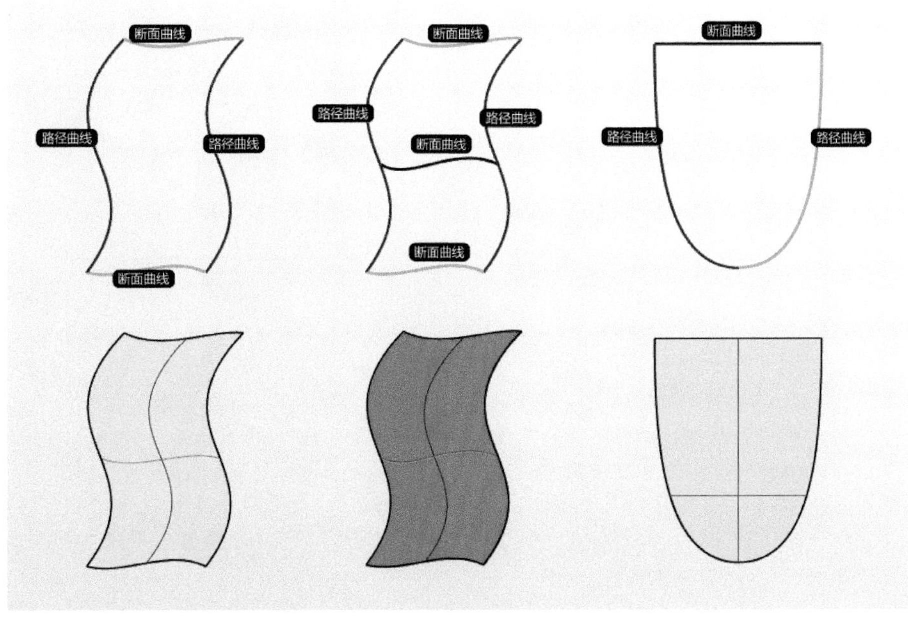

图3-43

（1）双轨算法成面的基本条件

路径曲线应当属性相同（点数、阶数、节点的均匀程度以及有理性是否相同），如图3-44所示，路径的点数不相同，则无法精简成面。

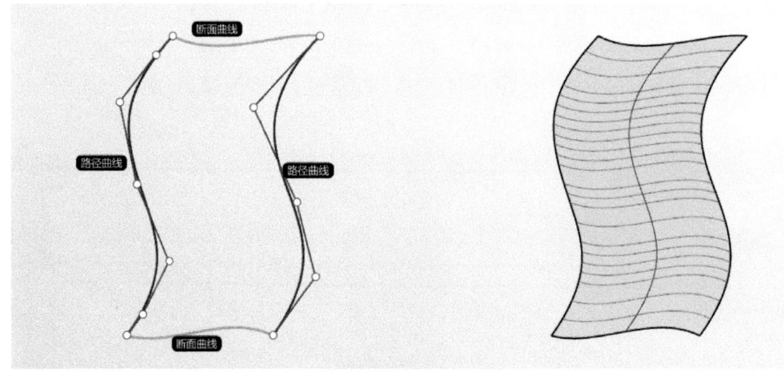

图3-44

如图3-45所示，路径曲线的点数一致且与断面曲线的端点相接。

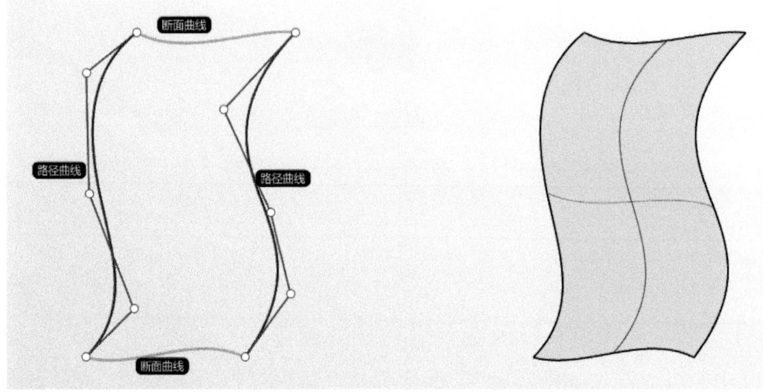

图3-45

路径曲线与断面曲线的关系，断面曲线必须为开放的曲线才能精简成面。如图3-46所示。

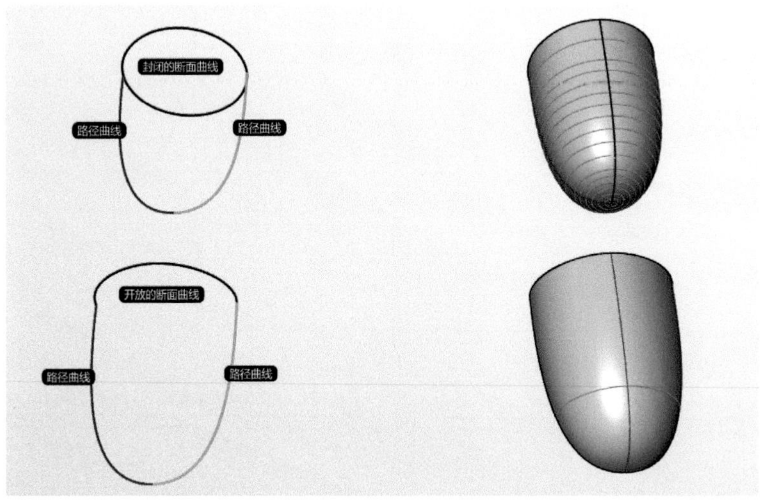

图3-46

当断面曲线在路径曲线内时，断面曲线的端点没有落在路径曲线内的EP点上，则无法精简成面。如图3-47所示。

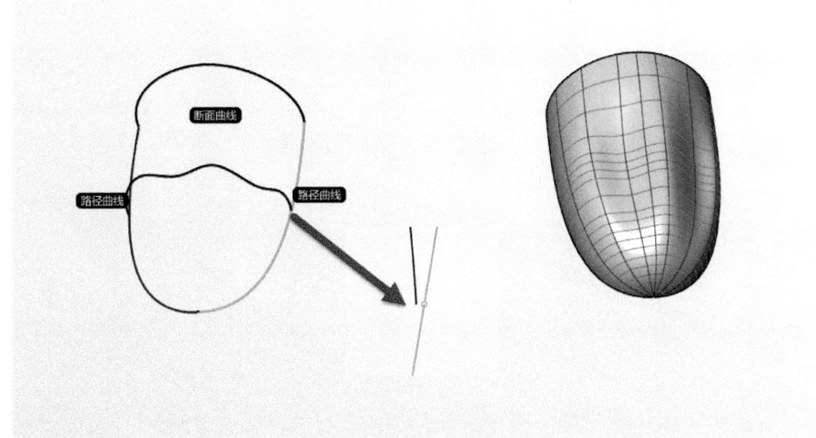

图3-47

断面曲线的端点位于路径曲线内的EP点时，生成精简曲面。如图3-48所示。

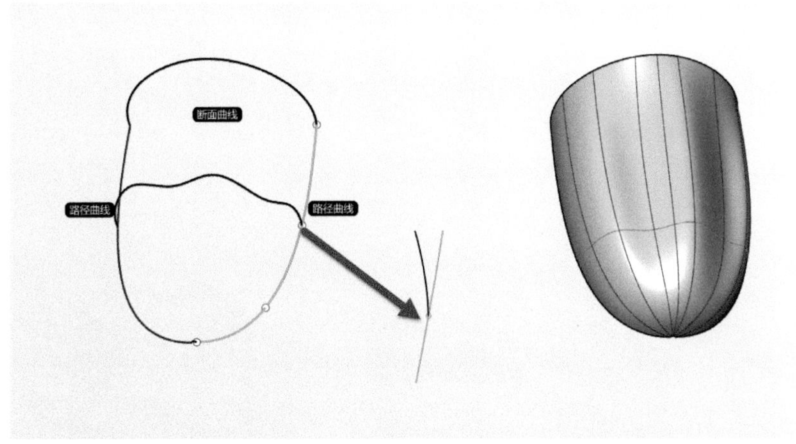

图3-48

（2）双轨（Sweep2）应用实例

说明：本小节的实例只用双轨工具去构建曲面，不做细节的演示。

① 画出电钻的轮廓曲线，在绘制曲线时应考虑点的排列，以及点不应太复杂也不应太少，应能符合造型。如图3-49所示。

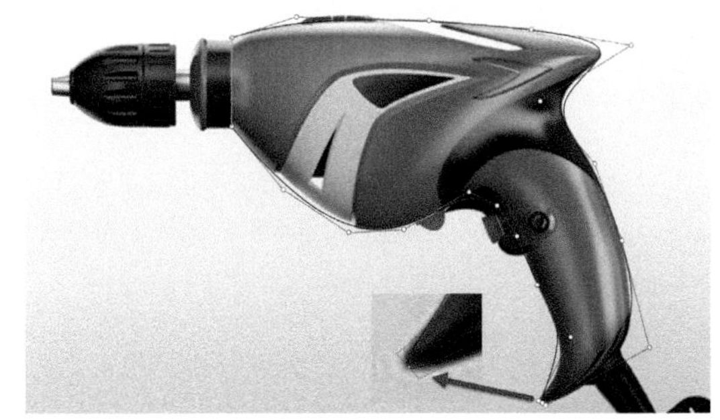

图3-49

② 将绘制好的曲线使用【双轨】命令进行构建曲面。如图3-50所示。

③ 使用【镜像】命令镜像曲面，便可得到手持电钻的基础曲面。如图3-51所示。

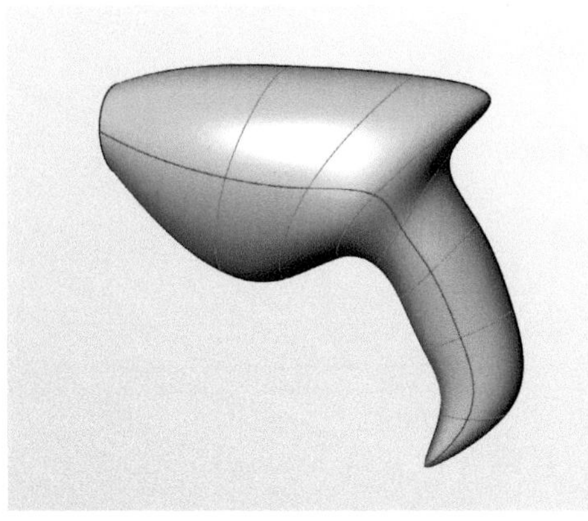

图3-50

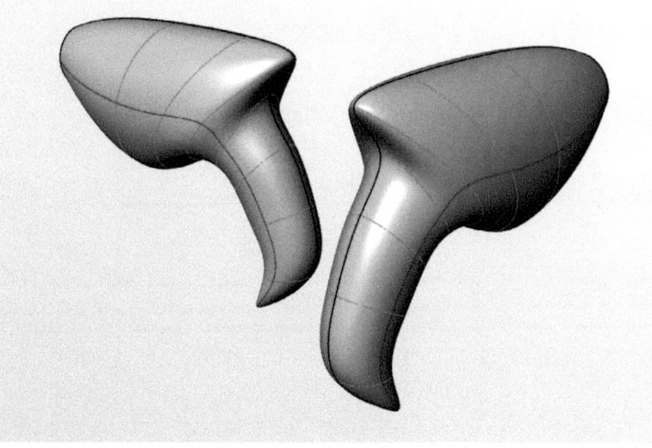

图3-51

3.5.3 旋转成形

它也是一个很常用的成面指令，在生活中有很多常见的产品也可通过旋转成形（Revolve）构建基础。构建方式也很简单，只需绘制一条轮廓曲线，沿着中心对称轴旋转便可形成曲面。在使用旋转成形时应在指令栏中将【可塑性的（R）=否】通过点击修改成【可塑性的（R）=是】，这样生成的基础曲面便于调点编辑。如图3-52所示。

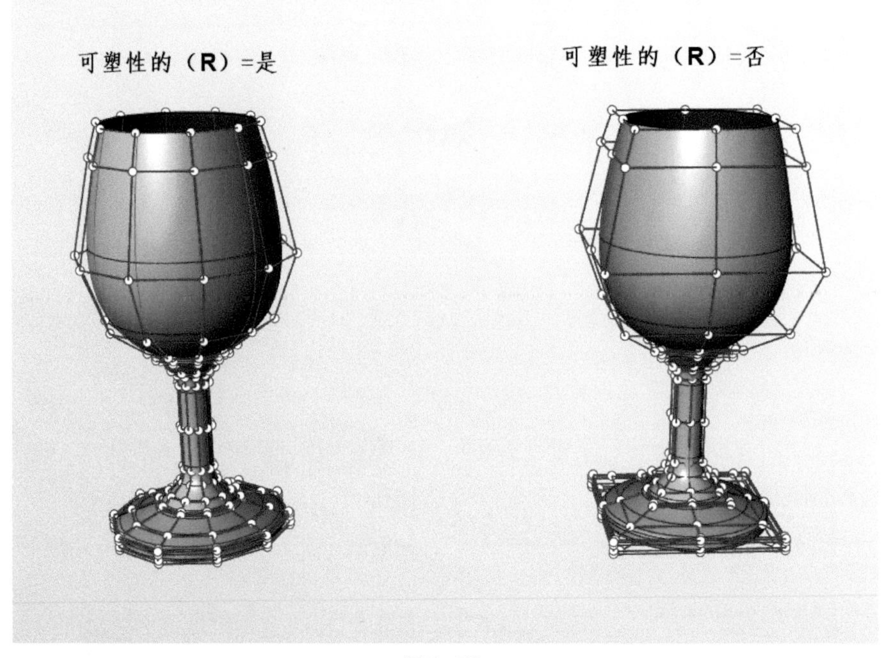

图3-52

【可塑性的（R）=是】时基础曲面的可编辑性比【可塑性的（R）=否】的曲面强，不会产生折痕。如图3-53所示。

可塑性的（R）=是　　可塑性的（R）=否

图3-53

3.5.4 沿着路径旋转（RailRevolve）

它顾名思义就是在旋转成形的基础上添加了旋转的路径，像是放样与轨道成形命令的升级版指令。旋转的路径曲线可以不闭合，且被旋转的轮廓曲线也可以不在一个平面上。路径曲线与轮廓曲线可以根据设计者需要由多线段曲线组成。如图3-54所示。

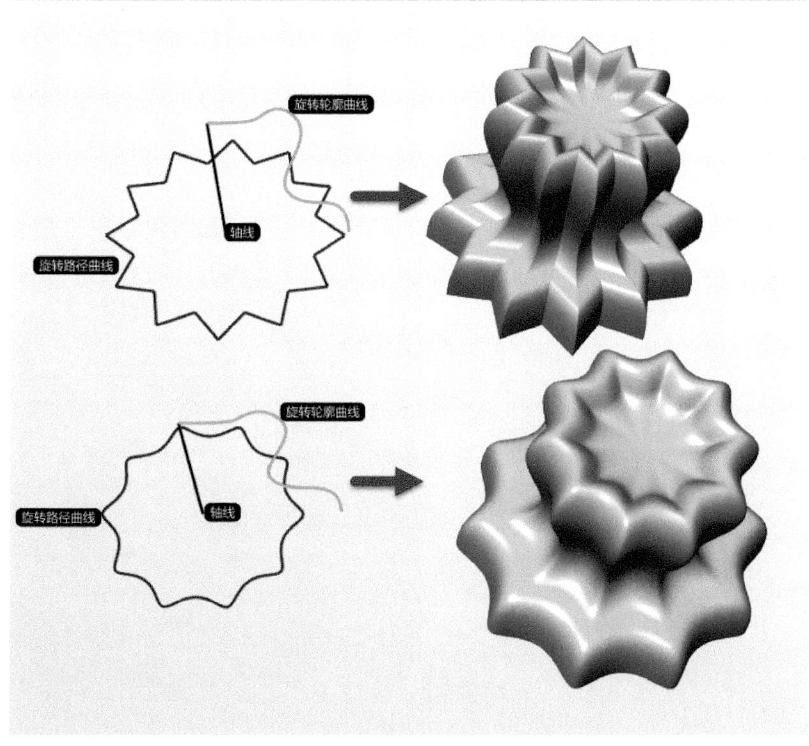

图3-54

沿路径旋转（RailRevolve）应用实例如下。

说明：本小节的实例只用沿着路径旋转工具去构建曲面，不做细节的演示。

① 先分析产品，图为圆角矩形类产品图，且转角处为极顺的曲率状态，故不能直接使用Rhino中自带的圆角矩形命令。如图3-55所示为先使用 【矩形：角对角】命令画出的轮廓曲线。

② 将绘制的矩形使用 【炸开】命令后再使用 【依线段数目分段曲线】命令进行分段处理，如图3-56所示。

图3-55　　图3-56

③ 处理曲线为四分之一，如图3-57所示。

④ 用 【可调式混接曲线】命令去构建出产品图的四分之一的路径曲线，并将A点垂直移动至B点，C点垂直移动至D点，如图3-58所示（备注：混接出来的曲线默认是精简的高质量曲线）。

图3-57　　图3-58

⑤ 得到最终的产品路径曲线，如图3-59所示。

图3-59

⑥ 绘制产品轮廓曲线以及旋转轴线，如图3-60所示。

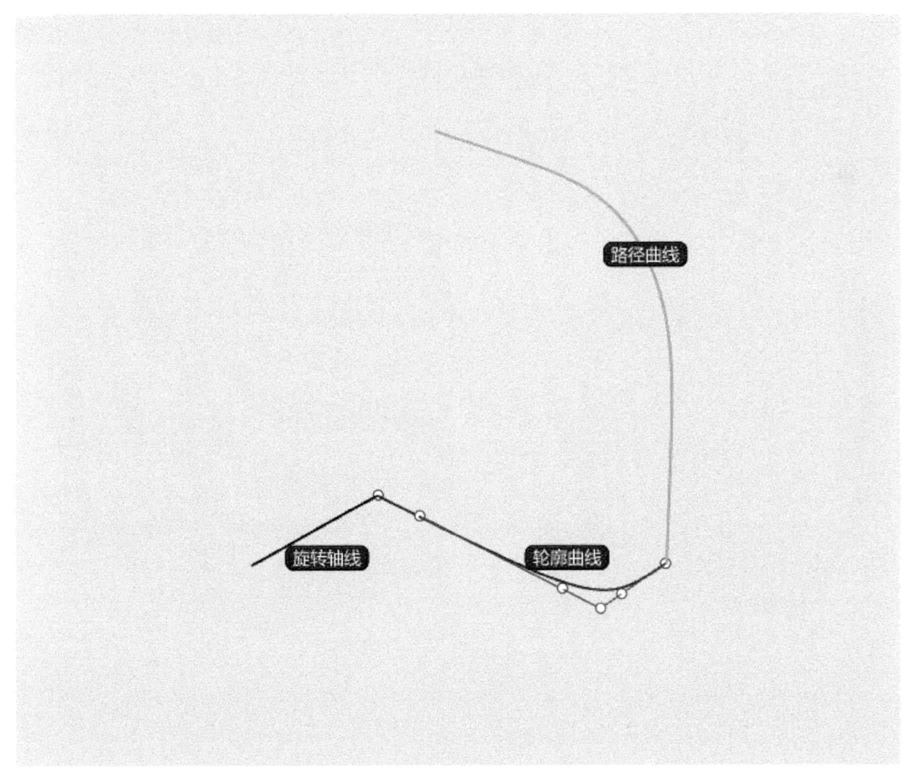

图3-60

⑦ 通过 【沿路径旋转】命令得到曲面，如图3-61所示。

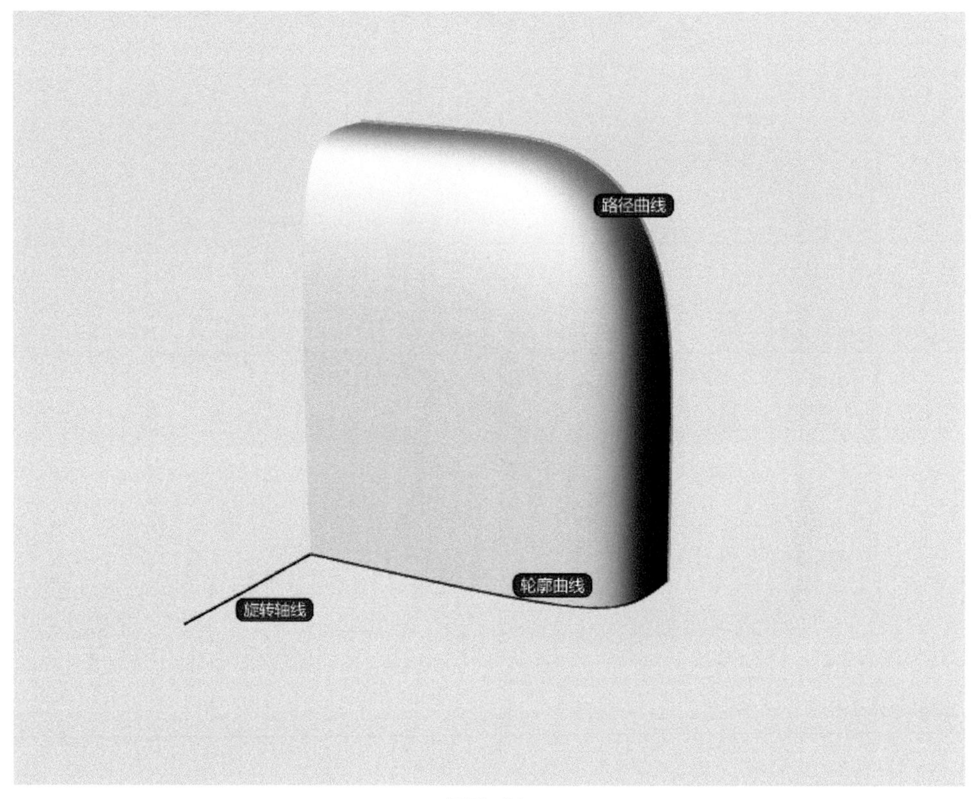

图3-61

⑧ 使用 【镜像】命令镜像补全剩余曲面，使用 【斑马纹分析】命令检测曲面，得到极致顺滑的曲面。如图3-62所示。

图3-62

4

Rhino倒角的方法与技巧

素材与源文件

Rhino

在Rhino中我们常见的倒角方式一般分为线倒角（曲线圆角与曲线斜角）、曲面与曲面之间的倒角（曲面圆角与曲面斜角）、实体圆角（不等距边缘圆角）与曲面斜角（不等距边缘斜角）这三大类型。

4.1 曲线圆角与曲线斜角

（1）曲线圆角

曲线圆角顾名思义就是曲线与曲线进行圆角处理，它是在两曲线间让两曲线之间达到相切（G1）连续的一段圆弧。我们绘制一根多段线，接着使用【曲线圆角】指令，我们可以看到其指令的具体选项需要倒角的半径值以及是否需要修剪等，我们输入半径值=1，可以看到如图4-1所示，原本只有位置连续的曲线，瞬间变为相切（G1）连续。

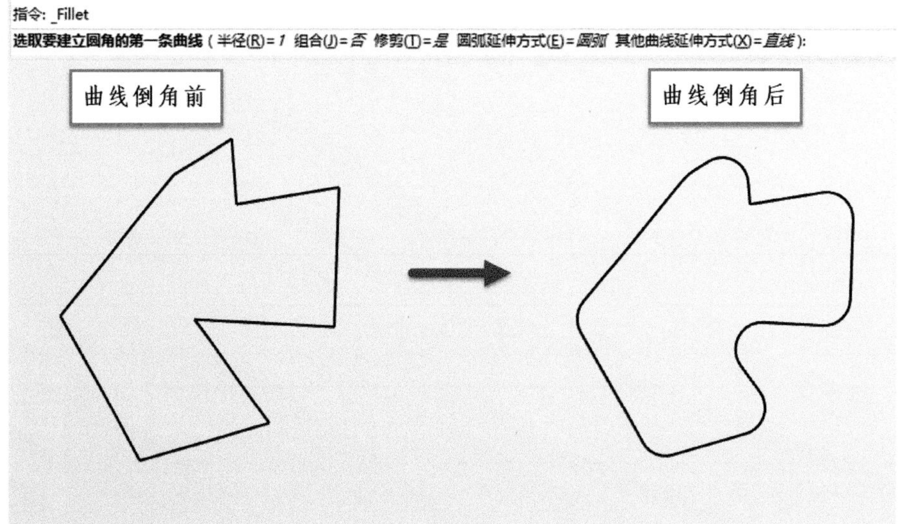

图4-1

那么曲线倒圆角是不是只有端点相接的曲线才能进行圆角处理呢？其实，只要在合理的公差范围内都是可以的，这也说明曲线圆角指令具有自动修剪和延伸的功能。如图4-2所示。

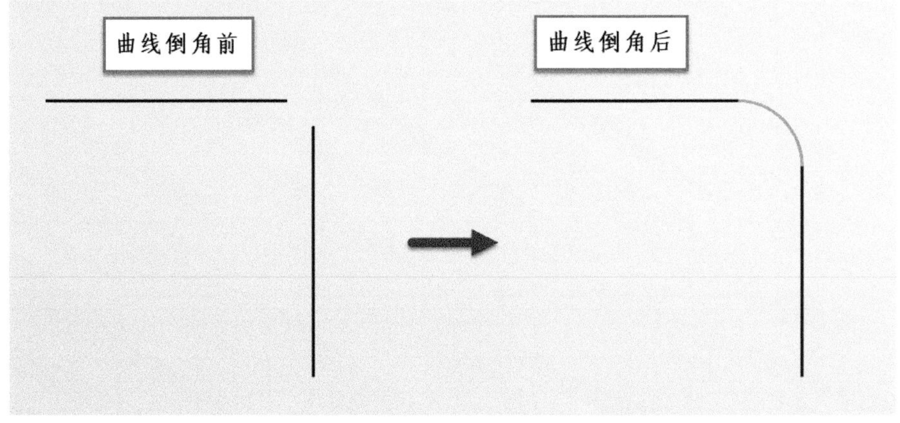

图4-2

曲线倒圆角的曲率做法：我们都知道默认的圆角曲线做法只是让曲线达到相切（G1）连续，如果需要追求达到曲率（G2）连续的话，我们可以执行曲线编辑工具中的【可调式混接曲线】进行手工曲线倒圆角，如图4-3所示，进行参数的选择，并且可按住【Shift】键进行调节。

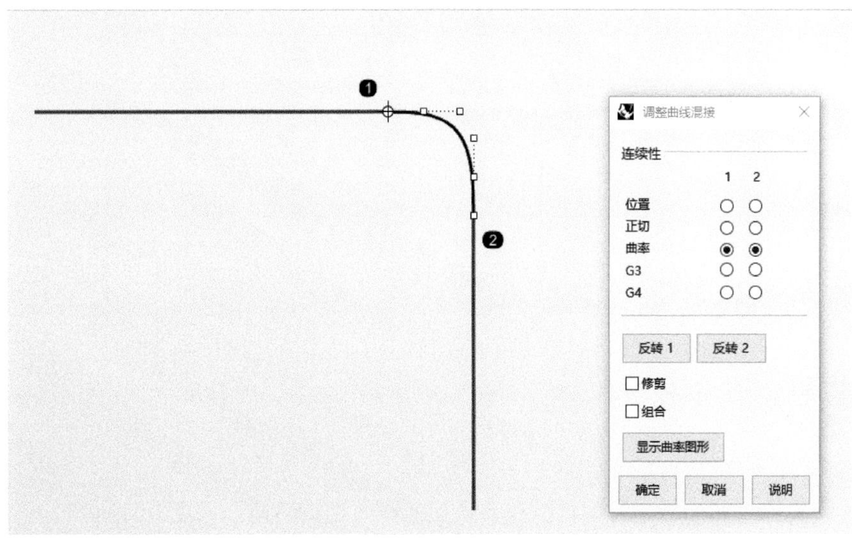

图4-3

也就是说【可调式混接曲线】解决了因曲线两段距离较远和不是同一平面不能进行圆角的问题，并且提供了更加好的连续性。如图4-4所示为【曲线圆角】与【可调式混接曲线】手工圆角的曲率图形对比以及曲面斑马纹光影对比。

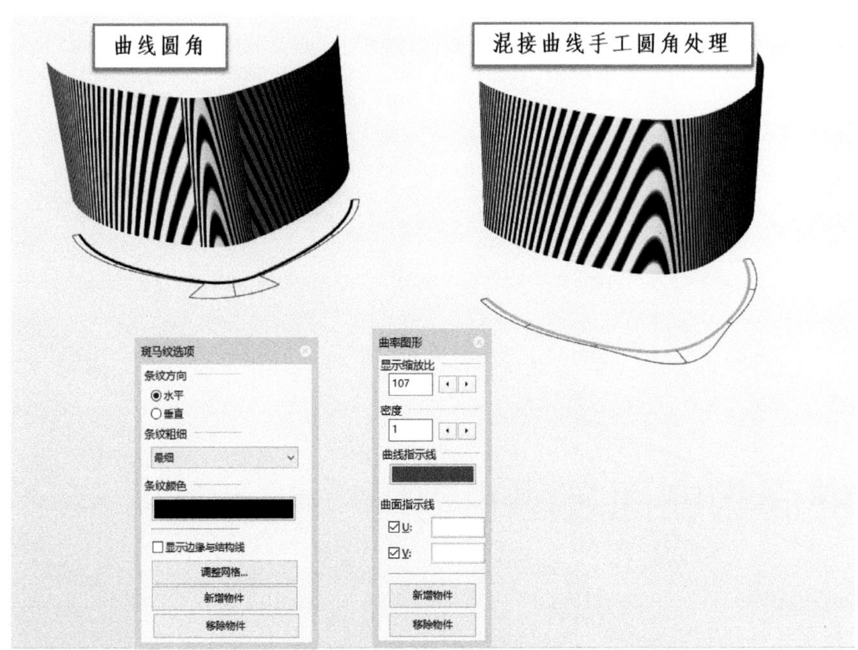

图4-4

小技巧　在比较追求曲面质量的产品案例时，首选【可调式混接曲线】手工倒曲线圆角。

（2）曲线斜角

执行 【曲线斜角】指令，即可在曲线与曲线之间建立斜角关系，此指令我们并不常用。如图4-5所示。

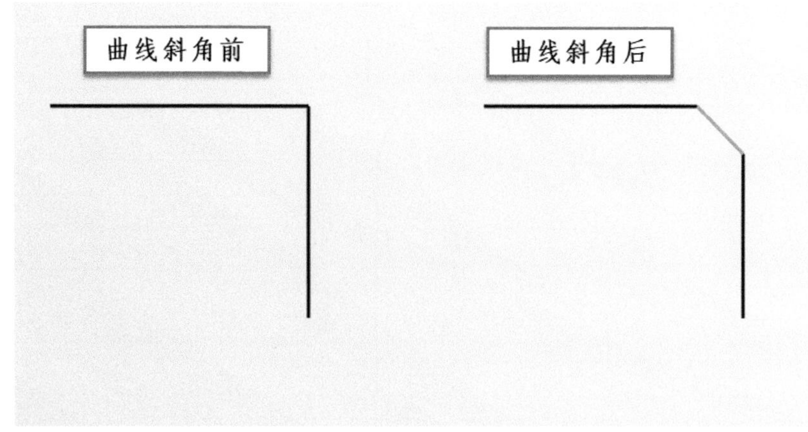

图4-5

与 【曲线圆角】一样，它同样具有自动延伸和修剪的功能，如图4-6所示。

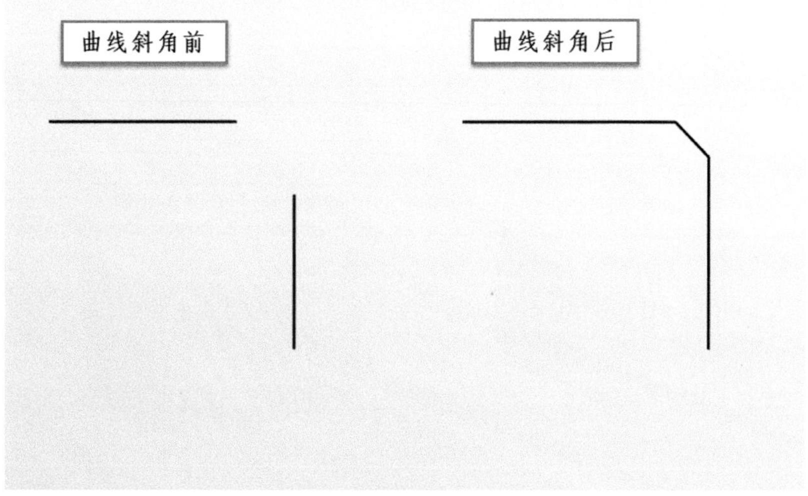

图4-6

4.2 曲面与曲面之间的倒角

（1）曲面圆角

曲面圆角即是曲面与曲面之间进行圆滑处理，我们来看其具体的参数。执行 【曲面圆角】指令，我们可以在指令栏中看到参数，如图4-7所示，同样曲面圆角也是具有自动修剪和延伸的指令。曲面圆角工具局限性较小，只要相邻的两个面是产生锐角的，都可以成功执行指令，哪怕是一个组合曲面。

只要满足其公差和圆角半径内的要求，不相邻的曲面同样也可以进行曲面圆角，如图4-8所示。

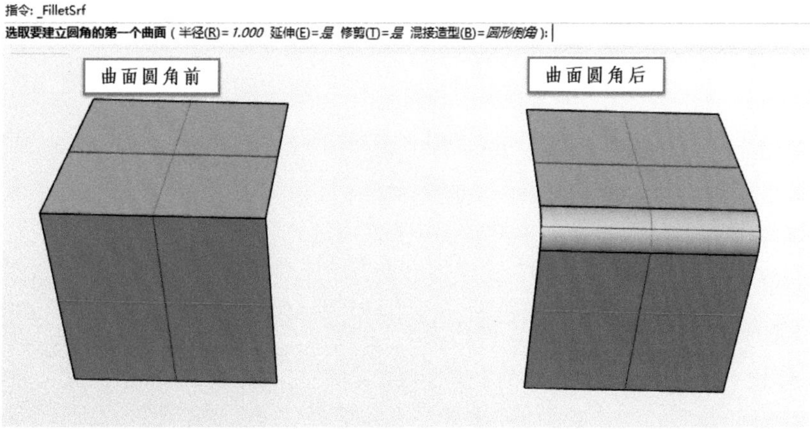

指令: _FilletSrf
选取要建立圆角的第一个曲面 (半径(R)= 1.000 延伸(E)=是 修剪(T)=是 混接造型(B)=圆形倒角):

曲面圆角前

曲面圆角后

图4-7

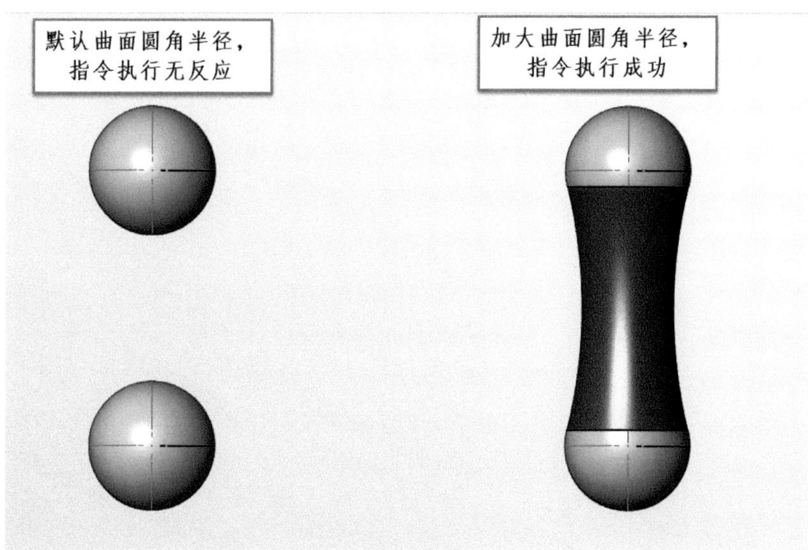

图4-8

曲面倒圆角的曲率做法：我们都知道默认的曲面圆角，其做法只是让曲线达到相切（G1）连续，如果需要追求达到曲率（G2）连续的话，我们可以在执行【曲面圆角】指令后，将圆角曲面删除，然后执行曲面编辑工具中的【混接曲面】进行混接曲面，如图4-9所示。

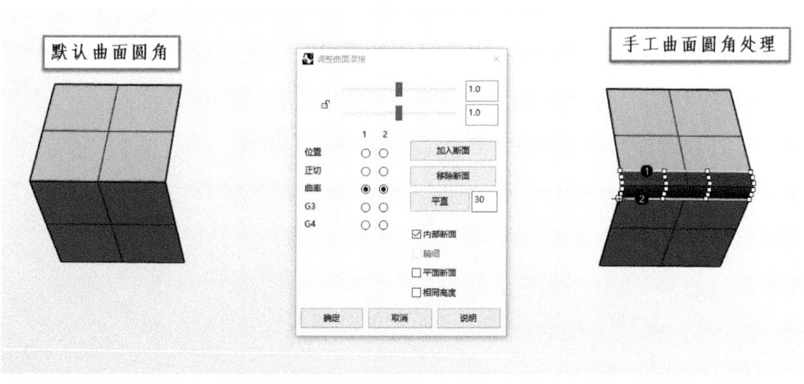

图4-9

（2）曲面斜角

执行 【曲面斜角】指令，即可在曲面与曲面之间建立斜角关系，此指令我们并不常用。如图4-10所示。

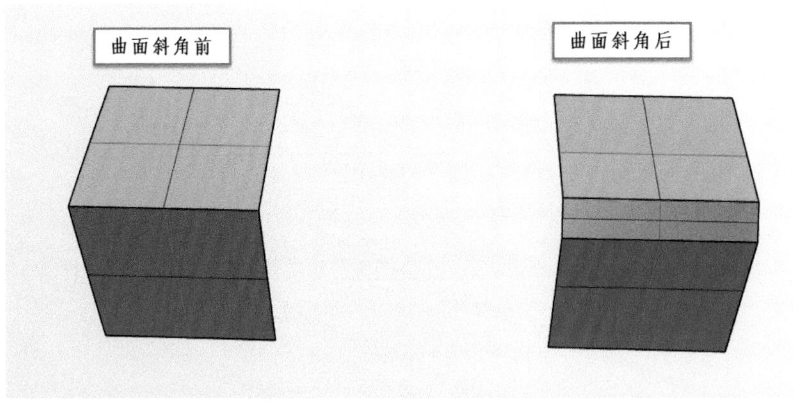

图4-10

4.3 边缘圆角

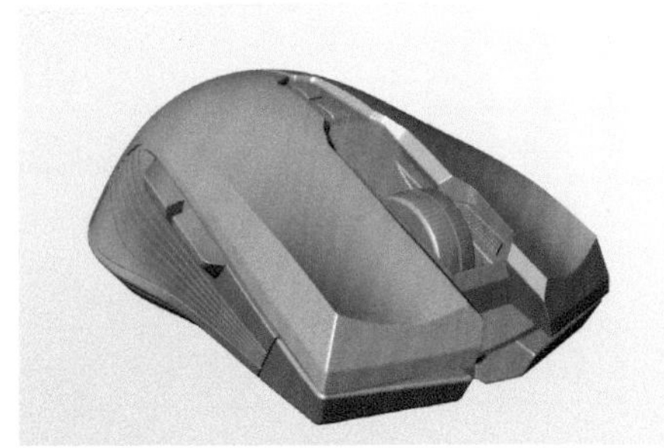

图4-11

边缘圆角即实体倒圆角，它是我们建模时使用频率非常高的指令。顾名思义，使用实体倒圆角指令其物件对象前提的边缘线需重合在一起，并且其边缘的连续性为位置关系，如图4-11所示为整个模型倒角后的效果图。

我们执行 【边缘圆角】指令，不难发现其默认倒角出来的连续性与曲线圆角是一样的，同为相切连续。如图4-12所示。

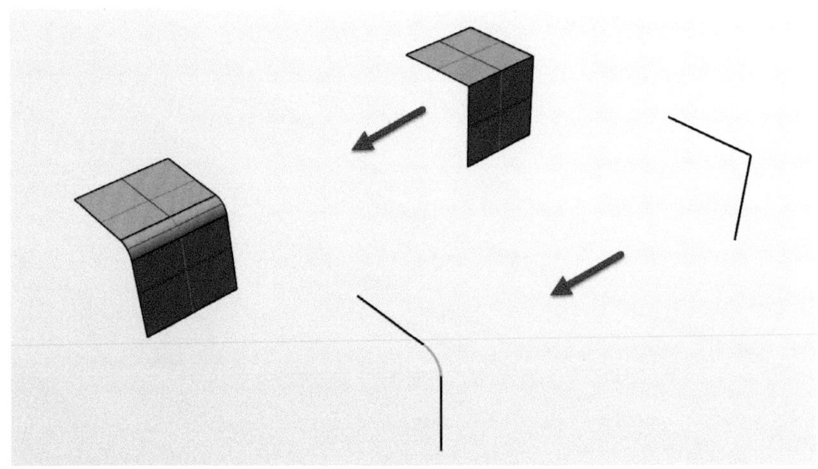

图4-12

对于实体倒角来说，不要求物件对象一定是多重曲面，但要求倒角的物件对象一定要有重合且连续性为位置关系的边缘，如一块具有接缝的单一曲面（特例），如图4-13所示。

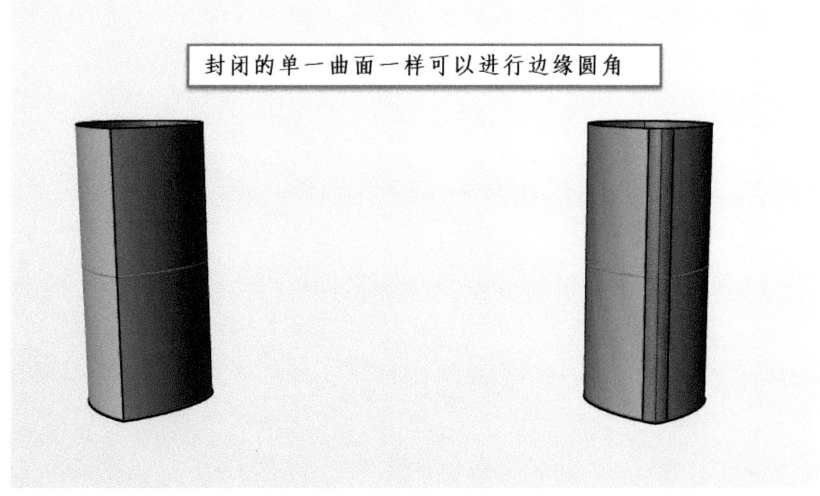

图4-13

4.4 边缘斜角

边缘斜角即实体倒斜角，与实体倒圆角的要求一样，是其物件对象的边缘线需重合且连续性为位置连续（G0）。如图4-14所示。

图4-14

同样跟实体倒角指令一样，在封闭的曲面上出现了边缘线重合，且连续性为位置时也可以进行倒斜角处理，如图4-15所示。

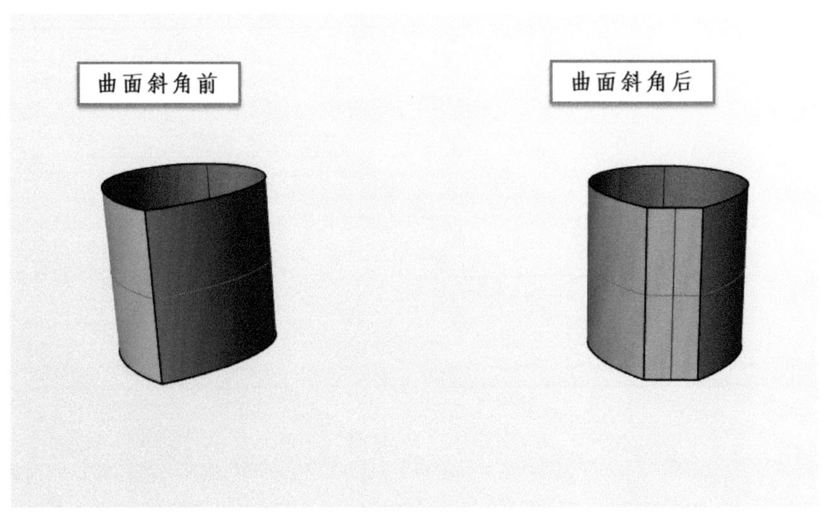

图4-15

4.5 倒角失败原因与解决方法

实体边缘倒角失败原因汇总与问题解决：在Rhino中，实体边缘倒角常常为Rhino的“软肋”之痛，既然如此，其实我们也会有很多相应的工具指令和方法可以解决Rhino中出现倒角破面的情况。那么我们可以总结为4个需要注意的技巧与规律。

① 先倒大角再倒小角，即为在Rhino中进行倒角的时候先输入的倒角数值为2的话，接下的倒角数值则需要小于2，否则会出现失败产生破面。如图4-16所示。

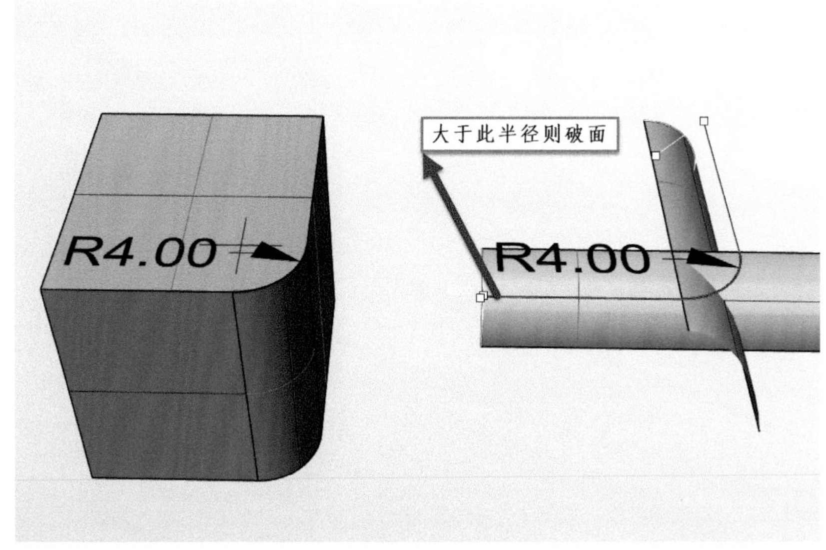

图4-16

小于4则成功，不会有破面。如图4-17所示。

② 倒角半径相等的边缘要一起进行倒角处理。如图4-18所示1、2、3三边所倒数值均为3。

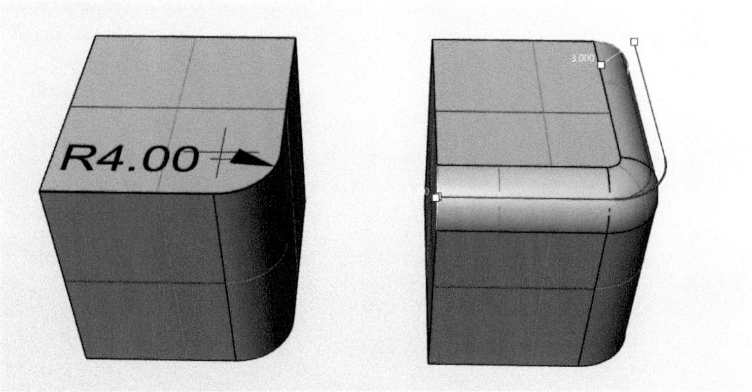

图4-17

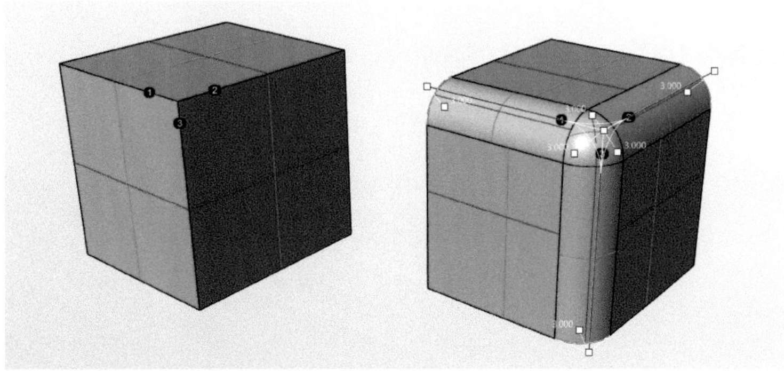

图4-18

③ 渐消倒角会出现破面，需要进行手工倒角处理，如图4-19所示。

使用【复制边缘】指令，抽取边缘曲线，然后使用【圆管】指令建立圆管（注意：建立的圆管需超越修剪或分面的曲面，否则会分割失败，如距离不够使用，则需使用【延伸曲面】指令，延长圆管后进行分割）。进行圆管切割处理，修剪出距离差进行混接曲面，此方式区别于默认的边缘圆角方式，此方式进行混接的曲面为G2连续。如图4-20所示。

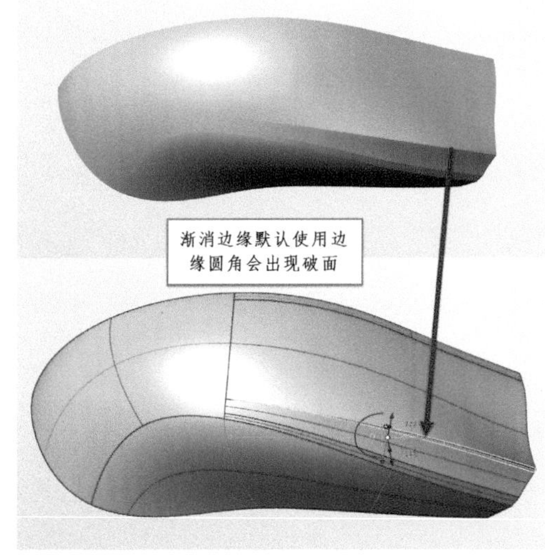

图4-19

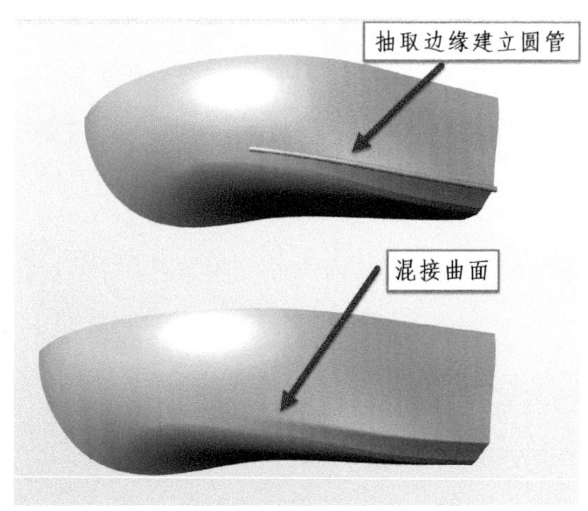

图4-20

④ 倒角边超过三边交汇则需要进行处理成小于或等于三边交汇（边指曲面的边缘线），如刚好三边交汇，则需要一起倒角。如图4-21所示。

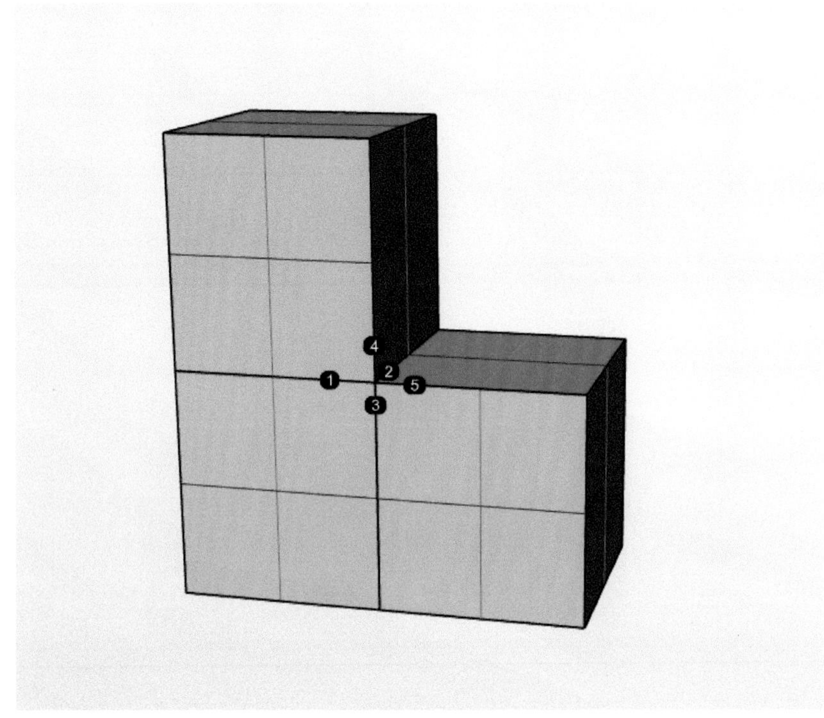

图4-21

我们可以看见超过了三边交汇，如果直接进行倒角处理，那么肯定是以失败告终的。使用【合并两个共平面的面】将1和3处的边缘进行共平面处理。如图4-22所示。

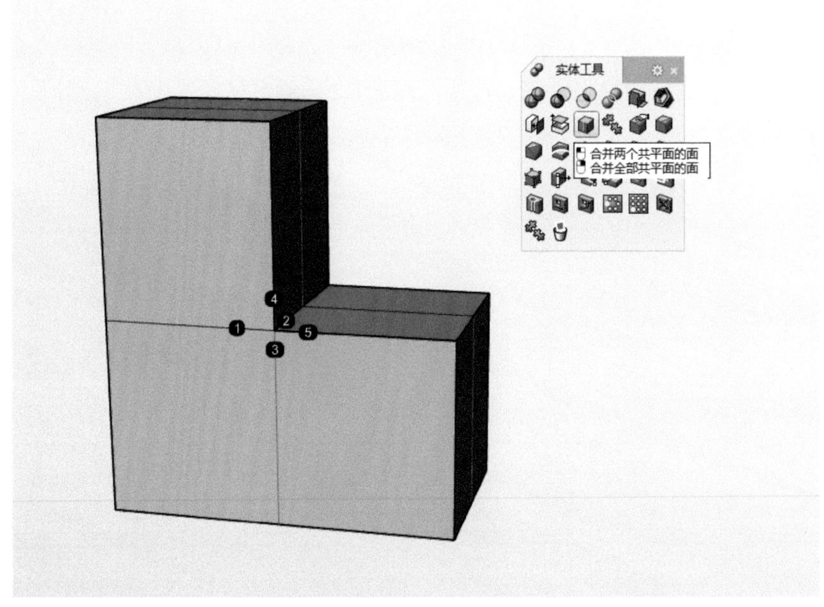

图4-22

前面说到了，三边交汇的需要一起倒角。如图4-23所示。

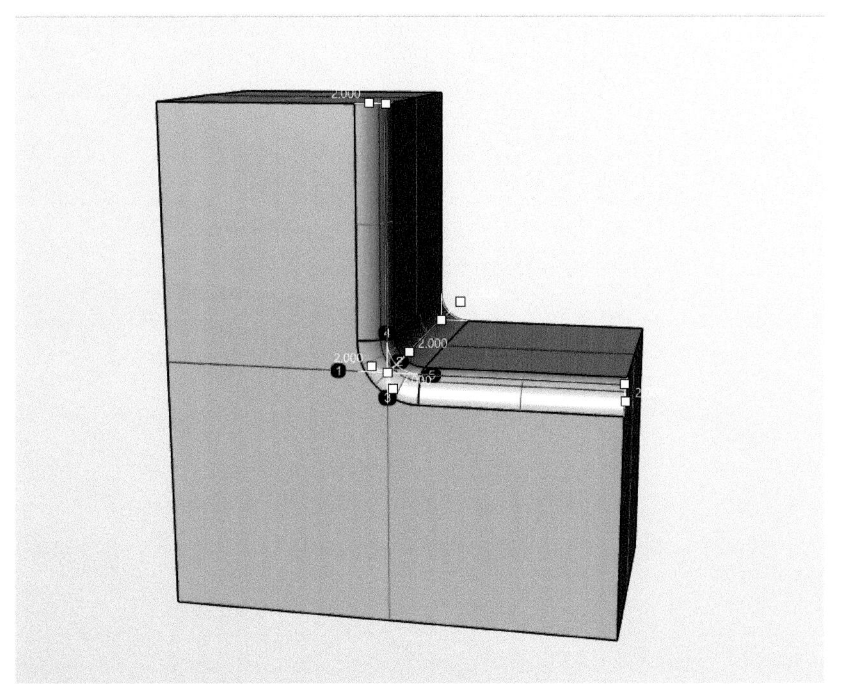

图4-23

倒角完成，如图4-24所示。

图4-24

⑤ 倒角最大的数值不允许超过物体转角处的最小“R”值（即半径值），如图4-25所示该模型最小的“R”值为1.12，那么倒角数值不应大于1.12。

如需大于1.12，或者规定倒角数值为2，则需使用混接曲面手工圆角处理。使用【复制边缘】指令提取边缘曲线，接着使用【圆管】指令建立圆管。如图4-26所示。

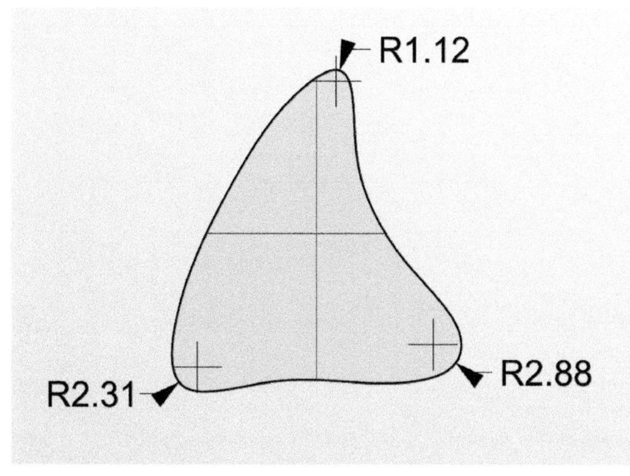

图4-25

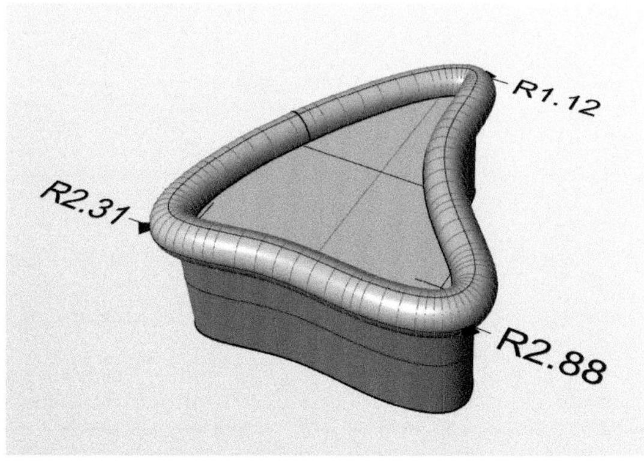

图4-26

圆管分割后，使用【分割边缘】指令将边缘分割断，如图4-27所示。

使用【可调式混接曲线】混接曲线，然后使用【分割】指令，将交错的边缘分割干净。如图4-28所示。

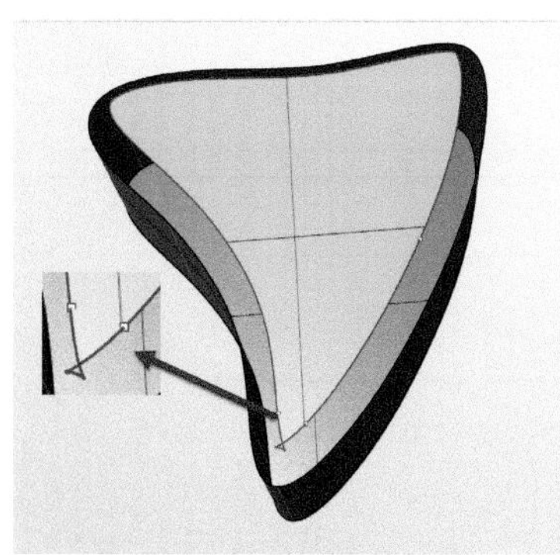

图4-27

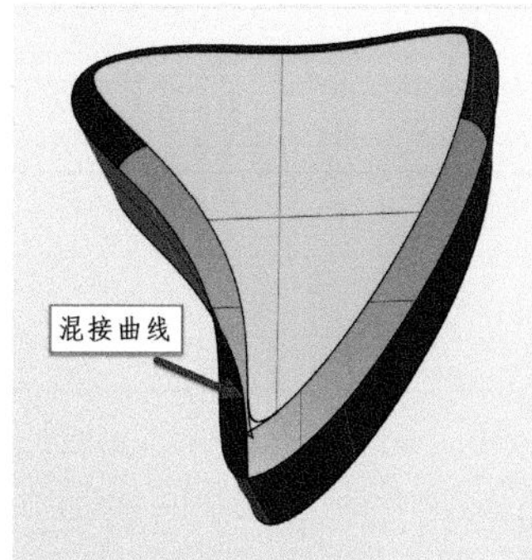

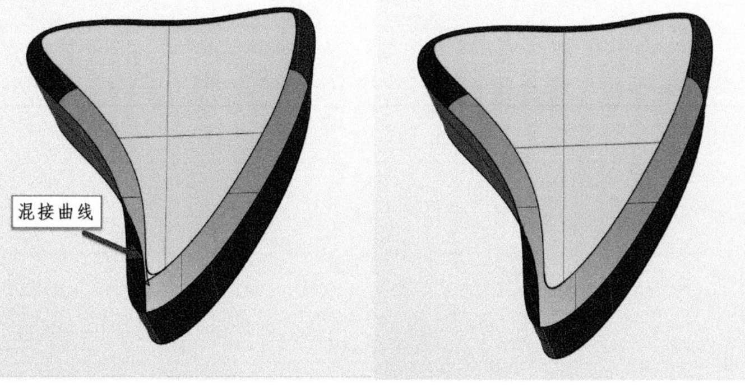

图4-28

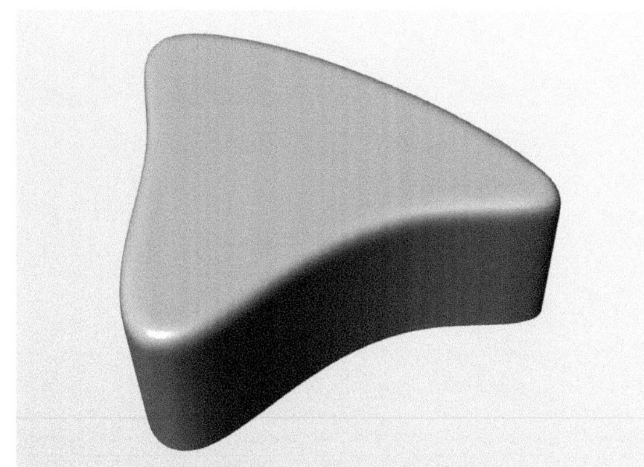

图4-29

使用【混接曲面】指令，混接得到模拟的边缘圆角。如图4-29所示。

⑥ 倒角边缘处附近如存在曲面接缝，在倒角前应尝试将此接缝使用【合并两个共平面的面】将接缝进行共平面处理使用。如不是平面的情况则需使用【圆管】指令，建立圆管，进行模拟圆角。如图4-30所示。

⑦ 收敛点处的曲面倒角必然失败，只能使用圆管分割后使用混接曲面模拟圆角。如图4-31所示。

图4-30

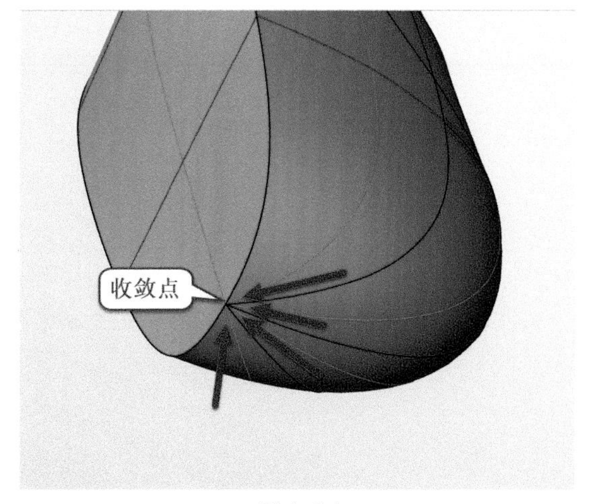

图4-31

4.6 倒角实例的运用

① 首先我们将模型打开置入Rhino中，看到模型我们先进行分析，看是否存在倒角失败原因。如图4-32所示。

② 执行【边缘圆角】指令，倒角数值为1。如图4-33所示，我们会看见模型渐消的位置出现破面，无法直接倒角完成。

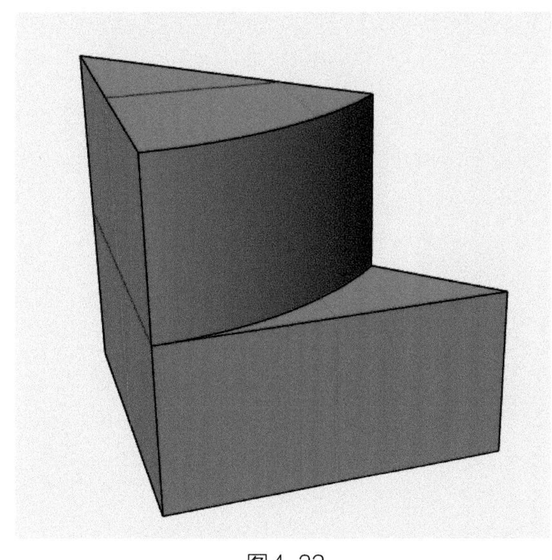
图4-32

图4-33

③ 根据圆角破面就补的原则，先将模型进行修剪处理，选择需要修整的曲面使用【抽离曲面】指令，将需要修剪的曲面从实体模型中抽离出来，如图4-34所示。

④ 我们使用【以结构线进行分割】命令，将破面修剪完整，如图4-35所示。

图4-34

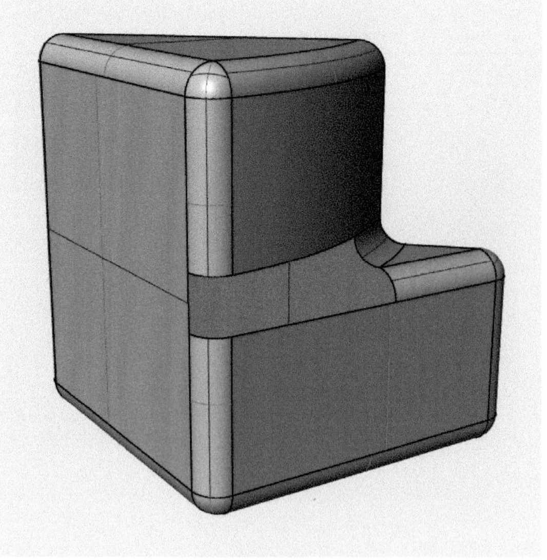
图4-35

⑤ 删除侧边平面，此处因圆角时平面受到损坏，修整较为烦琐。此处可以使用【将平面洞加盖】指令进行修护。如图4-36所示。

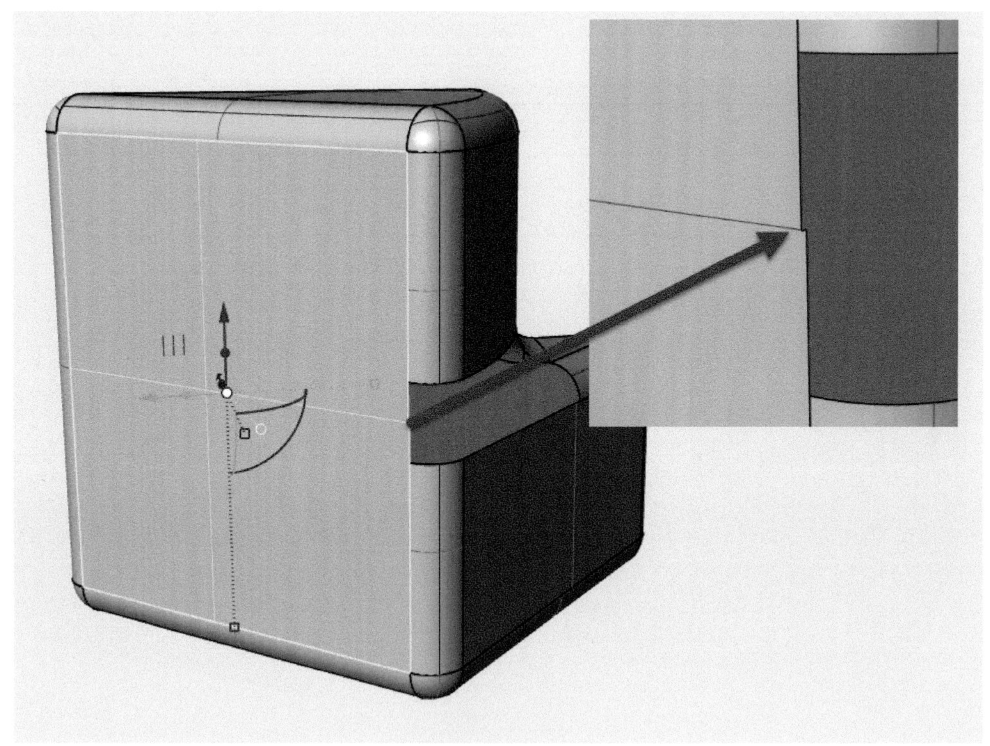
图4-36

⑥ 模型破面修整完成，接下来进行模型补面处理。我们先将模型整体进行【组合】；接着使用【混接曲面】，进行修补后并组合曲面，如图4-37所示。

⑦ 将侧面缺口进行填补，使用【将平面洞加盖】指令，进行修护。如图4-38所示。

⑧ 继续使用【混接曲面】，进行模型修补工作。如图4-39所示。

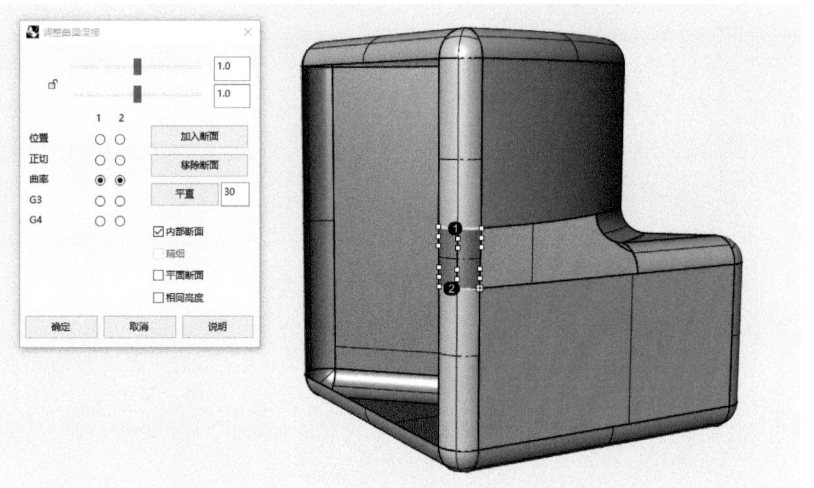

图4-37

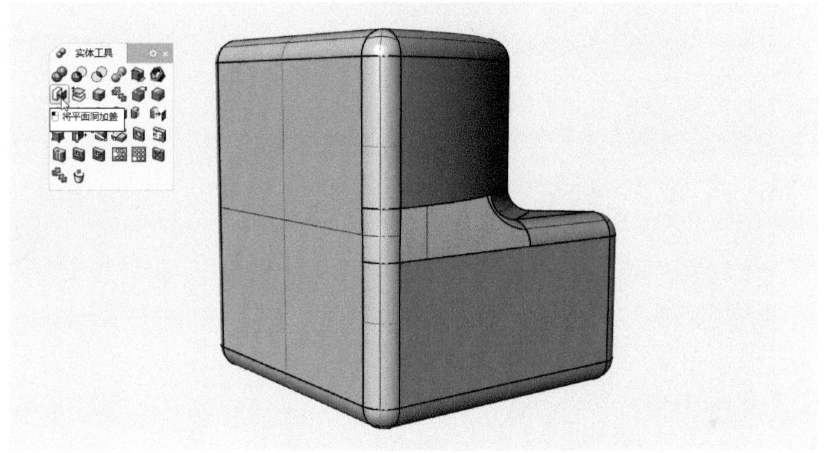

图4-38

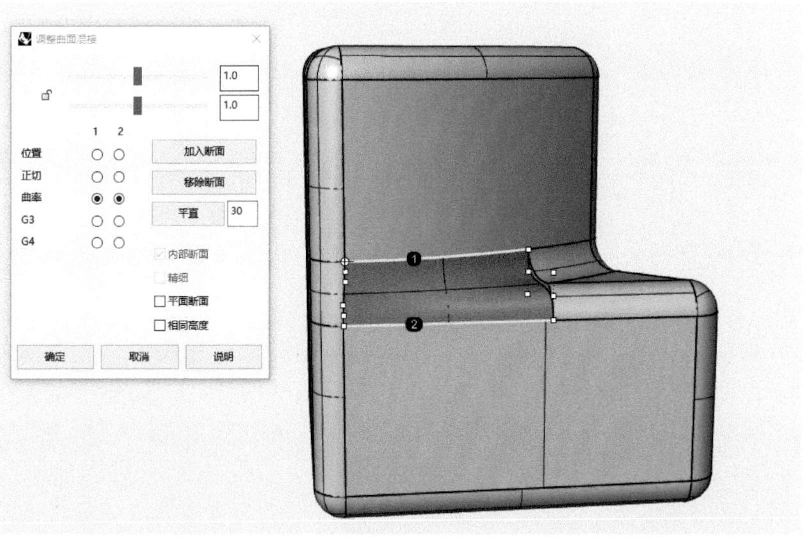

图4-39

⑨ 混接得到曲面，我们可以看到红色箭头处曲面与曲面之间并没有衔接好，那么接下来就是使用【衔接曲面】指令进行修补工作。如图4-40所示。

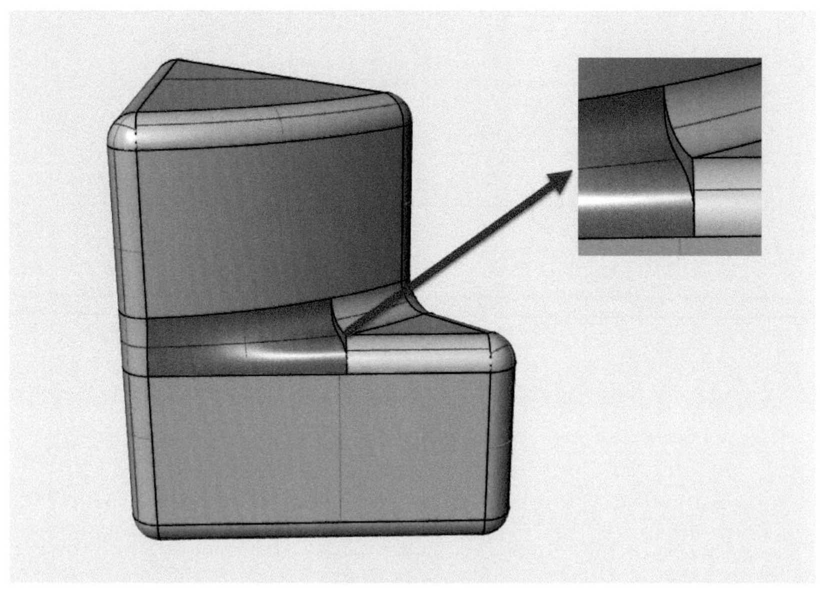

图4-40

⑩ 使用【以结构线分割】曲面，依次分割出“T”字形状，需注意的是我们需要在指令栏中，点击【缩回=否】修改成【缩回=是】。如图4-41所示。

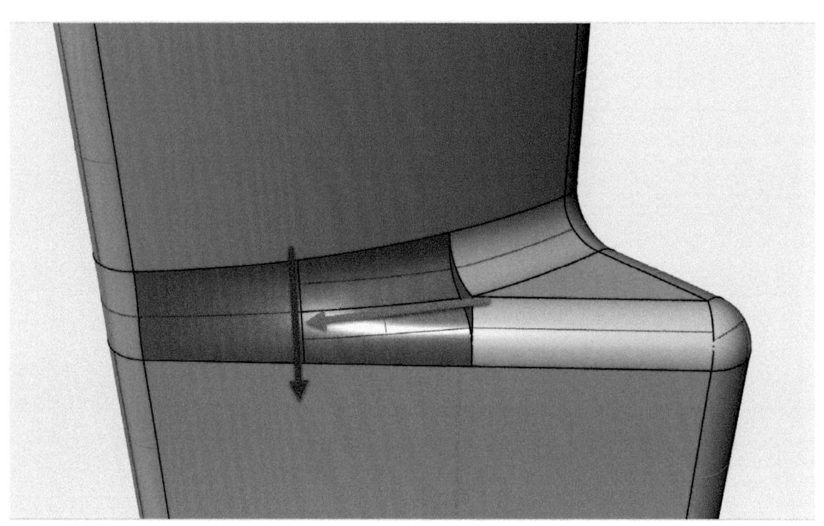

图4-41

⑪ 对分割后曲面进行升阶处理，统一将此两块曲面进行升阶=5阶，使用【更改曲面阶数】指令进行升阶，并对左边曲面与整体进行【组合】。如图4-42所示。

⑫ 执行【衔接曲面】处理，如图4-43所示，依次先对序号1、2边缘衔接曲率。参数选择连续性=曲率，维持另一端=无，结构性方向调整=维持结构线方向。

⑬ 序号1、2衔接曲率完成，对序号3处边缘衔接。执行【衔接曲面】处理，参数选择连续性=曲率，维持另一端=无，选择互相衔接，结构性方向调整=维持结构线方向。如图4-44所示。

图4-42

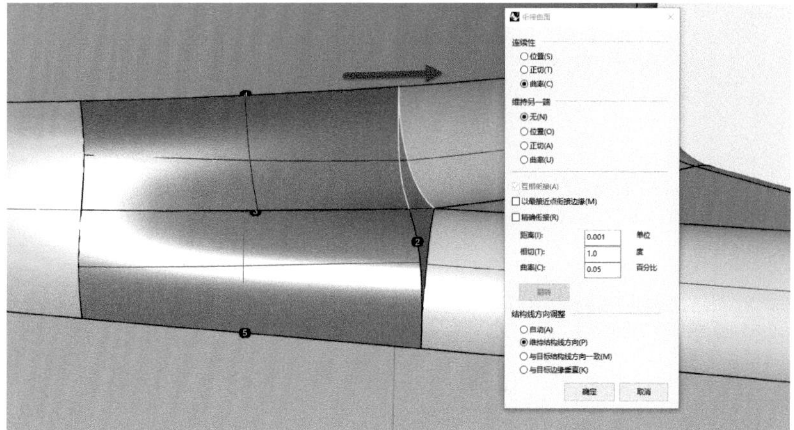

图4-43

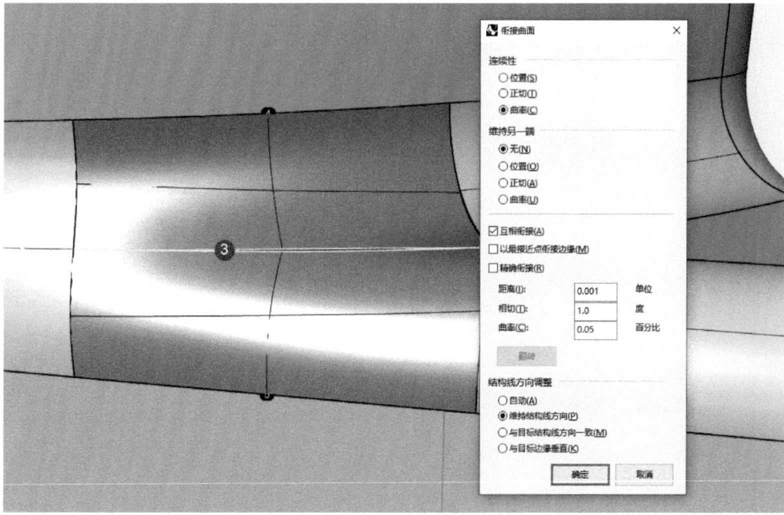

图4-44

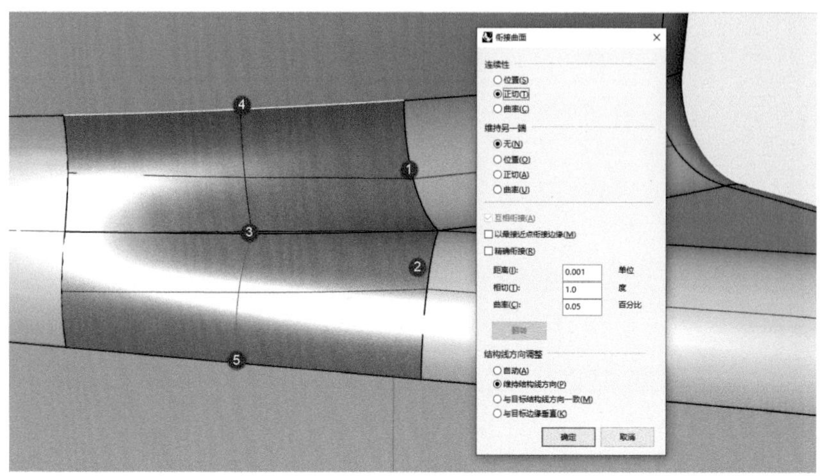

图4-45

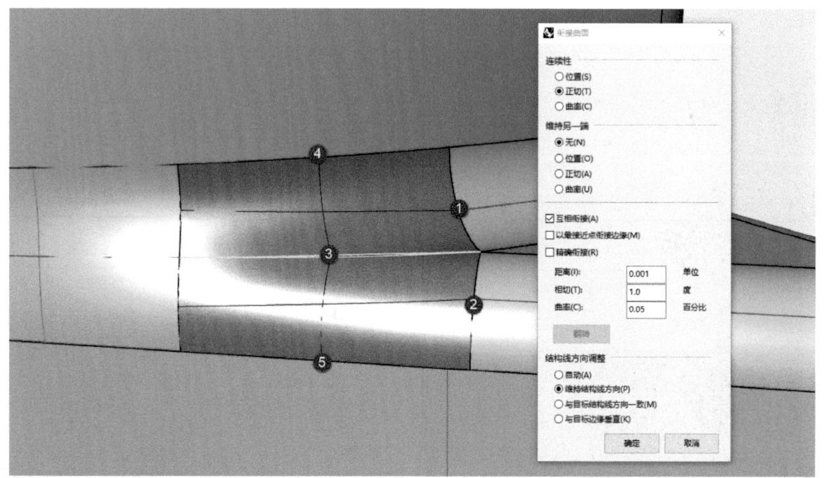

图4-46

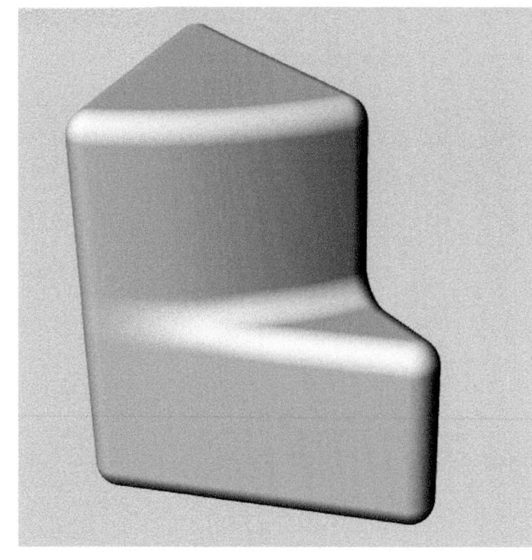

图4-47

⑭ 衔接曲率完成，再衔接一边正切即可。执行【衔接曲面】处理，如图4-45所示，依次先对序号1、2、4、5边缘衔接正切。参数选择连续性=正切，维持另一端=无，结构性方向调整=维持结构线方向。

⑮ 序号1、2、4、5衔接正切完成，对序号3处边缘衔接。执行【衔接曲面】处理，参数选择连续性=正切，维持另一端=无，选择互相衔接，结构性方向调整=维持结构线方向。如图4-46所示。

⑯ 衔接完成，对曲面进行【组合】，并检查曲面光源。至此，倒角修补工作完成。如图4-47所示。

5

产品纹理表皮的制作方法

Rhino

产品纹理以多样化、多元化的纹理排布形式展现了纹理其独有的奇妙韵律。首先在产品的装饰作用上，纹理可以使产品更加美观；在产品的功能上，能满足消费者对产品的视觉要求与产品使用时所需的防滑触感要求等。它不但像产品的名片一样传递出产品独有的特征，还丰富了产品本身的细节表现。参见图5-1。

图5-1

5.1 常用阵列工具的介绍与实战

在Rhino的手工建模中，阵列工具为纹理的制作提供了巨大的作用与便利。

（1）【矩形阵列】指令的介绍

选取要阵列的物件对象，在*X*、*Y*和*Z*轴方向上按列、行和间隔开的对象，可以将物件快速且等距的阵列复制出呈矩阵的纹理分布。

具体操作步骤如下。

选择物件对象。纹理的排列方向可以是活动构造平面的*X*、*Y*和*Z*轴方向。

如图5-2所示，可在指令栏中根据需要进行调整纹理间距与纹理*X*、*Y*、*Z*方向的数量。

（2）【环形阵列】指令的介绍与实战

选取要环形阵列的物件，定义环形阵列中心点的位置并按其周围呈环状复制对象。

具体操作步骤如下。

① 选择要进行环形阵列的物件。

② 选择要进行环形阵列的中心点。

极坐标阵列的旋转轴是活动构造平面在选定点的*Z*轴方向。

③ 输入具体环形阵列项目数，然后按【Enter】键即可。

④ 默认情况下为360°。如在设计方案中出现特殊角度，只需要输入要填充的角度，出现所选对象的副本，并绕着中心点定义的轴旋转即可。如图5-3所示。

图5-2

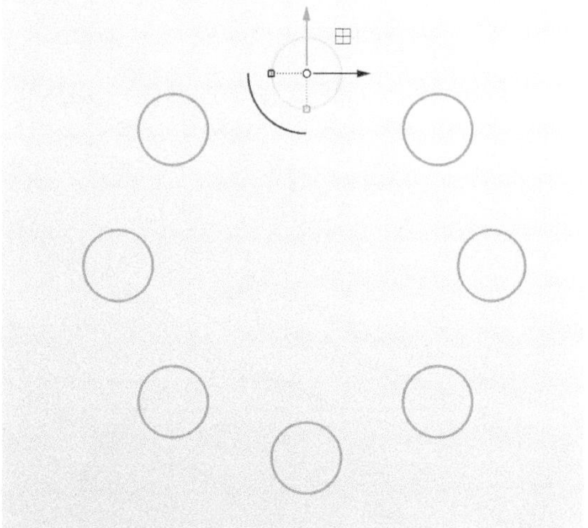

图5-3

实战案例：配合【环形阵列】指令制作美容仪器滚轮纹理

① 在【Front】视图中的坐标原点，使用【控制点曲线】指令绘制一根100mm的曲线作为案例图片摆放的参考，接着，使用【添加一个图像平面】指令，将案例图片依据事先绘制好的曲线参考点进行摆放，如图5-4所示。

注：本小节仅制作产品滚轮处纹理教程演示。

② 使用【球体：中心点、半径】命令，对照底图绘制一个球形基本体，如图5-5所示。

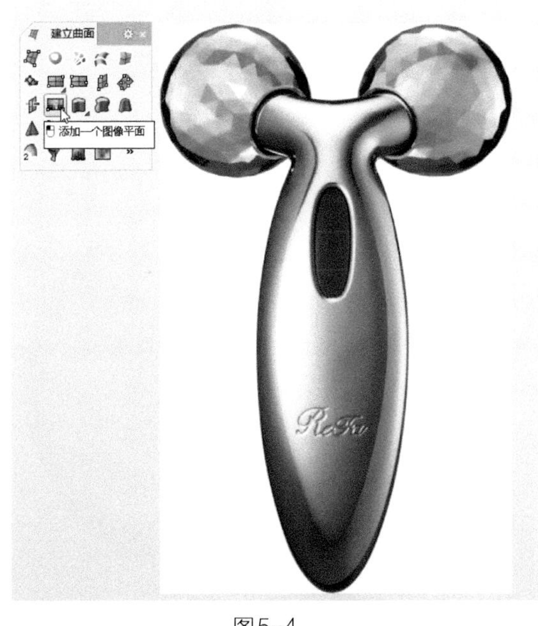

图5-4

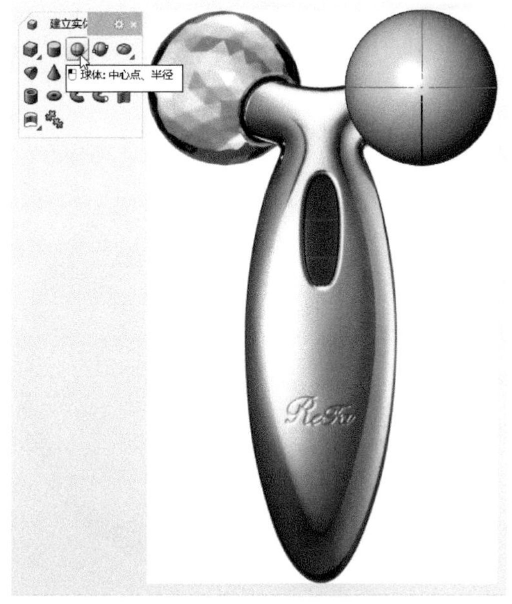

图5-5

③ 使用 【多重直线】命令，绘制一条直线，接着使用 【直线阵列】指令，将曲线均匀地阵列12份。如图5-6所示。

注：【直线阵列】指令可以在单个方向上复制和间隔物件对象。

具体操作步骤如下。

a.选择要进行直线阵列的物件。

b.选择进行直线阵列的第一个参考点。

c.选择进行直线阵列的第二个参考点。阵列的方向和物件之间的距离由第二个拾取的参考点来确定。

④ 选取曲线，使用 【投影曲线】命令。将曲线投影至曲面，如图5-7所示。

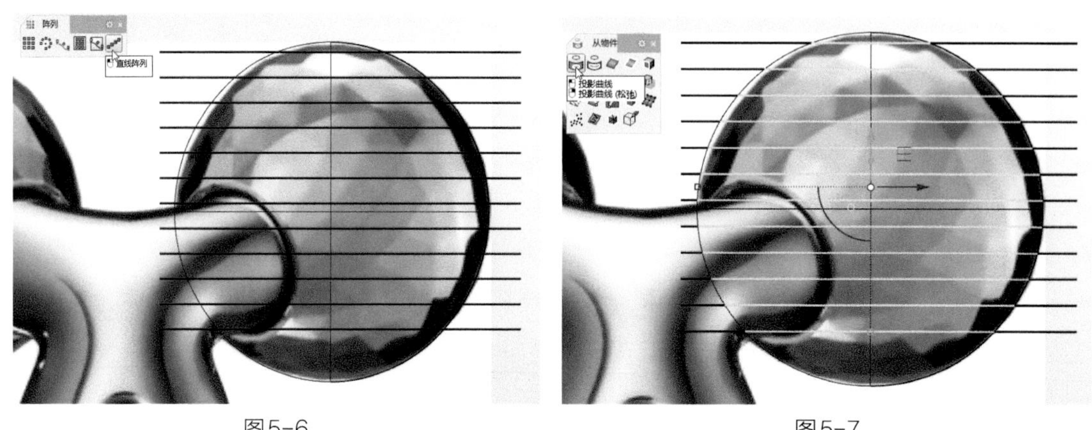

图5-6　　图5-7

⑤ 投影完成，删除/隐藏直线阵列的曲线，仅剩下投影得到的曲线。随后将投影后的曲线使用 【群组物件】指令进行分开群组，分成绿色一组和红色一组。如图5-8所示。

⑥ 将两组曲线使用 【依线段数目分段曲线】命令进行分段，分18段。如图5-9所示。

注：绘制时在指令栏中需确认[分割（s）=否]的指令参数，再执行指令，否则曲线会被分割成18段而不是成为10个点物件。

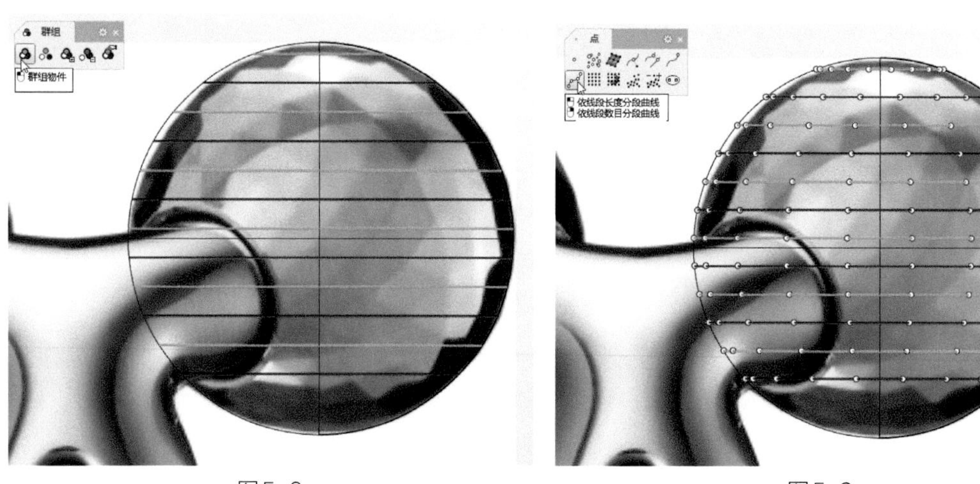

图5-8　　图5-9

⑦ 将球形显示出来，并使用 ◦【单点】指令绘制球形顶部中心点的位置。如图5-10所示。

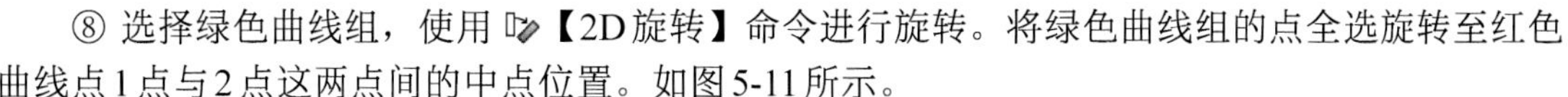

⑧ 选择绿色曲线组，使用【2D旋转】命令进行旋转。将绿色曲线组的点全选旋转至红色曲线点1点与2点这两点间的中点位置。如图5-11所示。

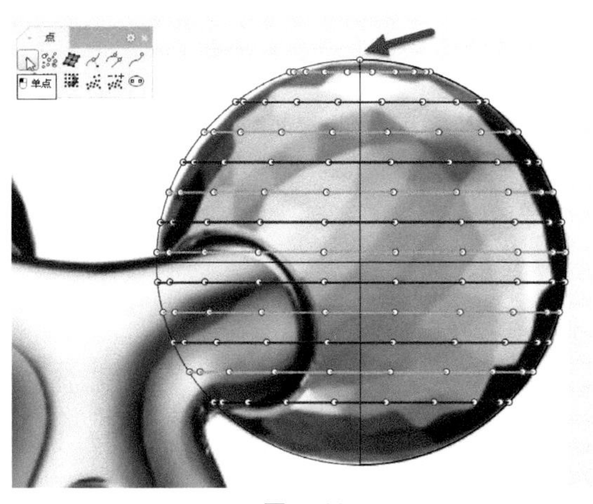

图5-10

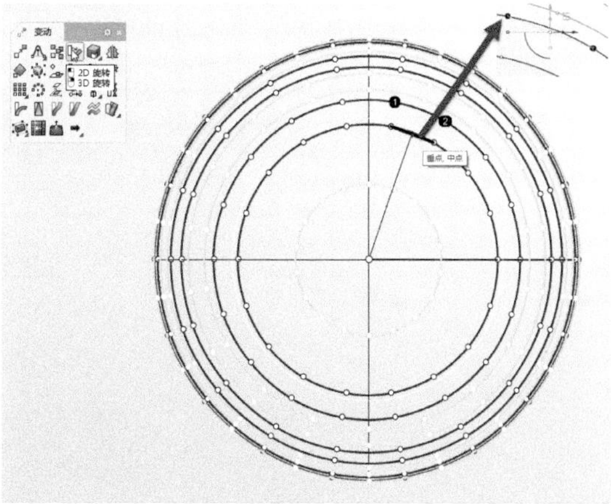

图5-11

注：1点与2点可提前使用【多重直线】命令绘制一条直线，便于旋转时捕捉中点操作。

⑨ 切换至透视图，使用【指定三或四个角建立曲面】命令，将旋转后绿色组上的点与红色组上的点进行连接成面，只需绘制其中一份即可。如图5-12所示。

⑩ 将绘制好的曲面使用【环形阵列】指令以球形顶部中心点的位置进行阵列，阵列数为刚刚曲线分段的点数=18，阵列得到小球纹理，制作完毕。如图5-13所示。

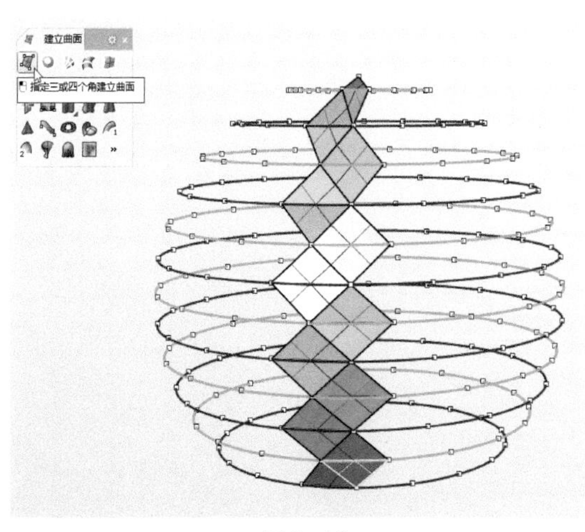

图5-12

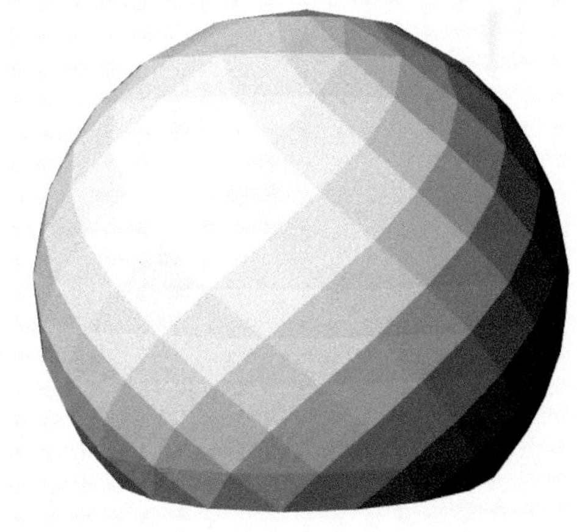

图5-13

（3）【沿着曲线阵列】指令的介绍与实战

选取要阵列的物体单元，可以快速且等距地在设定好的曲线上阵列出设计好的纹理。

实战案例：配合【沿着曲线阵列】指令绘制洗衣机排水软管纹理案例

① 在【Front】视图中的坐标原点，使用【控制点曲线】指令绘制一根如图5-14所示的曲线。

注：读者也可发挥想象自由定义曲线造型。

② 使用【依线段数目分段曲线】命令对绘制好的曲线进行分段，分200段。如图5-15所示。

注：绘制时在指令栏中需确认[分割（s）=否]的指令参数，再执行指令，否则曲线会被分割成200段而不是200个曲线点。

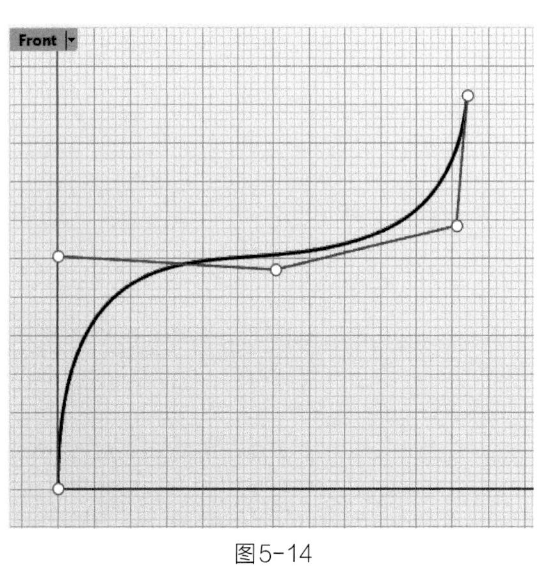

图5-14

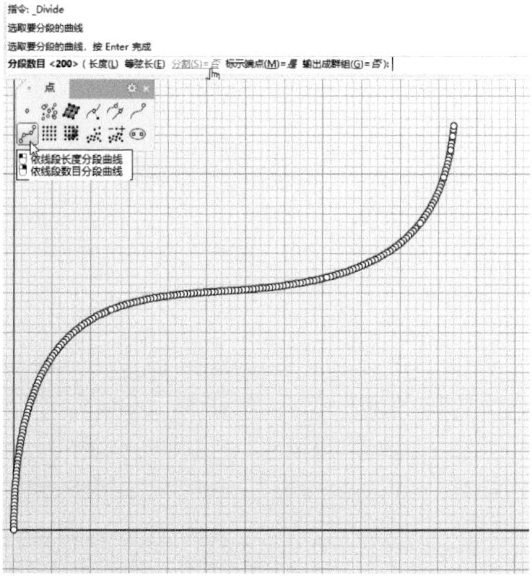

图5-15

③ 在【Front】视图中使用【圆：中心点、半径】指令绘制4个曲线圆，绘制时在指令栏中点击{可塑圆=是，环绕曲线（A）}的指令参数，并使用【群组物件】指令对曲线圆进行群组。如图5-16所示。

注：1与2曲线圆的尺寸为10，3与4曲线圆的尺寸为8.5。

④ 使用【分割】指令，在第五点处分割断，接着使用测量曲线工具，测量得到第1点与第5点的长度= 1.766 mm。如图5-17所示。

注：测量得到第1点与第5点的长度后，随即可以返回到未分割之前，因为这一步的操作只是为了得到曲线阵列所需要的阵列距离。

⑤ 执行【沿着曲线阵列】指令对绘制好的曲线进行阵列，并在指令栏输入所需要的阵列距离=1.766 mm。如图5-18所示。

⑥ 将曲线点与阵列用的路径曲线进行隐藏或删除，仅留下曲线阵列后的物件。接着使用【放样】指令进行放样成面，洗衣机出水管纹理即完成。如图5-19所示。

注：进行放样时因曲线较多且均为封闭的曲线，故可以全选曲线后使用【放样】指令进行统一成面，无须分开点击。

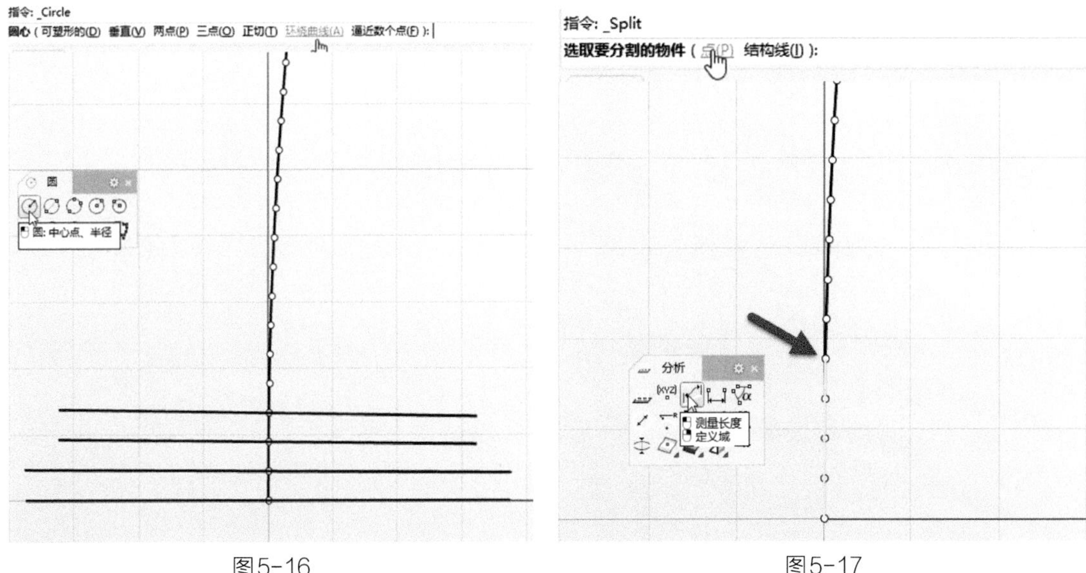

图5-16　　图5-17

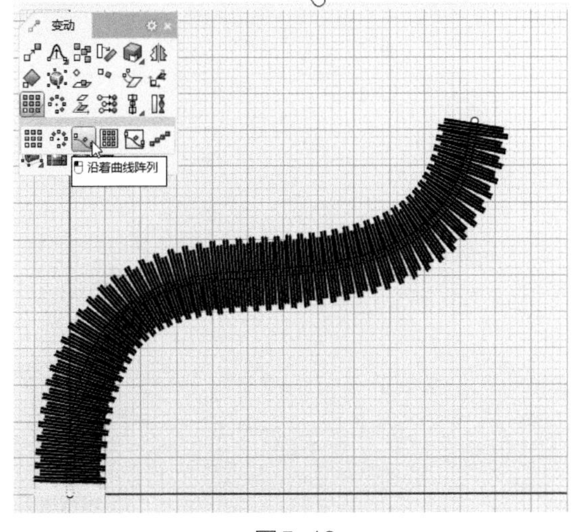

图5-18

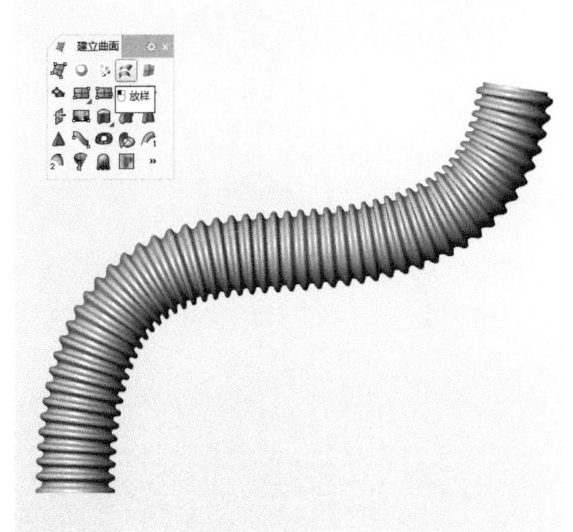

图5-19

（4）【在曲面上阵列】指令的介绍

选取要在曲面上阵列的物件，将物件变动复制在参考曲面上进行行与列的分布。物件的方向是由曲面的法线方向来确定的。

具体操作步骤如下。

① 选择要在曲面上阵列的物件。

② 选择阵列物件的基准点。

③ 选择阵列物件的法线方向（通常指法线向上的方向），如果阵列物件的法线方向刚好为工

作平面的Z轴，则直接按鼠标右键（鼠标右键=【Enter】的意思），该方向进行阵列后物件刚好与曲面呈现垂直方向。

④ 选择目标曲面。

注：目标曲面分为原生曲面与已修剪曲面，如果是已修剪曲面，则一些排列的参考点可能在呈现出来的曲面之外。在这种情况下，【缩回已修剪曲面】命令可以帮助我们控制阵列物件接近参考曲面。如图5-20所示为已修剪曲面上的阵列与已缩回修剪曲面上的阵列。

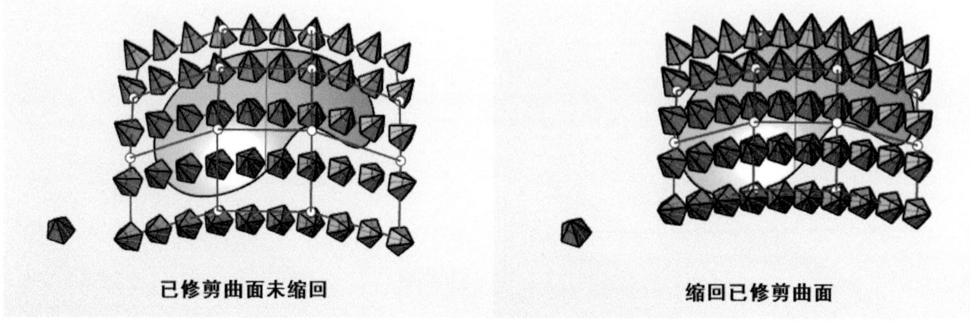

图5-20

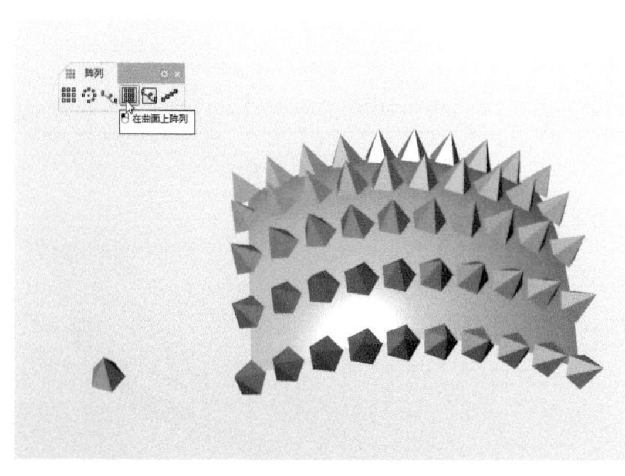

图5-21

⑤ 输入U或V方向上的阵列数。

如图5-21所示。

5.2 扭转与变形控制器工具的介绍与实战

在产品设计的外观造型中，扭转与变形的这两种设计语言是非常常见的，在体现产品功能的目的性表达外，还能正面地营造出产品的识别性以及特征。如图5-22所示。

（1）【扭转】指令的介绍与实战

选取要扭转的物件，通过环绕轴旋转物件进行变形。

具体操作步骤如下。

① 选择需要进行扭转的物件。

② 选择扭转轴的起点以及末端。

注：最接近扭转轴起点的对象部分将完全扭曲，而扭转轴的末端将保持其原始方向。

③ 输入需要扭转的角度，或使用两个参考点用来自定义选择的角度。

图5-22

实战案例：配合【扭转】指令快速创建扭转小时钟

注：本小节仅制作小时钟产品基本形体演示。

① 在【Front】视图中的坐标原点，使用【控制点曲线】指令绘制一根50mm的曲线作为案例图片摆放的参考，接着，使用【添加一个图像平面】指令，将案例图片依据事先绘制好的曲线参考点摆放好，如图5-23所示。

② 使用【多边形：中心点、半径】在曲线的中点位置配合参考图绘制一个十二边形的轮廓曲线。如图5-24所示。

图5-23

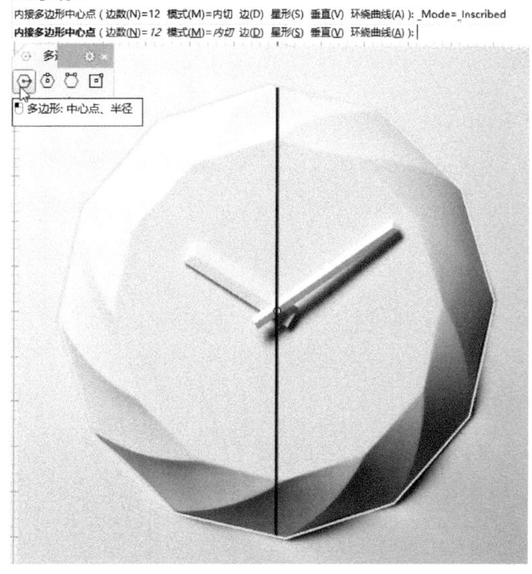

图5-24

③ 绘制好的曲线复制一份并按照参考图进行缩小，并在顶视图使用操作轴移动一定的距离。如图5-25所示。

④ 使用 【放样】指令进行放样成面。如图5-26所示。

⑤ 放样完成得到曲面，使用 【将平面洞加盖】指令对模型进行封面处理。如图5-27所示。

⑥ 绘制扭转参考点，将前后轮廓曲线的中心点绘制出来，可使用 【面积重心】指令依次选取轮廓线而得到。如图5-28所示。

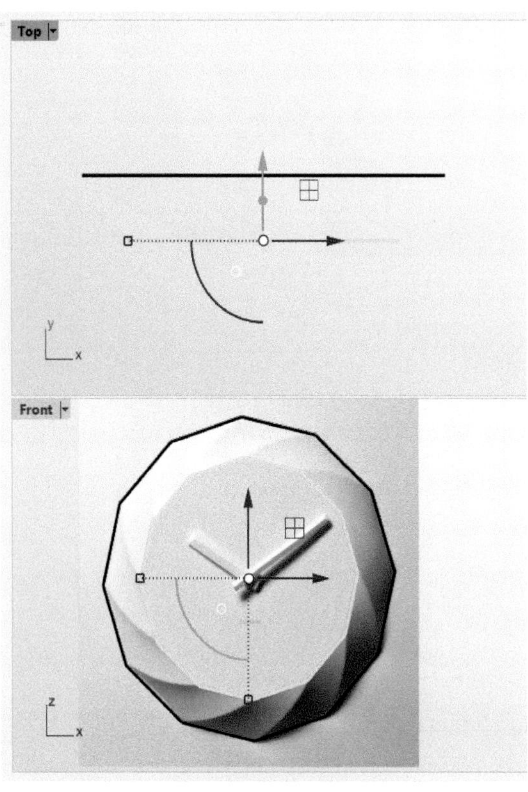

图5-25

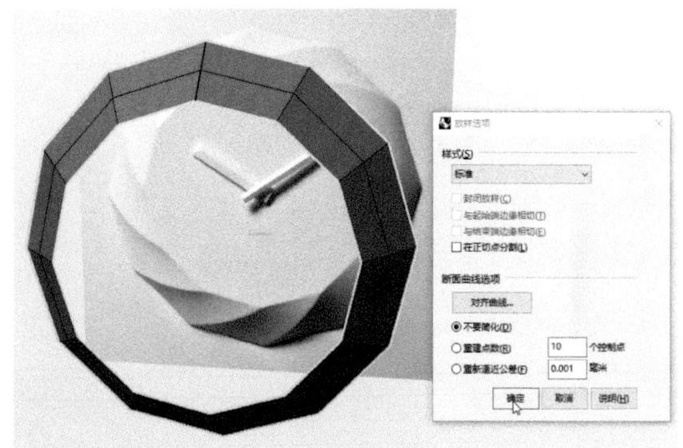

图5-26

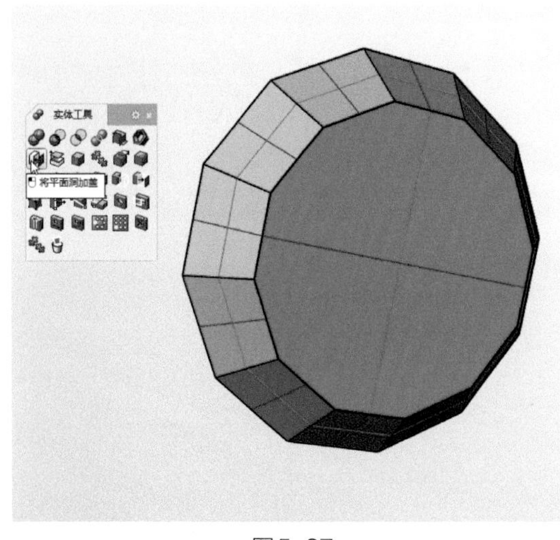

图5-27

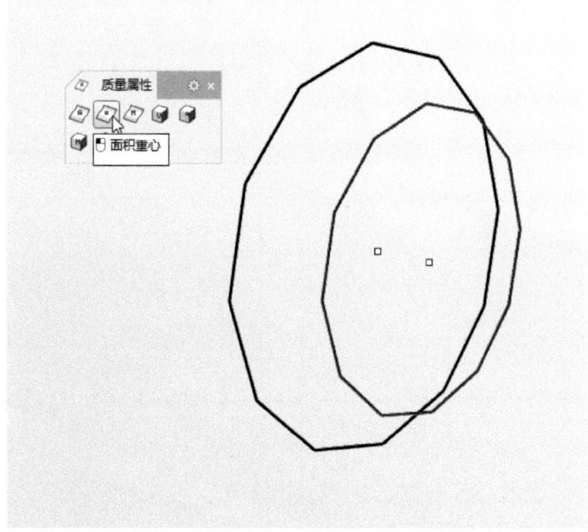

图5-28

⑦ 使用 【扭转】指令，对模型进行扭转，起点为大的轮廓线中心点，终点为小的轮廓线中心点，并在指令栏处点击【无限延伸（I）=是】的选项和输入扭转角度=30°。如图5-29所示。

⑧ 扭转完成，得到小时钟基本体，如图5-30所示。

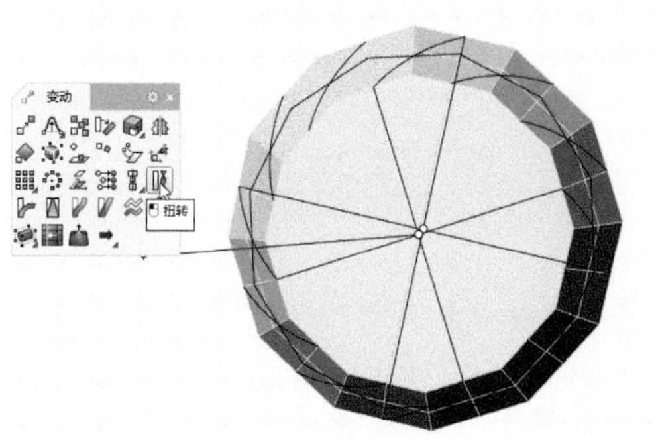

图5-29

图5-30

（2）【变形控制器编辑】指令的介绍

变形控制器编辑命令使用二维和三维的笼状对象可以平滑地变形对象。

具体操作步骤如下：

① 选择要编辑的对象；

② 选择控制物件；

③ 选择坐标系统（工作）；

④ 选择变形控制器参数；

⑤ 选择编辑范围。

如图5-31所示。

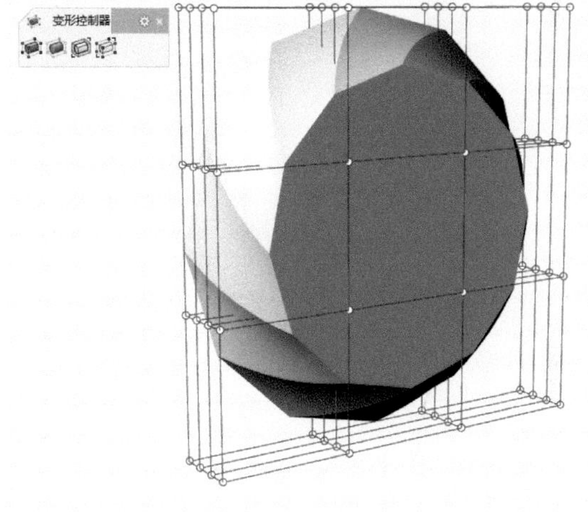

图5-31

5.3 曲线流动与曲面流动工具的介绍与实战

（1）【沿着曲线流动】指令的介绍

沿着曲线流动能将一个物件或一组物件从较为单一的曲线上重新变动到复杂的目标曲线。可以简单地理解为曲线流动具有瞬间搬运物件和复制移动的能力。

具体操作步骤如下：

① 选择需要流动的物件；

② 选择曲线流动的基准参考线；

③ 选择沿曲线流动的目标曲线；

④ 具体的选项参数可根据自己所需在指令栏进行点击设定，如图5-32所示。

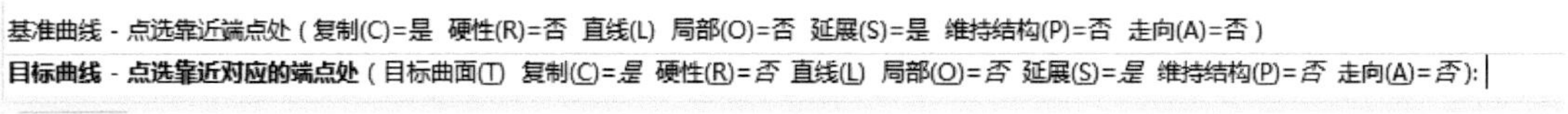

基准曲线 - 点选靠近端点处 (复制(C)=是 硬性(R)=否 直线(L) 局部(O)=否 延展(S)=是 维持结构(P)=否 走向(A)=否)
目标曲线 - 点选靠近对应的端点处 (目标曲面(T) 复制(C)=是 硬性(R)=否 直线(L) 局部(O)=否 延展(S)=是 维持结构(P)=否 走向(A)=否):

图5-32

注：曲线流动中延展（s）默认状态下是【是】，说明用于流动的基准曲线与目标曲线长度应相同，如不相同则需把延展（s）改成【否】，并需考虑到基础曲线可能是开放的或者是周期曲线的情况。

实战案例：配合【沿着曲线流动】指令制作简易的莫比乌斯环

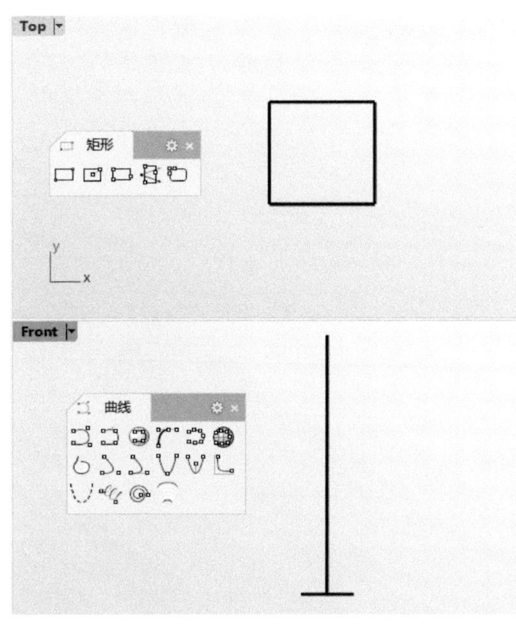

① 在【Front】视图中的坐标原点，使用【控制点曲线】指令绘制一根150mm的曲线，接着，使用【矩形：中心点、角】指令在曲线上绘制一个10mm×10mm的矩形线框，如图5-33所示。

② 使用【直线挤出】命令，挤出矩形线框。挤出距离与曲线相等。如图5-34所示。

③ 使用【扭转】指令，对挤出的矩形进行扭转，扭转起点为曲线的原点，扭转终点为曲线的终点，并在指令栏处输入扭转角度=180°。如图5-35所示。

Top
矩形
y
x
Front
曲线

图5-33

建立曲面
直线挤出

图5-34

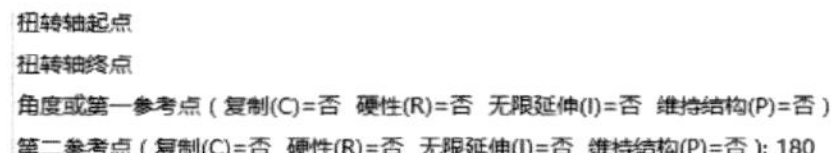

扭转轴起点
扭转轴终点
角度或第一参考点 (复制(C)=否 硬性(R)=否 无限延伸(I)=否 维持结构(P)=否)
第二参考点 (复制(C)=否 硬性(R)=否 无限延伸(I)=否 维持结构(P)=否): 180

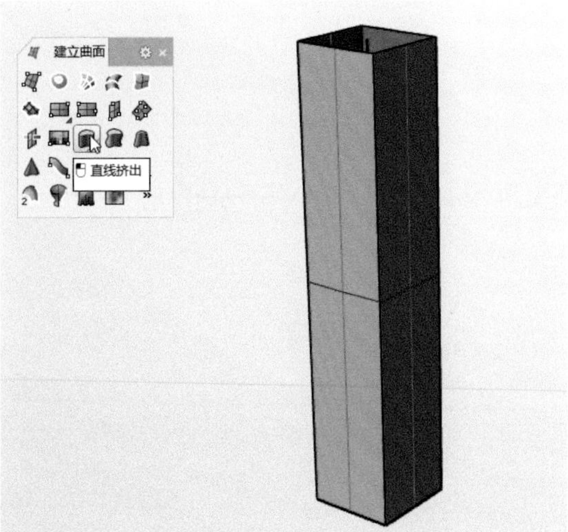

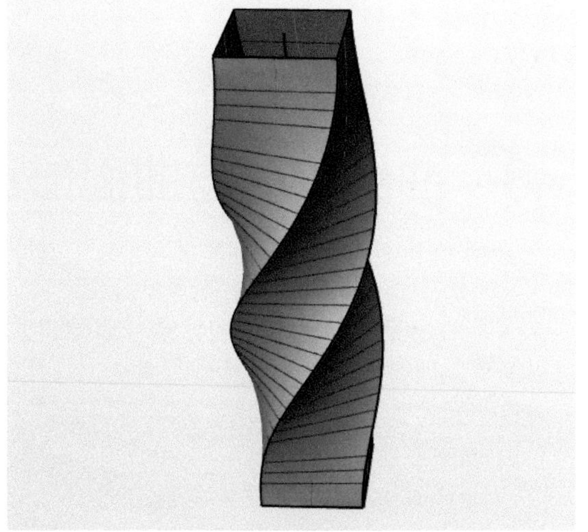

图5-35

④ 使用 ⊙【圆：中心点、半径】指令绘制一个半径为150mm的曲线圆，作为沿曲线流动的目标曲线。如图5-36所示。

⑤ 执行 【沿着曲线流动】指令进行流动，得到最终效果。如图5-37所示。

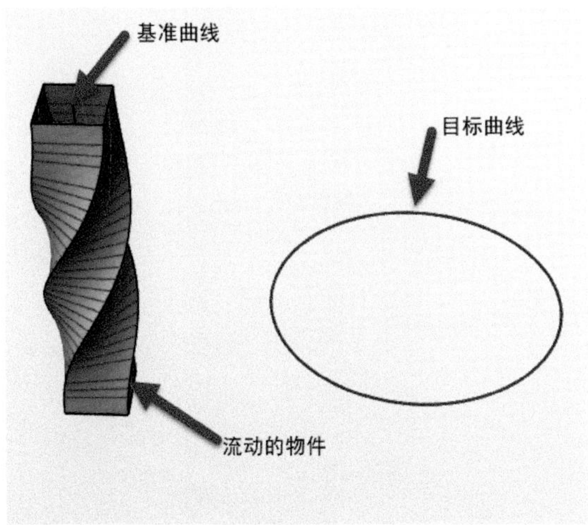

图5-36

图5-37

（2）【沿着曲面流动】指令的介绍与实战

【沿着曲面流动】命令能将一个物件或一组物件从基准曲面瞬间移动且复制到目标曲面上。

具体操作步骤如下：

① 选择需要流动的物件。

② 选择基准曲面——选择靠近角落的边缘。

注：基准曲面可以实现通过目标曲面处建立UV曲线得到，也可在流动时通过指令栏中点击[平面（p）]选项来建立基准曲面。

③ 点击目标曲面一选择靠近对应角落的边缘。

如图5-38所示。

```
指令: _FlowAlongSrf
选取要沿着曲面流动的物件
选取要沿着曲面流动的物件，按 Enter 完成
基准曲面 - 选择靠近角落的边缘 ( 复制(C)=是  硬性(R)=否  平面(P)  约束法线(O)=否  自动调整(A)=是  维持结构(E)=否 ): 平面
矩形的第一角 ( 三点(P)  垂直(V)  中心点(C)  环绕曲线(A) )
另一角或长度 ( 三点(P) )
目标曲面 - 选择靠近对应角落的边缘 ( 复制(C)=是  硬性(R)=否  约束法线(O)=否  自动调整(A)=是  维持结构(P)=否 )
正在沿着曲面流动物件... 按 Esc 取消
已变形 10 个物体。
```

图5-38

实战案例：配合【沿着曲面流动】指令制作产品纹理

① 在【Front】视图中的坐标原点，使用 【控制点曲线】指令绘制一根150mm的曲线作为案例图片摆放的参考，接着，使用 【添加一个图像平面】指令，将案例图片依据事先绘制好的曲线参考点摆放好并将产品轮廓线参考底图绘制出来，如图5-39所示。

注：本小节仅制作产品纹理处教程演示。

② 使用 【旋转成形】指令，将曲面旋转出来，如图5-40所示。

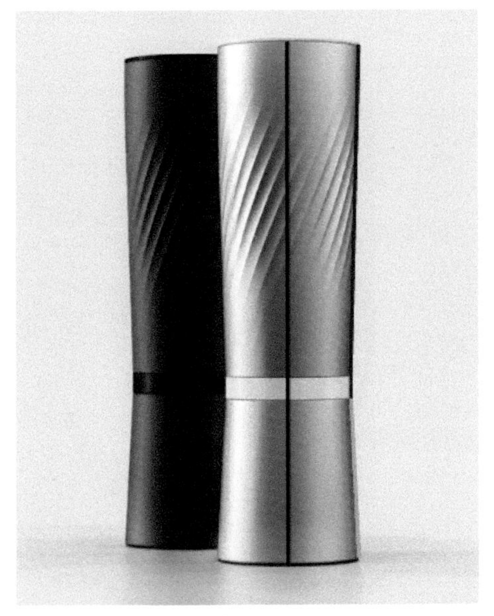

图5-39

图5-40

③ 选择需要做纹理处的模型主体，使用【建立UV曲线】指令，建立绘制纹理的线框。如图5-41所示。

④ 使用【依线段数目分段曲线】将上一步绘制的线框分为36段，并使用【控制点曲线】指令绘制一根3阶7点的曲线，具体位置如图5-42所示。

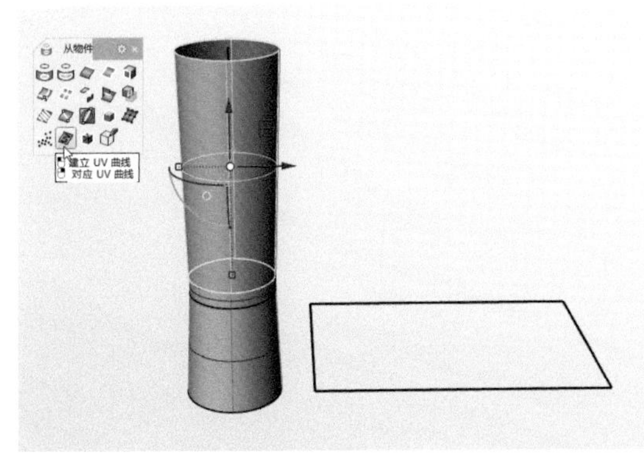

图5-41

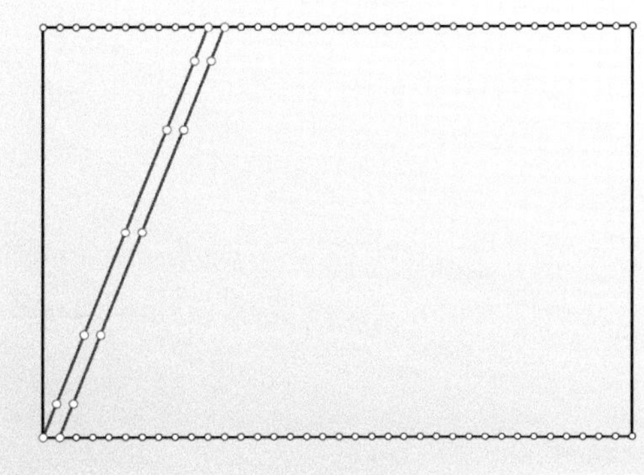

图5-42

⑤ 使用【放样】指令建立曲面，接着开启曲面控制点，随后将中间控制点使用控制杆的移动轴进行调整，如图5-43所示。

⑥ 将曲面进行阵列或复制，填满事先建立的UV线框内，如图5-44所示。

⑦ 减去UV线框外的曲线如图5-45所示。

⑧ 执行【沿着曲面流动】指令，将绘制好的纹理流动至目标物件上，详细步骤请参考图5-46。

流动完成，如图5-47所示。

⑨ 最终效果如图5-48所示。

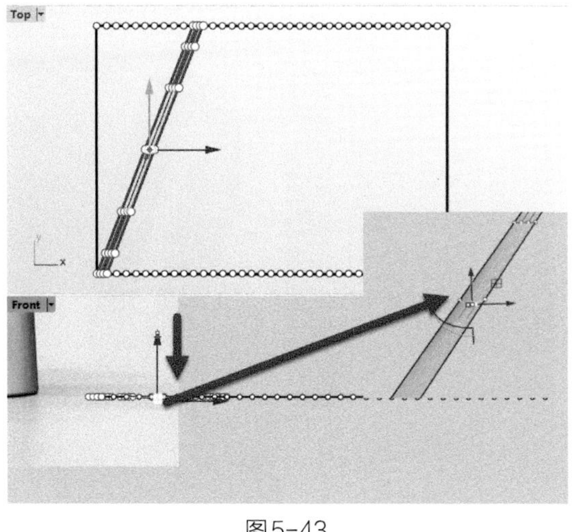

图5-43

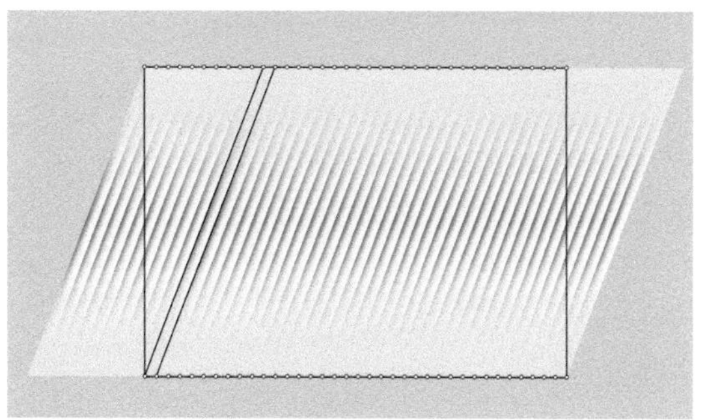

图5-44

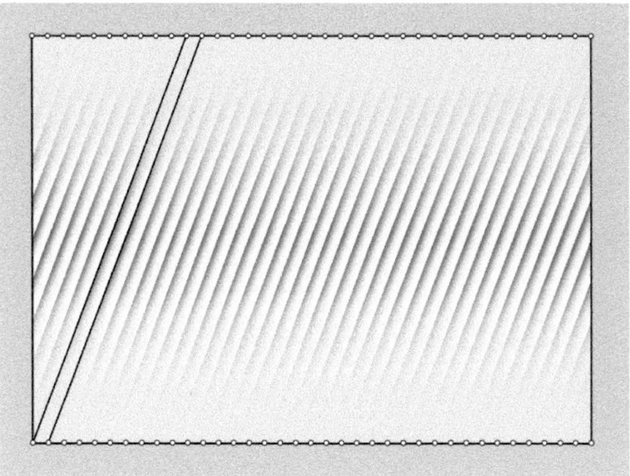

图5-45

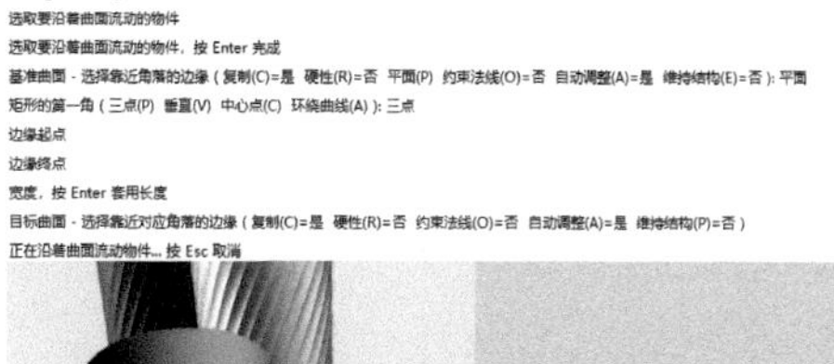

指令: _FlowAlongSrf
选取要沿着曲面流动的物件
选取要沿着曲面流动的物件，按 Enter 完成
基准曲面 - 选择靠近角落的边缘 (复制(C)=是 硬性(R)=否 平面(P) 约束法线(O)=否 自动调整(A)=是 维持结构(E)=否): 平面
矩形的第一角 (三点(P) 垂直(V) 中心点(C) 环绕曲线(A)): 三点
边缘起点
边缘终点
宽度，按 Enter 套用长度
目标曲面 - 选择靠近对应角落的边缘 (复制(C)=是 硬性(R)=否 约束法线(O)=否 自动调整(A)=是 维持结构(P)=否)
正在沿着曲面流动物件... 按 Esc 取消

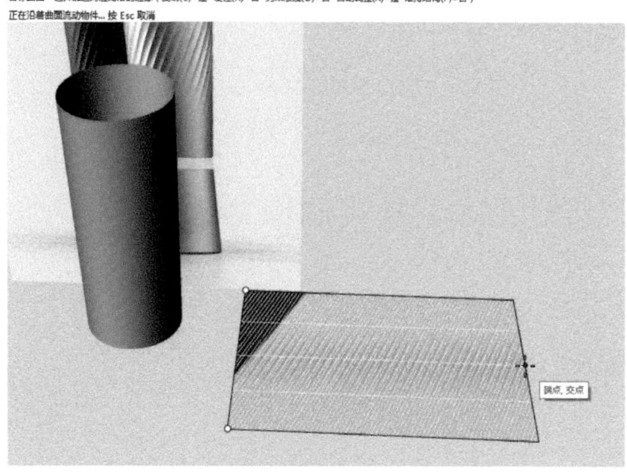

图5-46

图5-47

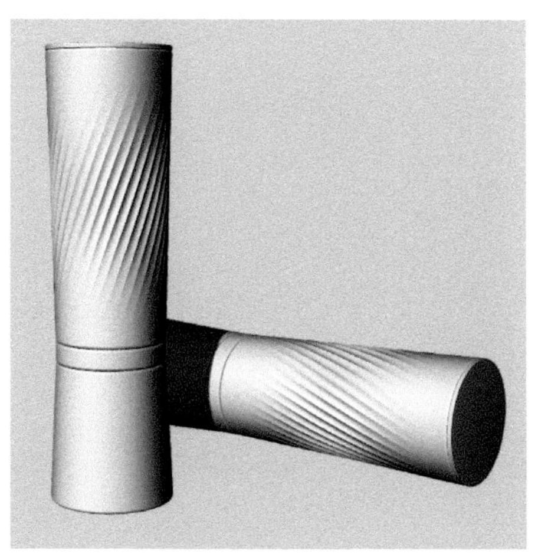

图5-48

我们对曲面流动的形体建模进行课后思考，如图5-49所示。

图5-49

5.4 产品纹理表皮制作案例

5.4.1 小音箱产品纹理表皮制作案例

图5-50

① 在【Front】视图中的坐标原点，使用【控制点曲线】指令绘制一根50mm的曲线作为案例图片摆放的参考，接着，使用【添加一个图像平面】指令，将案例图片依据事先绘制好的曲线参考点摆放好，如图5-50所示。

注：本小节仅制作产品纹理处做教程演示。

② 在【Front】视图中参考底图使用【圆：中心点、半径】指令，并在指令栏依次点击塑形(D)、垂直（V)、两点（P）选项，绘制一个曲线圆，并使用【直线挤出】指令挤出模型主体。如图5-51所示。

③ 接下来分析纹理的成形规律，在面对有理可循的纹理时，我们可以依据纹理呈现出来的特征，使用正方形线框去找出单个纹理的形状。如图5-52所示。

注：这一步仅对纹理做分析。

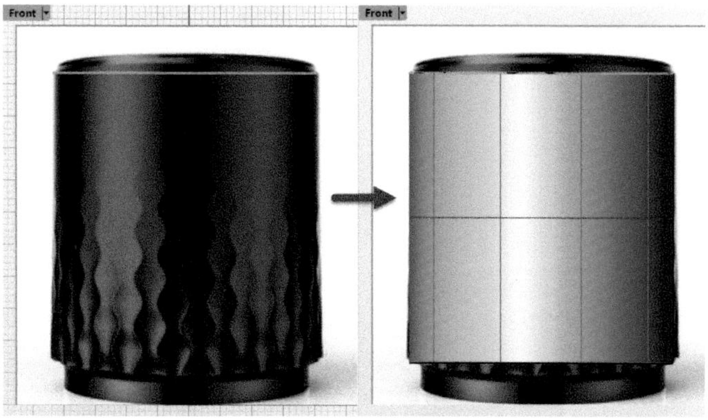

图5-51

图5-52

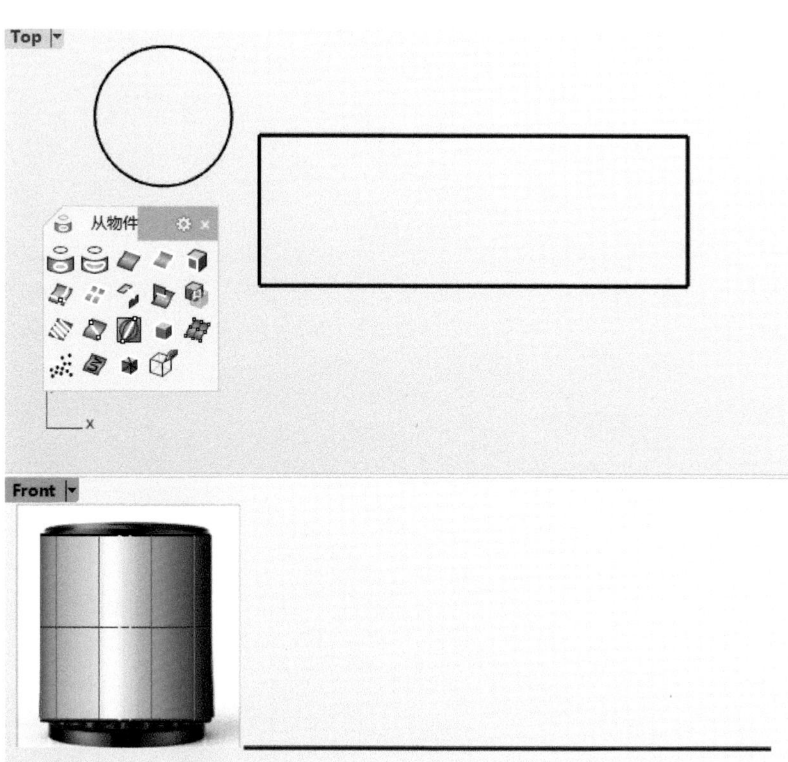

图5-53

④ 选择需要做纹理处的模型主体，使用【建立UV曲线】指令，建立绘制纹理的线框。如图5-53所示。

⑤ 依据③步骤对纹理的分析，此步进行纹理单元的绘制。在【Top】视图中使用【矩形：角对角】绘制一个小矩形线框，然后在矩形线框外绘制两条参考线。如图5-54所示。

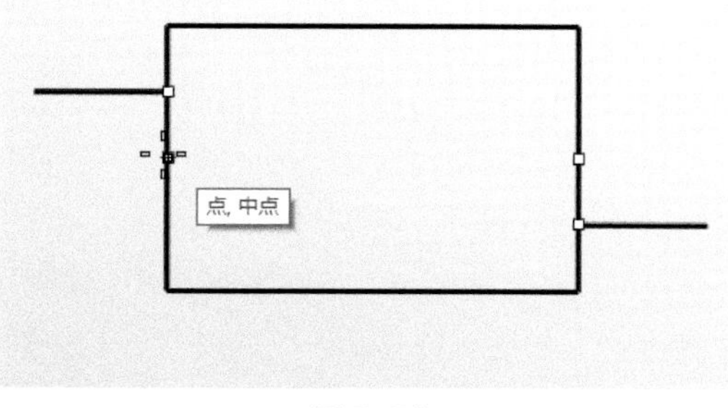

图5-54

⑥ 使用 【可调式混接曲线】指令，混接两端的辅助线，如图5-55所示。

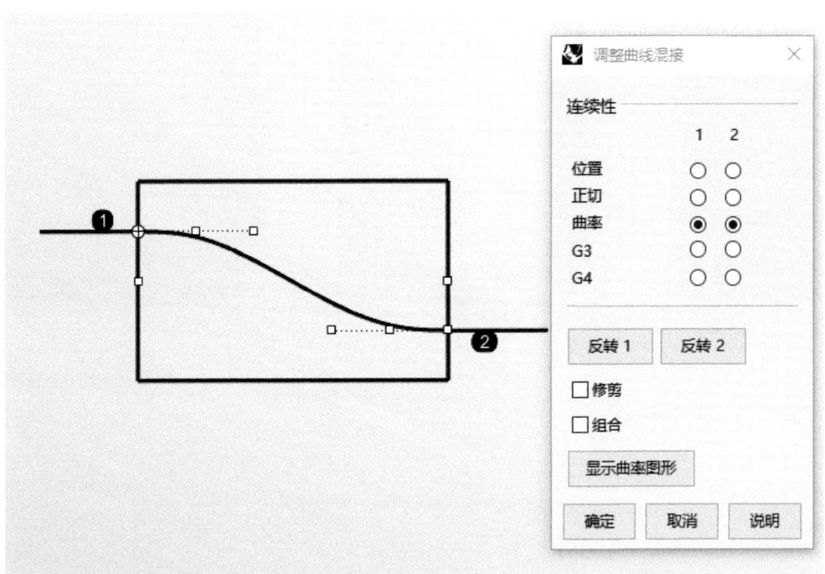

图5-55

⑦ 对辅助线进行隐藏或删除，对可调式混接出来的曲线执行 【镜像】命令进行镜像，镜像完成如图5-56所示。

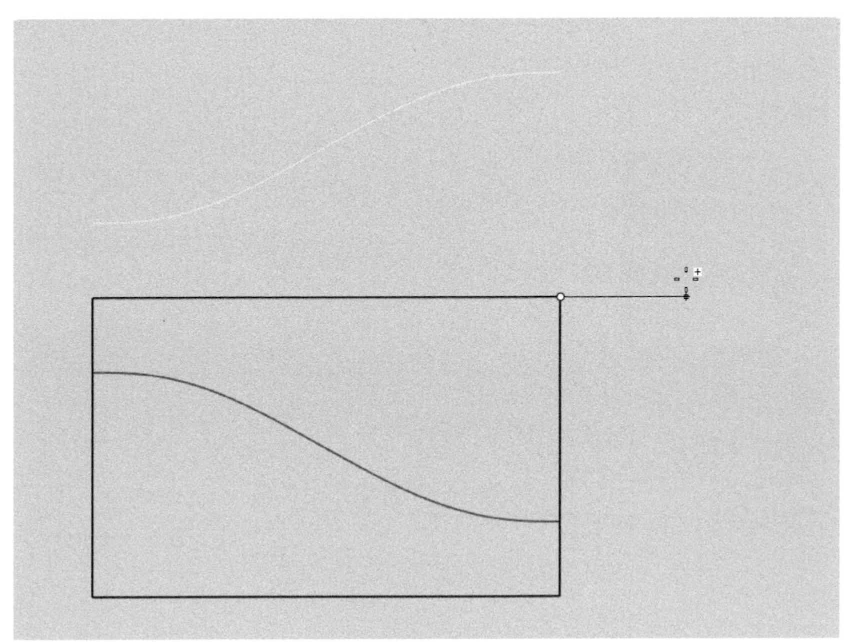

图5-56

⑧ 使用 【控制点曲线】指令，绘制两根3阶6点的曲线，并使用控制杆调整曲线内部的2个控制点。如图5-57所示。

⑨ 继续调整造型，接着执行 【双轨扫掠】命令进行成面，如图5-58所示。

⑩ 回到【Top】视图，使用 【镜像】命令，镜像双轨得到的曲面，如图5-59所示。

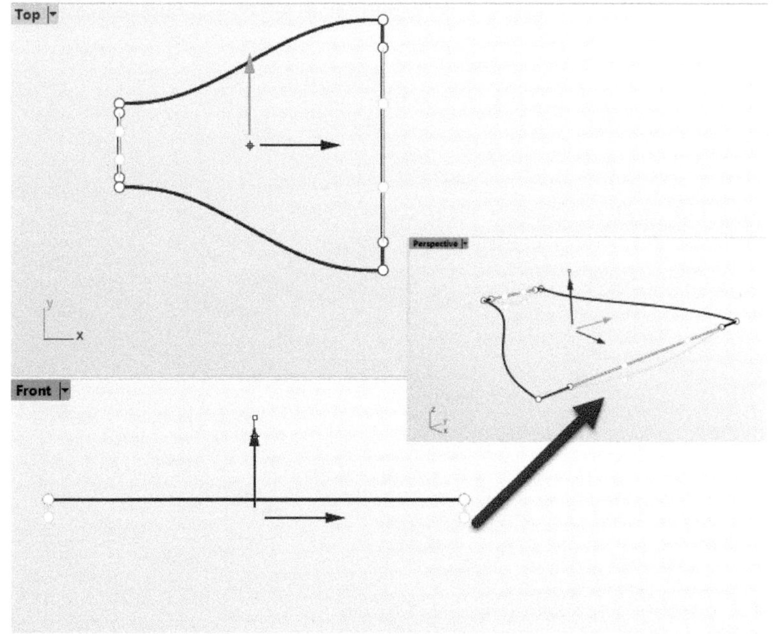

图5-57

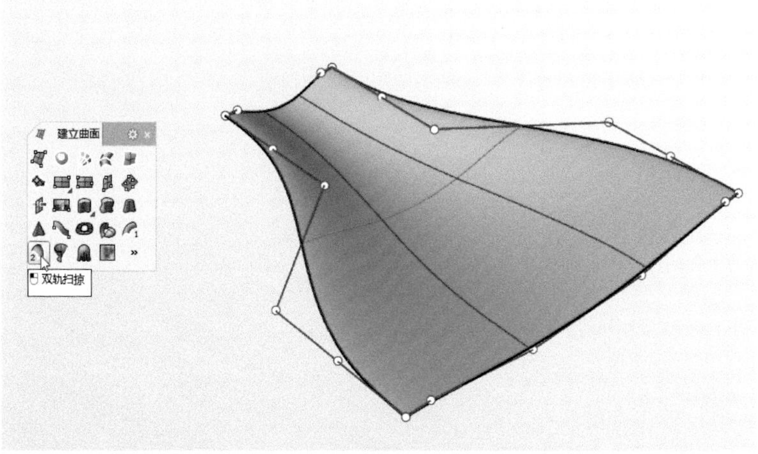

图5-58

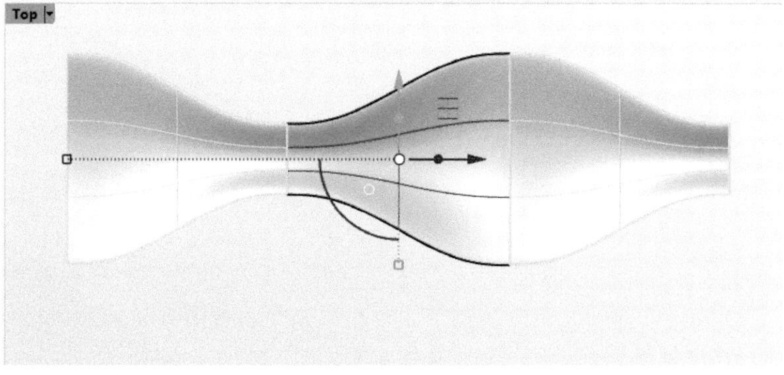

图5-59

⑪ 执行 【衔接曲面】命令，对上一步镜像复制得到的曲面与双轨扫掠出来的曲面进行互相衔接曲面处理。如图5-60所示。

注：衔接完成后，删除镜像复制得到的曲面，留下中间那一块曲面即可。此步是为了让每一个纹理单元都能达到G1连续。

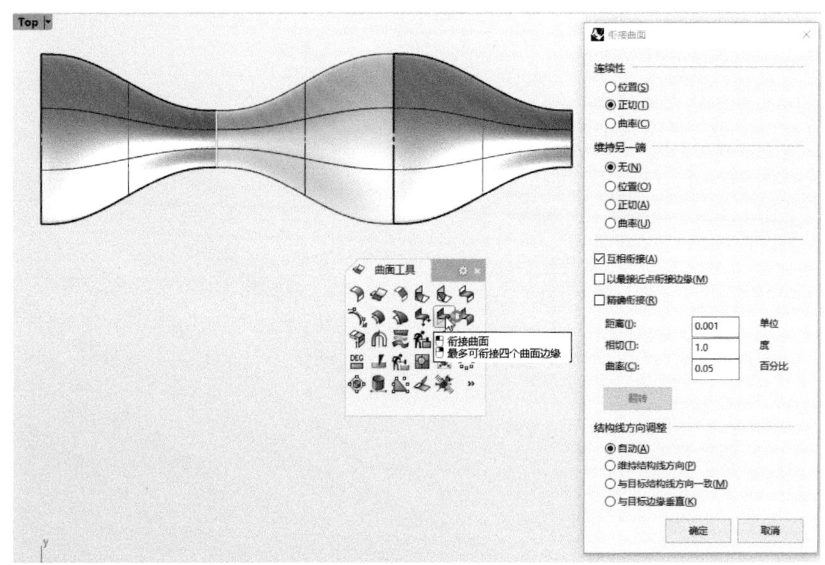

图5-60

⑫ 执行 【以结构线分割曲面】命令，分割曲面，注意在指令栏点选缩回。如图5-61所示。

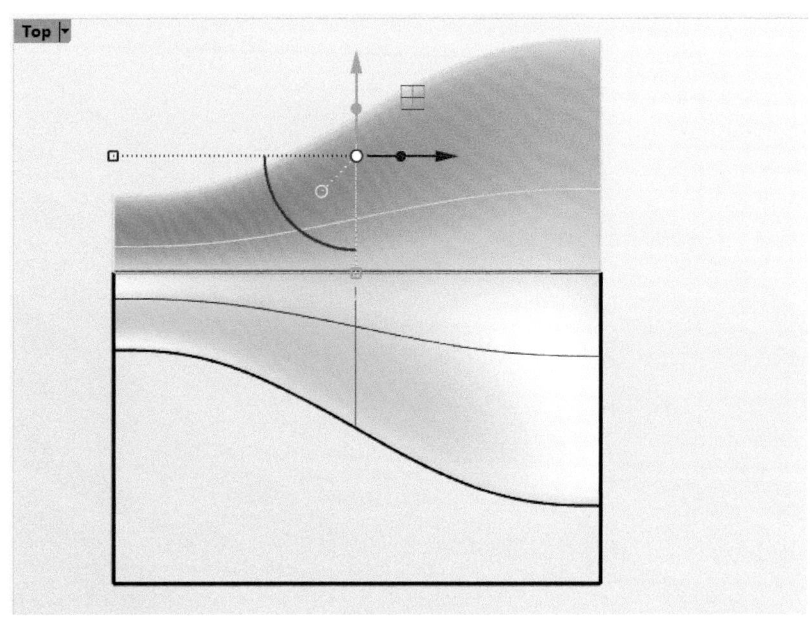

图5-61

⑬ 删除掉分割出来的曲面，随后执行 【环形阵列】指令，以矩形线框为中心点阵列曲面，这一步就将纹理单元依据前面所分析的样式绘制出来了。如图5-62所示。

⑭ 将纹理单元移动复制到建立的UV曲线线框角落处，如图5-63所示。

⑮ 将移动后的纹理依次执行 【镜像】指令并在指令栏中点击复制，如图5-64所示。

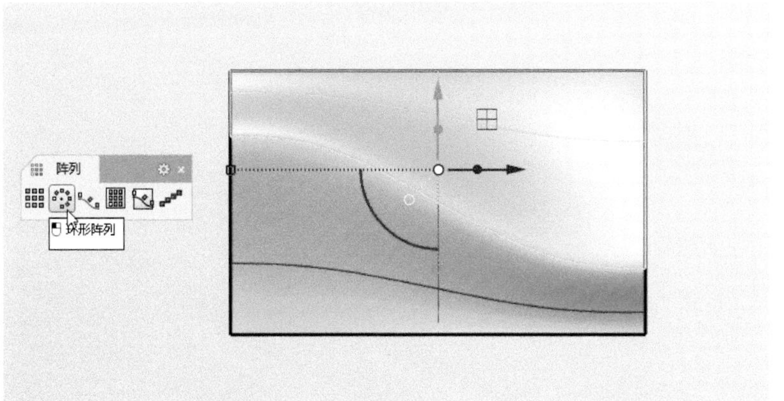

图5-62

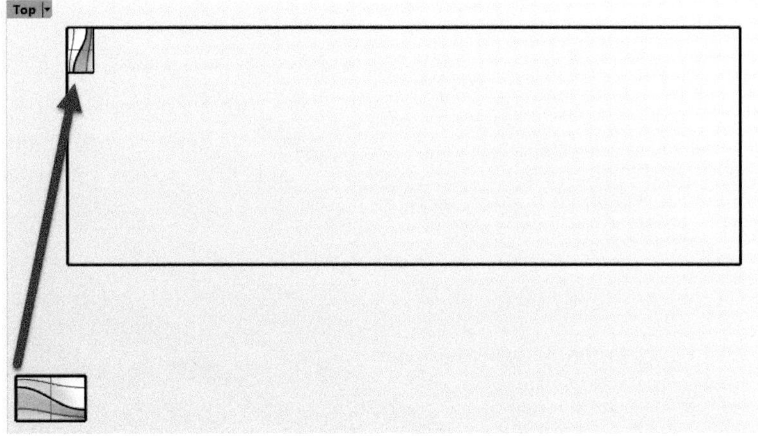

图5-63

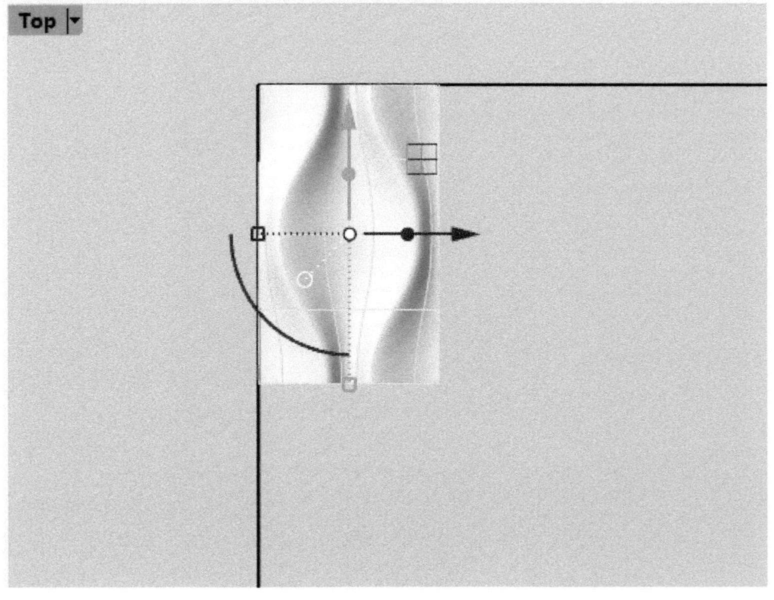

图5-64

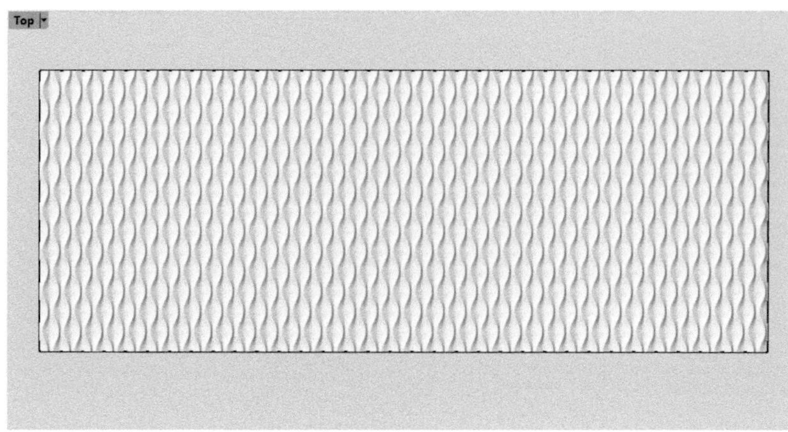

图5-65

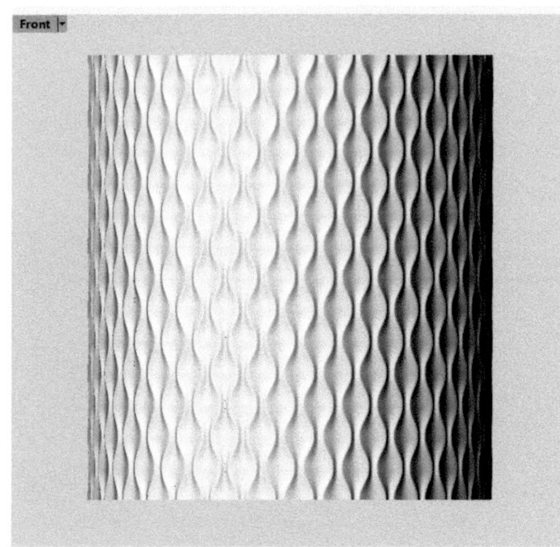

图5-66

⑯ 复制的纹理单元填满建立的UV线框并执行【群组物件】群组曲面，如图5-65所示。

⑰ 执行【沿着曲面流动】指令，将曲面纹理流动至产品主体上，如图5-66所示。

注：这一步需要清楚了解基准曲面与参考曲面的方向并开启【记录建构历史】，为下一步做好准备工作。

⑱ 对流动前的纹理执行【变形控制器编辑】指令，如图5-67所示。

⑲ 选择顶部3排控制杆的控制点，双击操作轴的蓝色缩放轴，并输入0，如图5-68所示。

⑳ 渐变效果完成，如图5-69所示。

㉑ 读者可以根据前面章节所学的知识将剩余细节部分完成，最终效果如图5-70所示。

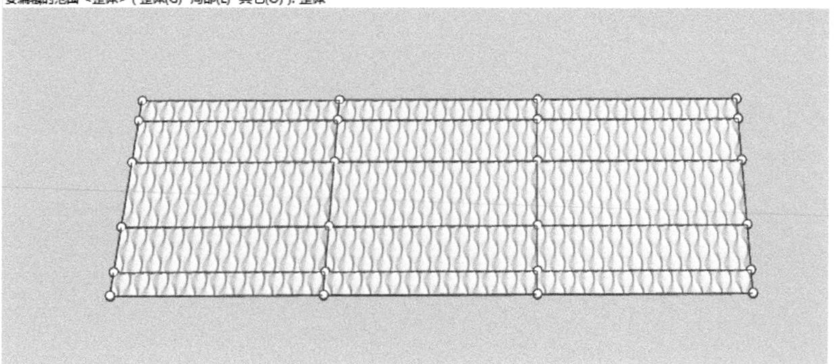

图5-67

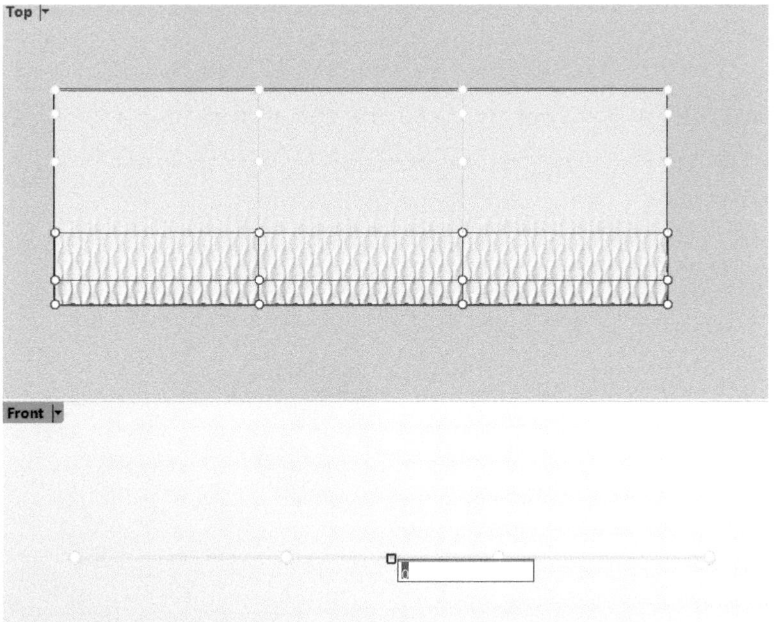

图5-68

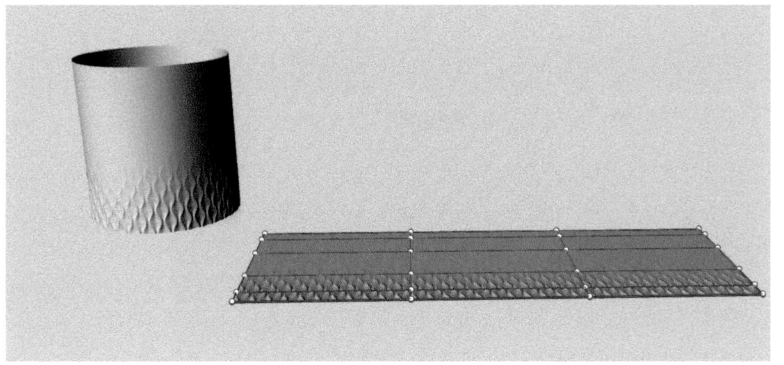
图5-69

图5-70

5.4.2 美容仪产品纹理表皮制作案例

① 在【Front】视图中的坐标原点，使用【控制点曲线】指令绘制一根50mm的曲线作为案例图片摆放的参考（执行命令的时候输入0即可从坐标原点绘制曲线）。接着，使用【添加一个图像平面】指令，将案例图片依据事先绘制好的曲线参考点进行摆放，然后在【Perspective】视图用操作轴把图片往Y轴（绿色箭头方向）移动至一定距离，并执行【锁定】命令把参考图锁定或放置内图层内进行锁定。如图5-71所示。

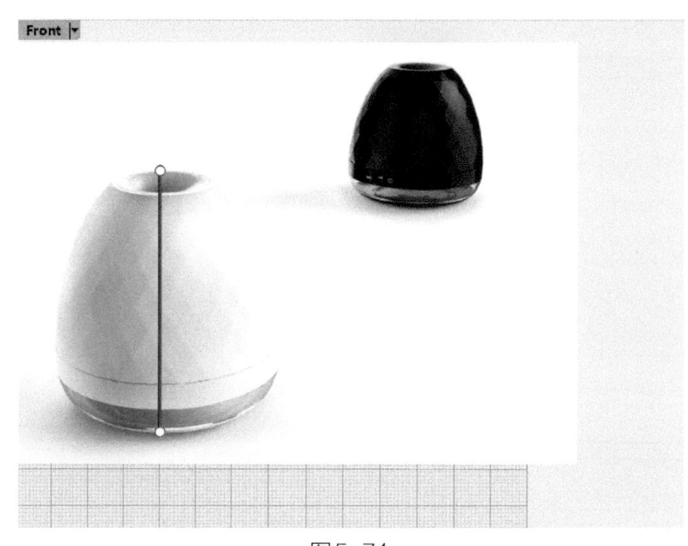

图5-71

注：因模型基本体形状较为简单，故本小节仅对产品纹理处做教程演示。读者可根据前面所学知识制作出产品基本体，也可在本书配套的文件中提取模型主体，做纹理练习使用。

② 模型特征剖析：通过观察，此款产品的纹理具有菱形拼接的特征呈现。在面对有理可循的纹理时，我们可以依据纹理呈现出来的特征，使用矩形线框去找出单个纹理的形状。如图5-72所示。

图5-72

注：这一步仅对纹理做分析。

③ 制作单一纹理。按照上一步的分析所得，可以直接使用 【矩形：角对角】指令绘制一个小矩形，使用绘制 【单点】指令，依据建模辅助处的捕捉功能找出中心点的位置并绘制点。如图5-73所示。

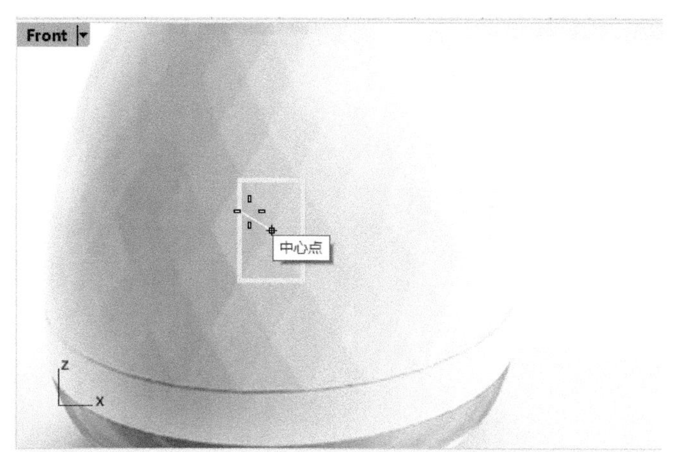

图5-73

④ 使用 【控制点曲线】命令，绘制4根直线，并区分好颜色。如图5-74所示。

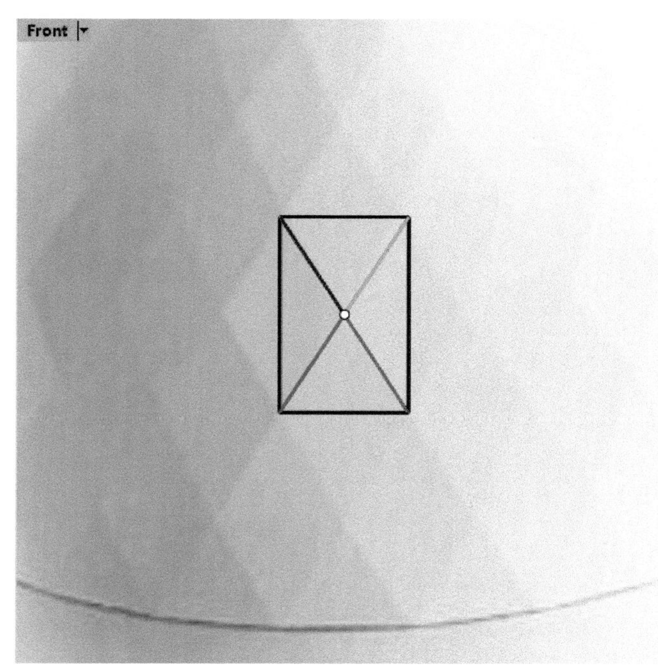

图5-74

⑤ 切换到【Right】视图，并打开曲线的控制点，选中中心点内所有的控制点并往左移动一点距离，这样建立的曲面就不会平整展示。如图5-75所示。

⑥ 使用 【放样】命令，将曲线依次放样建立曲面。如图5-76所示。

⑦ 选择需要做纹理处的模型主体，使用 【建立UV曲线】指令，建立绘制纹理的线框。如图5-77所示。

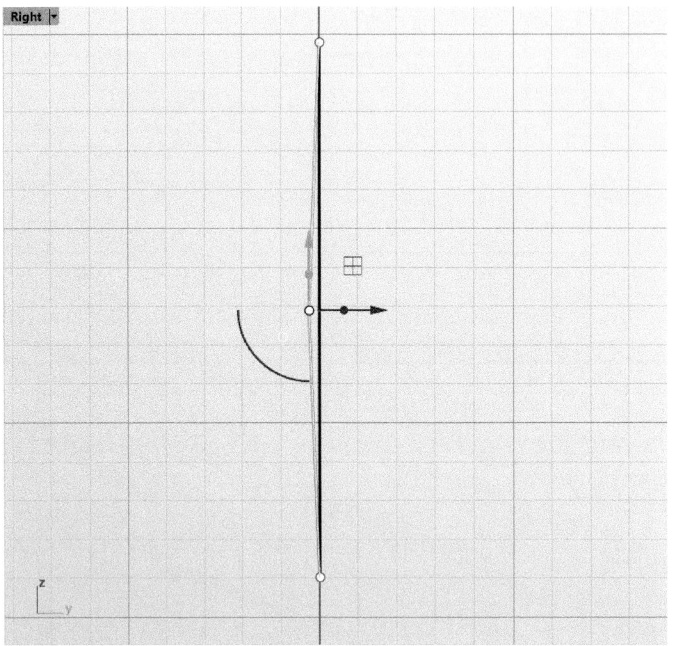

图5-75

图5-76

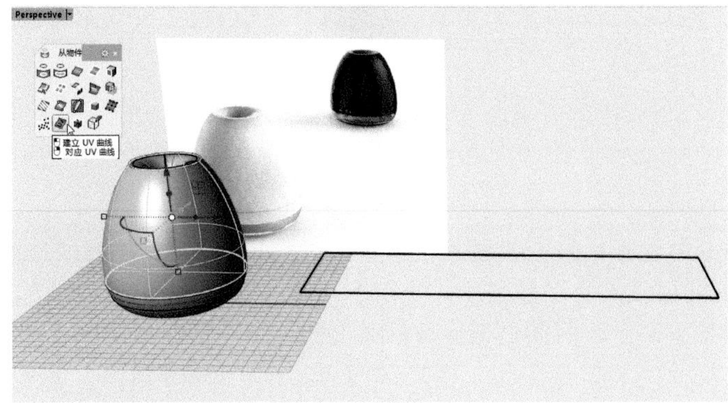

图5-77

⑧ 将纹理单元移动复制到建立的UV曲线线框角落处，并按前面章节所学知识将纹理单元填满建立的UV线框并执行 【群组物件】群组曲面。如图5-78所示。

图5-78

⑨ 执行 【沿着曲面流动】指令，将曲面纹理流动至产品主体上，如图5-79所示。

注：进行流动前需清楚了解基准曲面与参考曲面的方向。

图5-79

⑩ 读者可以根据前面章节所学的知识将剩余细节部分完成，最终效果如图5-80所示。

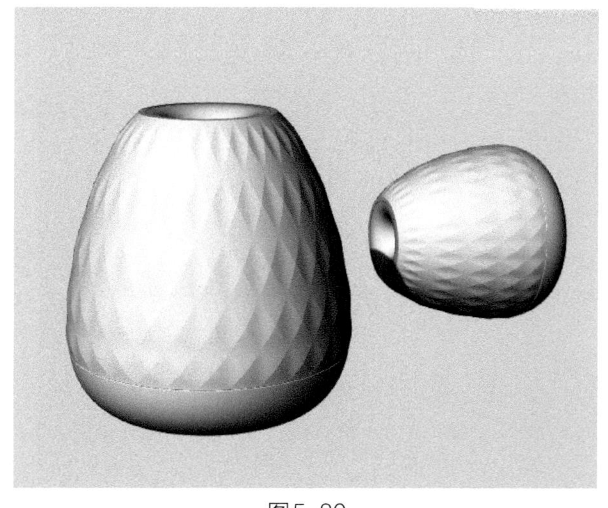

图5-80

6

产品渐消面的制作方法

Rhino

6.1 渐消面概述

渐消面指产品外形上曲面与曲面之间逐渐消失的面，为了产品外形表面丰富，或考虑到舒适的产品握感，常常会用到渐消面的处理。而这个逐渐消失的面无非就是两曲面之间的连续性变化，如G0连续到G2连续之间的曲面过渡。如图6-1所示。

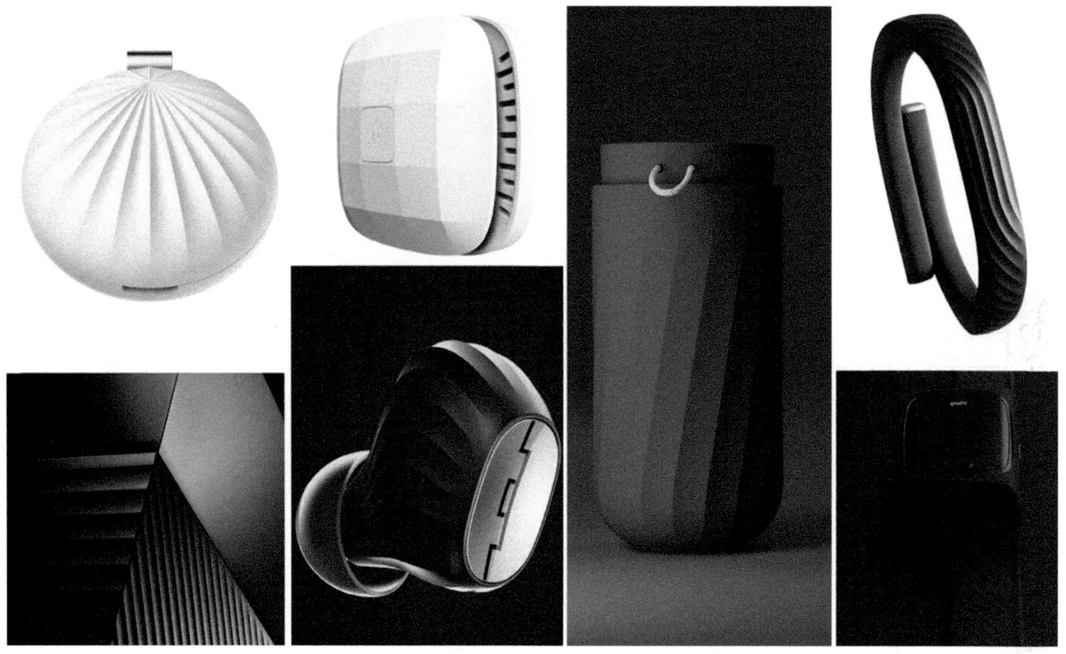

图6-1

6.2 运用修剪分割与混接曲面指令构建渐消曲面

① 导入背景参考图。在【Front】视图中的坐标原点，使用【控制点曲线】指令绘制一根100mm的曲线作为案例图片摆放的参考（执行命令的时候输入0即可从坐标原点处绘制曲线）。接着，使用【添加一个图像平面】指令，将案例图片依据事先绘制好的曲线参考点进行摆放，然后在【Perspective】视图用操作轴把图片往Y轴（绿色箭头方向）移动至一定距离，并执行【锁定】命令把参考图锁定或放置内图层内进行锁定。如图6-2所示。

② 绘制产品外形曲线。使用【控制点曲线】指令依据背景图绘制轮廓曲线，如图6-3所示。使用【镜像】命令，镜像得到轮廓的另一半曲线。如图6-4所示。

③ 选择轮廓线，切换至【Top】视图。使用操作轴往Y轴方向移动的同时按住【Ctrl】键做移动挤出的操作，如图6-5所示。

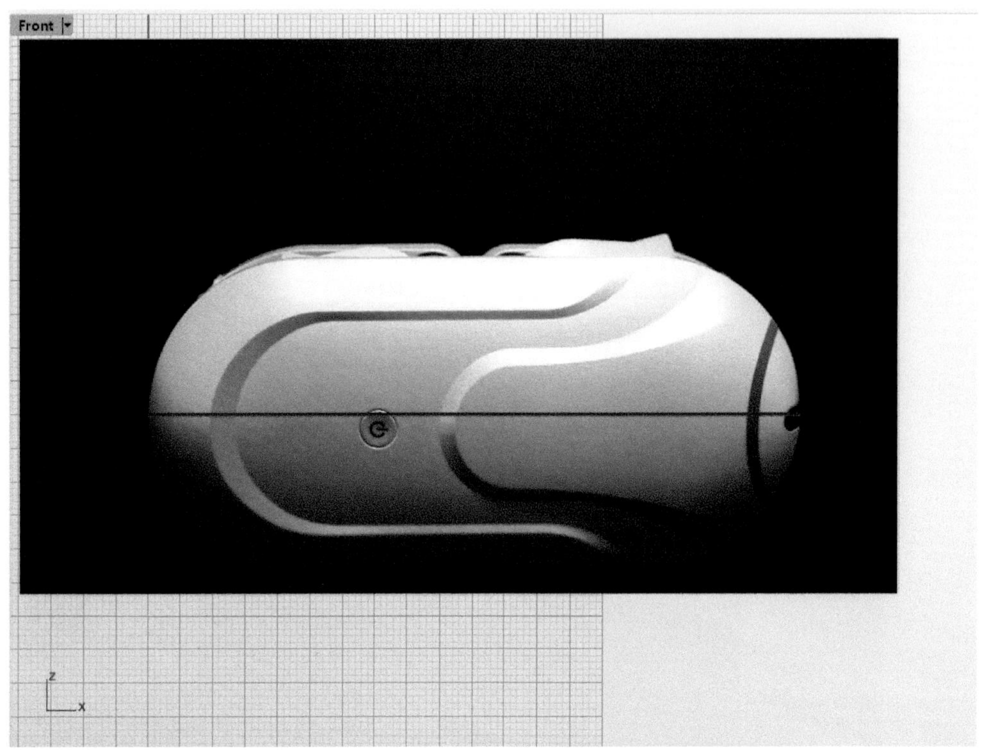

图6-2

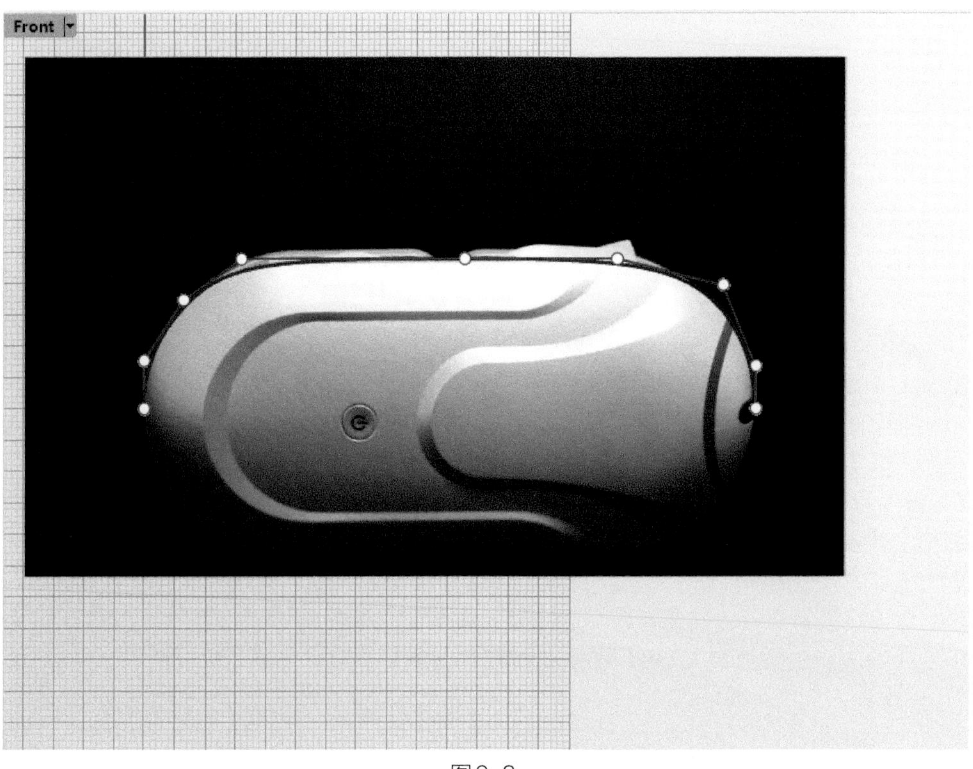

图6-3

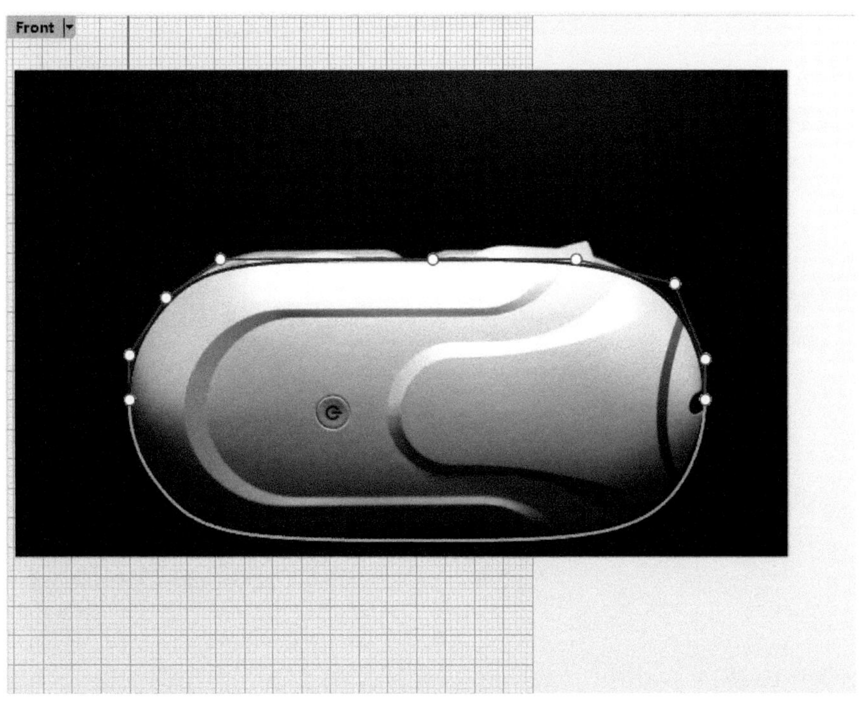

图6-4

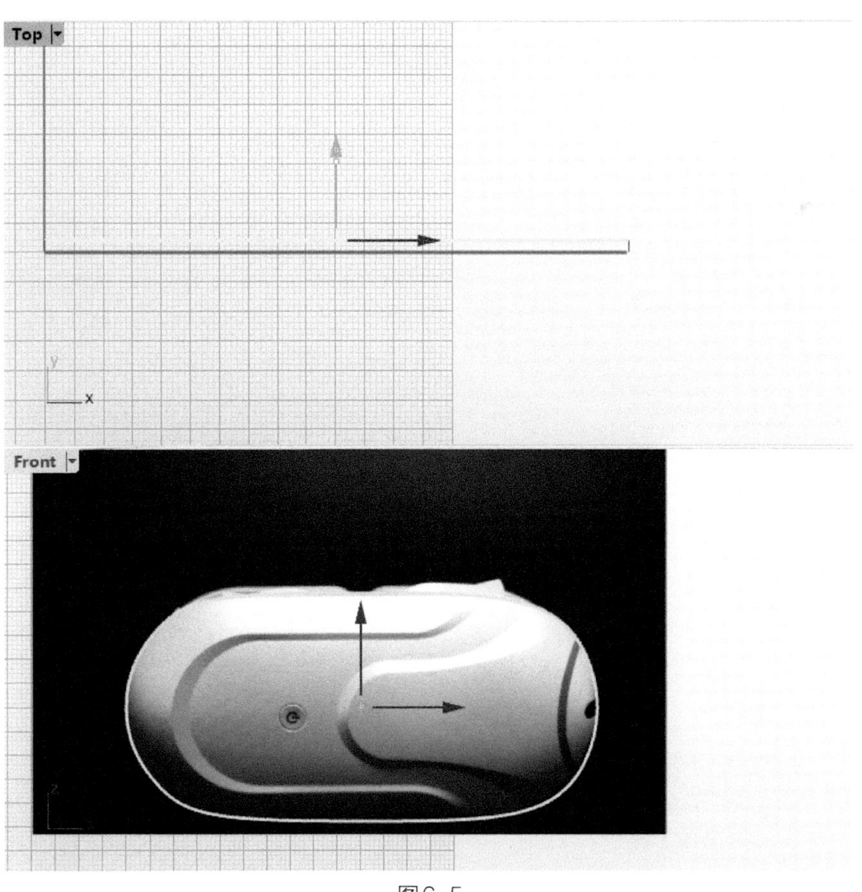

图6-5

④ 挤出一小部分曲面，接着执行 【放样】指令，建立模型基本体。如图6-6所示。

注：放样时需点选到曲面的边缘。

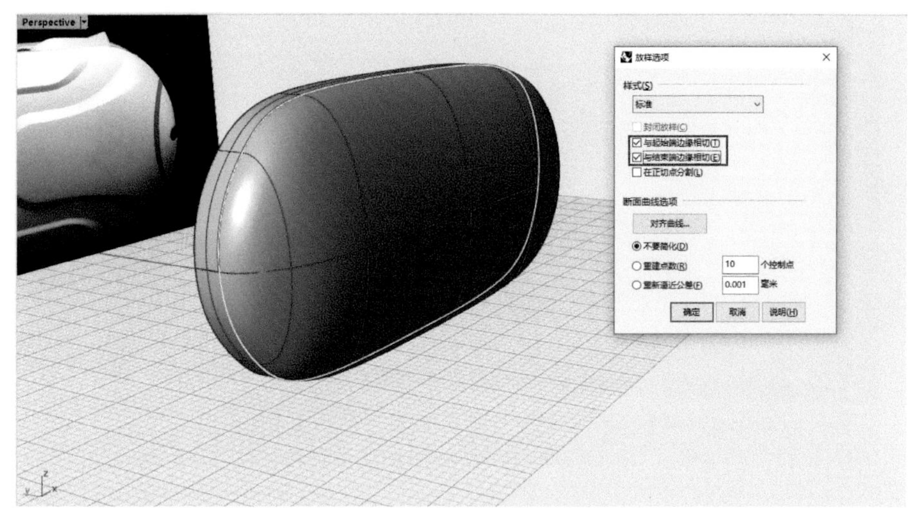

图6-6

⑤ 依据参考图绘制分割所用的曲线，如图6-7所示。

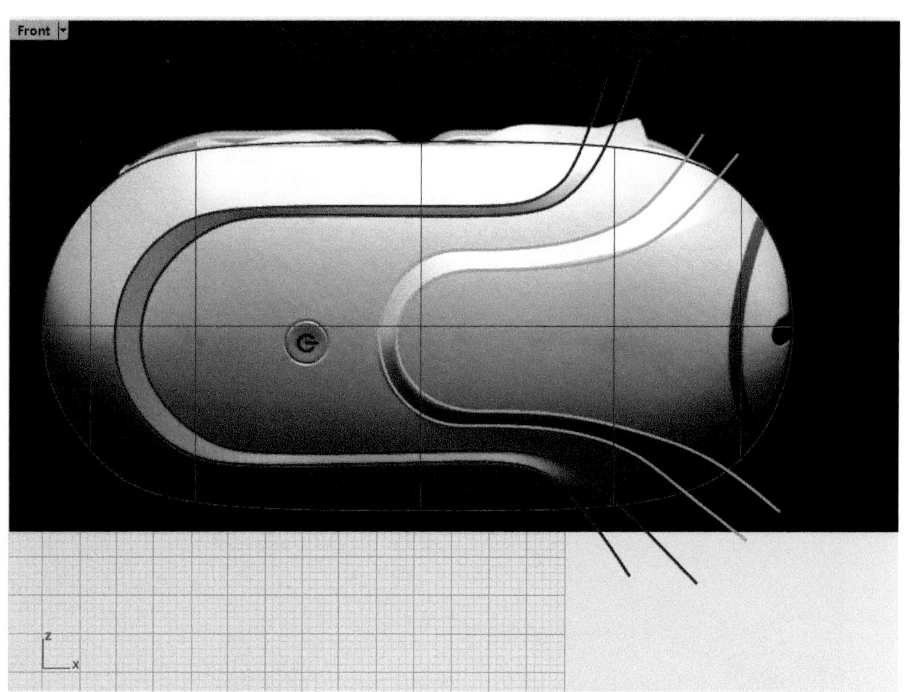

图6-7

⑥ 执行 【分割】命令，将分割后无用的曲面进行删除，如图6-8所示。

⑦ 切换至【Perspective】视图，对曲面进行 【缩回已修剪曲面】缩回曲面控制点，并打开曲面控制点后，使用操作轴往*Y*轴方向移动进行调整造型。如图6-9所示。

⑧ 使用 【混接曲面】命令进行缝合曲面工作，并完成此模型的渐消面的绘制。如图6-10所示。

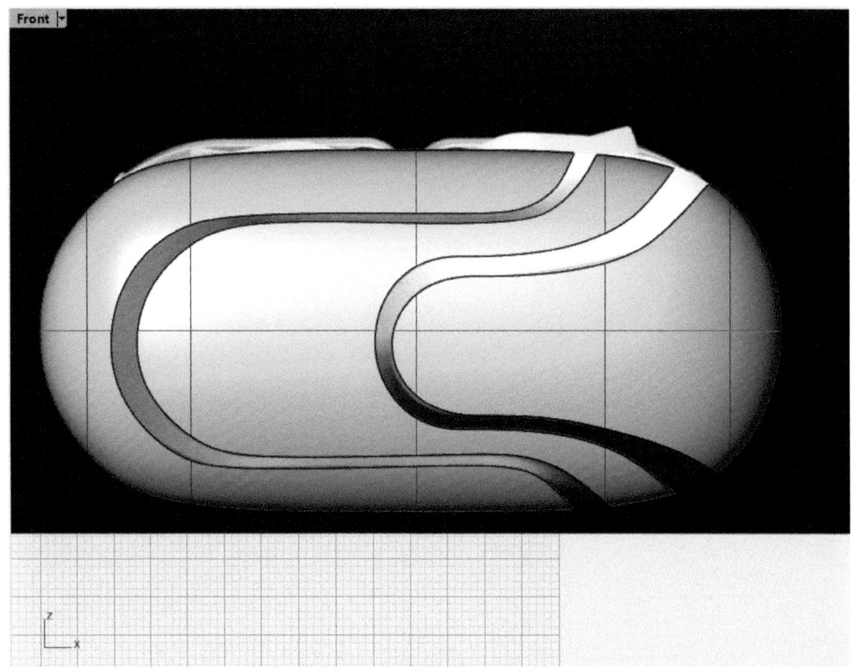

图6-8

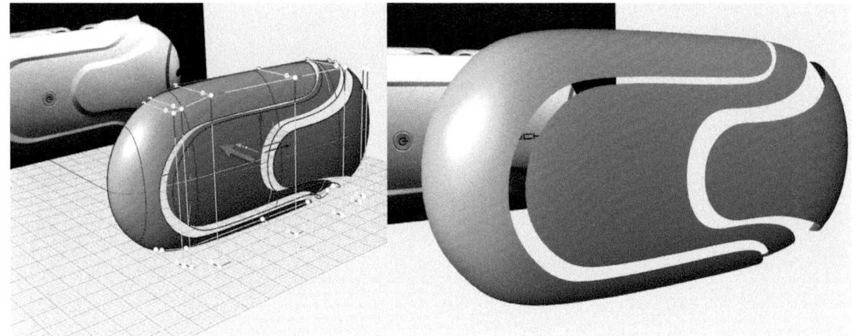
图6-9

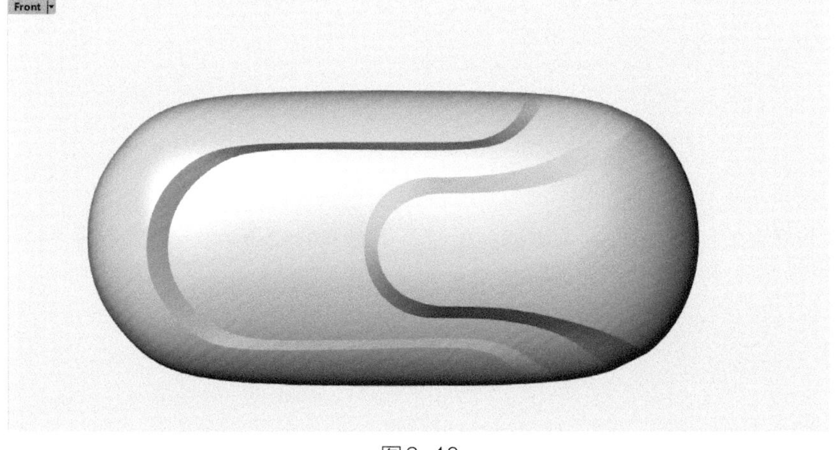

图6-10

6.3 运用曲面“ISO”线配合调点构建渐消曲面纹理

① 导入背景参考图。新建一个Rhino文档，在【Front】视图中的坐标原点，使用【控制点曲线】指令绘制一根150mm的曲线作为案例图片摆放的参考（执行命令的时候输入0即可从坐标原点处绘制曲线）。接着，使用【添加一个图像平面】指令，将案例图片依据事先绘制好的曲线参考点进行摆放，然后在【Perspective】视图用操作轴把图片往Y轴（绿色箭头方向）移动至一定距离，并执行【锁定】命令把参考图锁定或放置内图层内进行锁定。如图6-11所示。

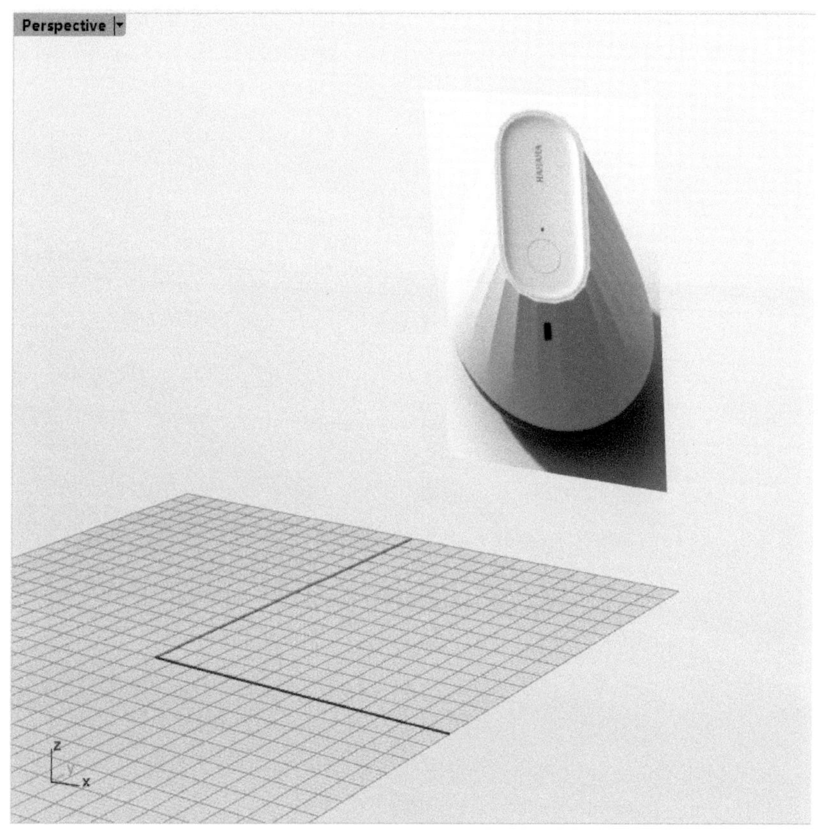

图6-11

② 优化圆角矩形线。使用【矩形：角对角】命令，在【Top】视图绘制一个矩形，并按照如图6-12所示将矩形线进行点与点的划分。

③ 使用【控制点曲线】命令，按照点的绘制进行绘制可塑的圆角矩形线，如图6-13所示。

注：除1、2、3、4位置点不经过，其余点均通过。

④ 切换至【Right】视图，绘制产品侧面轮廓曲线，如图6-14所示。

⑤ 执行【旋转成形】命令，对上一步所绘制的轮廓曲线进行旋转成面。如图6-15所示将旋转点数改为18点。此处修改点数是为了成形后的曲面下一步与顶部轮廓线进行无缝衔接。

图6-12

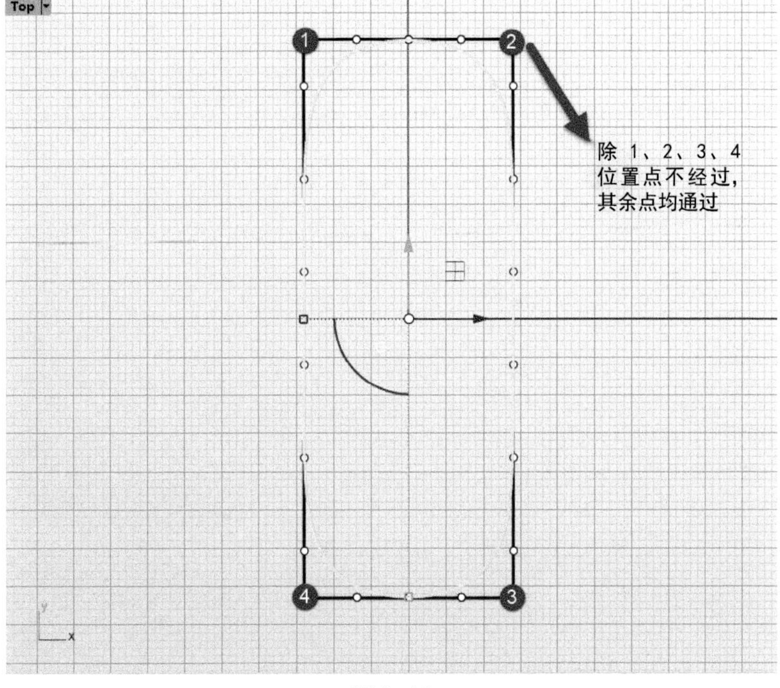

图6-13

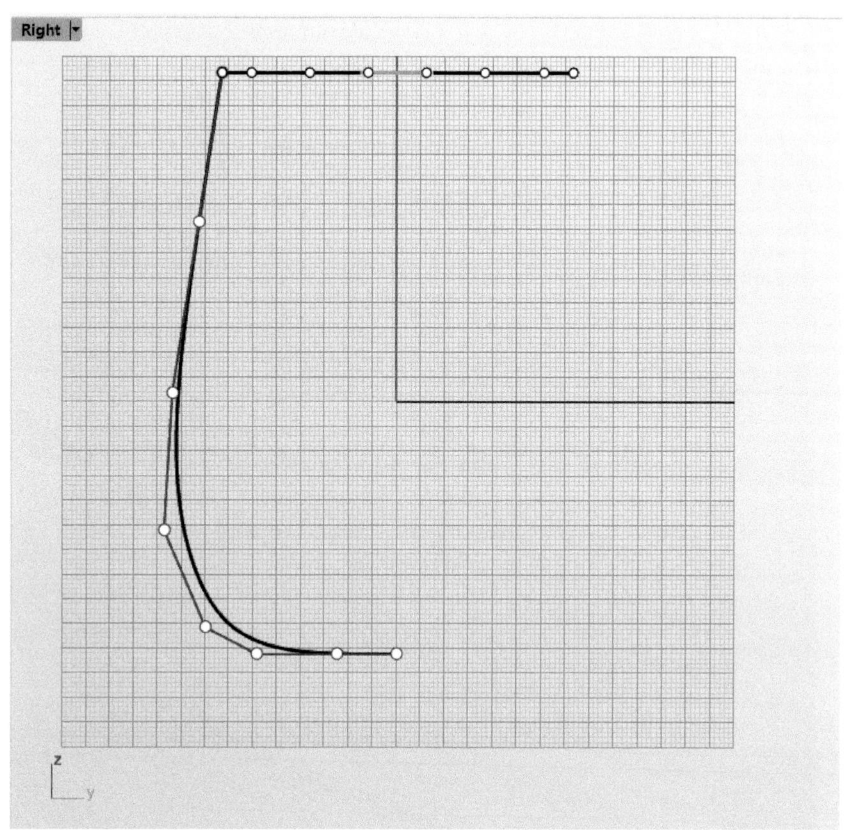
Right
z
y

图6-14

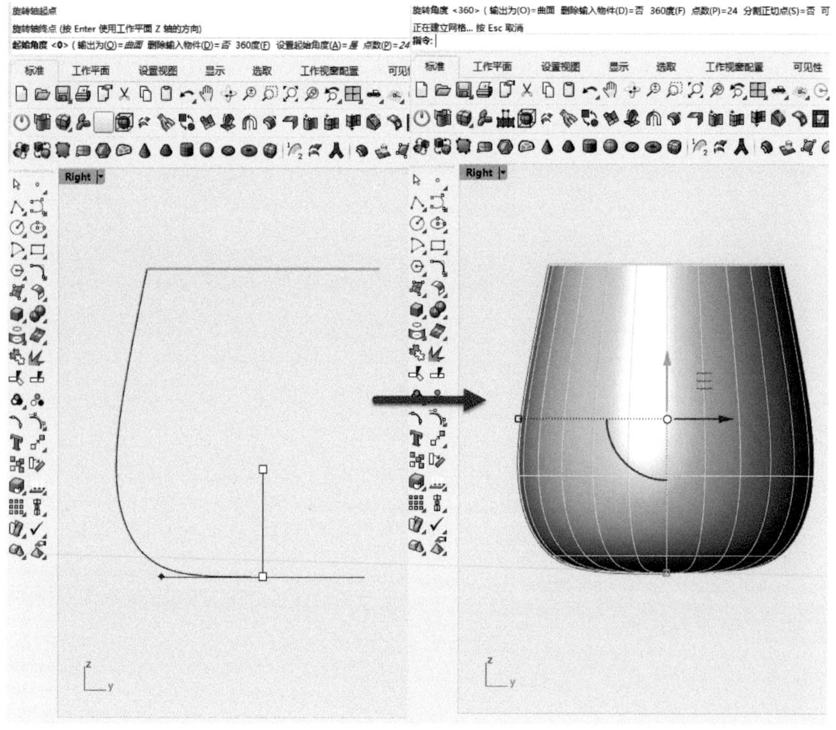
旋转轴起点
旋转轴终点 (按 Enter 使用工作平面 Z 轴的方向)
起始角度 <0> (输出为(O)=曲面 删除输入物件(D)=否 360度(F) 设置起始角度(A)=是 点数(P)=24
标准 工作平面 设置视图 显示 选取 工作视窗配置 可见
Right
z
y
旋转角度 <360> (输出为(O)=曲面 删除输入物件(D)=否 360度(F) 点数(P)=24 分割正切点(S)=否 可
正在建立网格... 按 Esc 取消
指令:
标准 工作平面 设置视图 显示 选取 工作视窗配置 可见性
Right
z
y

图6-15

⑥ 切换至【Perspective】视图中，执行 【衔接曲面】命令，进行顶部位置的造型的调整。如图6-16所示。

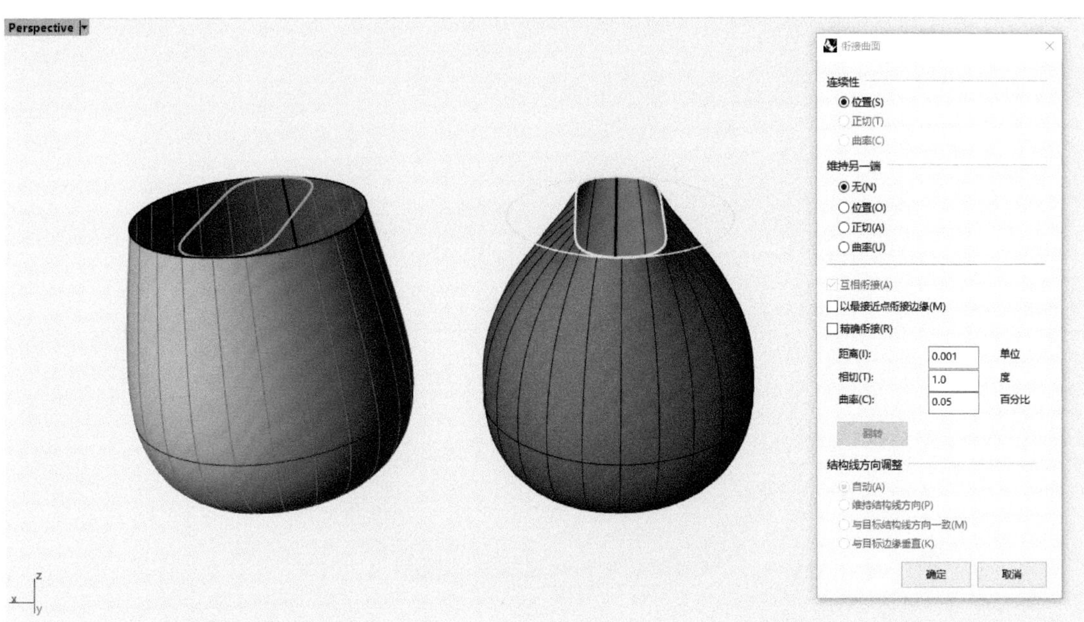

图6-16

⑦ 衔接完成后，开启曲面的控制点，进行造型微调。如图6-17所示。

图6-17

⑧ 制作纹理部分。使用 ⊥【以结构线分割曲面】命令，按照结构线的位置进行分割曲面。点击【缩回=否】修改成【缩回=是】，如图6-18所示将底部分割开。

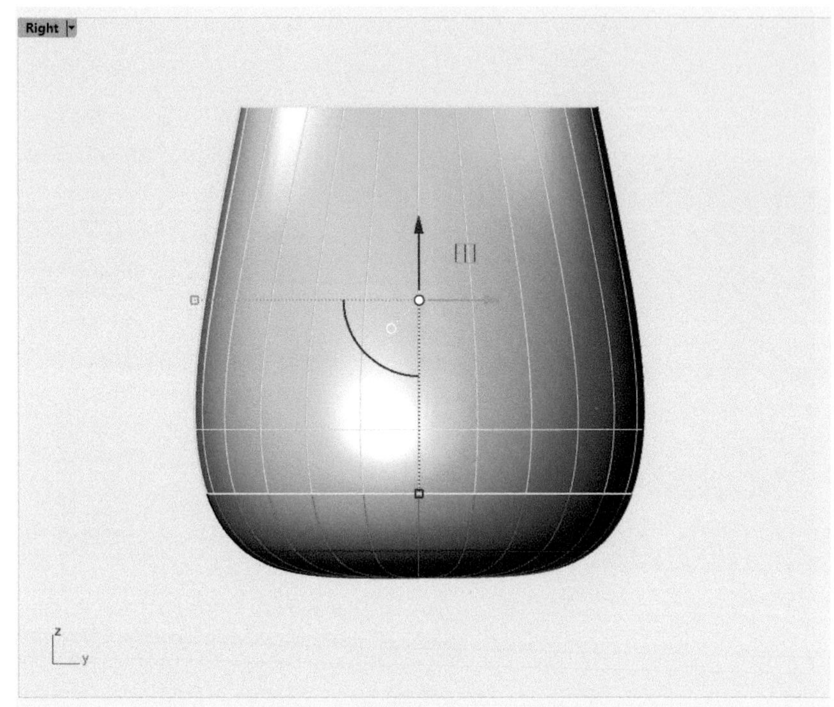

图6-18

分割纹理部分，如图6-19所示。

图6-19

⑨ 打开曲面的控制点，只选择每块曲面内部的控制点，边缘控制点无须选取。如图6-20所示。

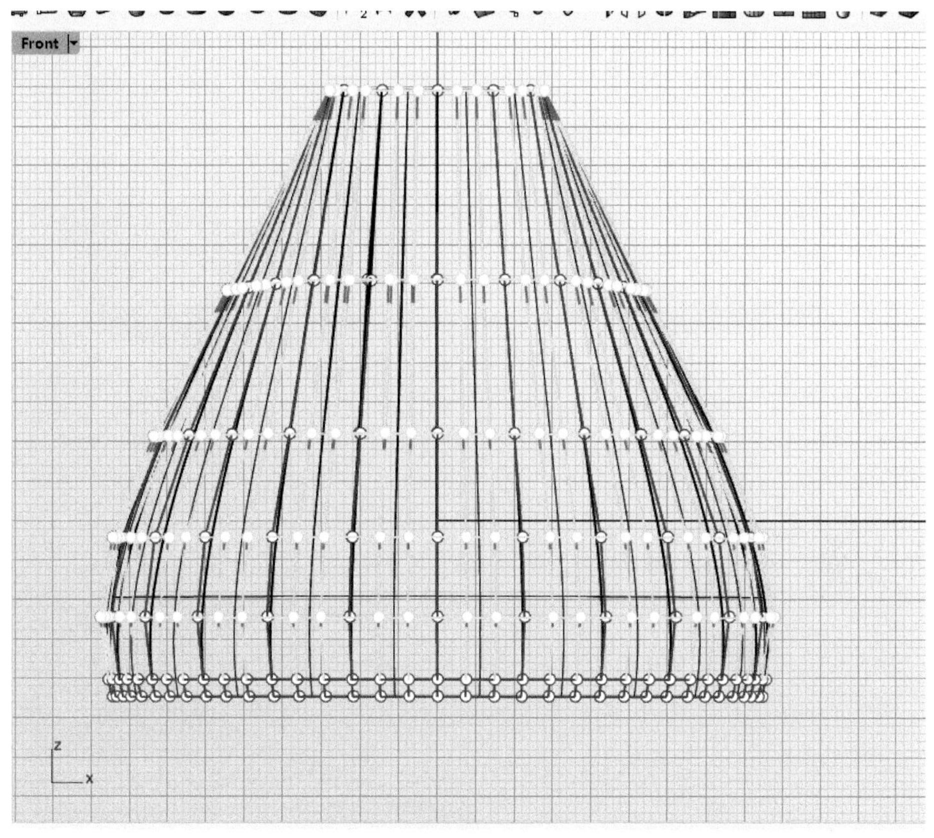

图6-20

⑩ 在选取着曲面控制的同时，执行【UVN移动】命令对曲面控制点进行统一调整，拖动N方向的滑杆，往左轻微滑动即可。如图6-21所示。

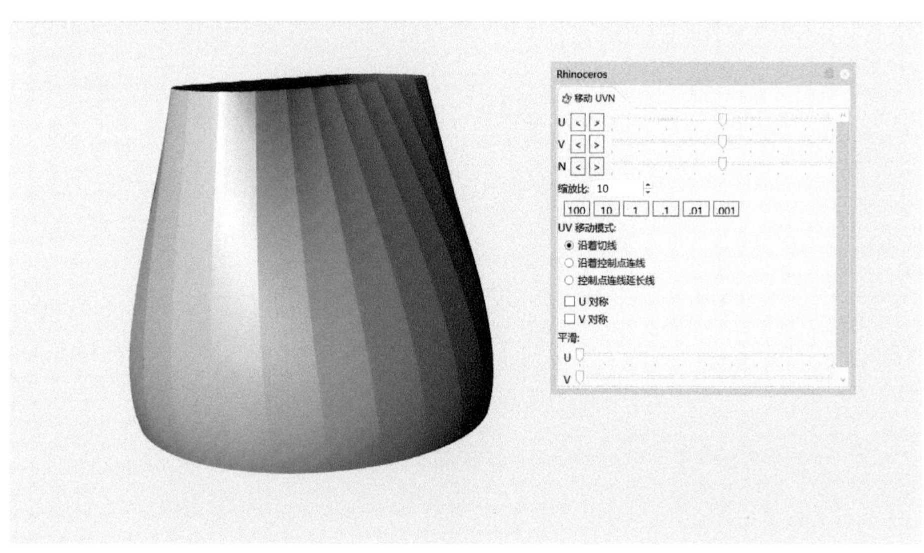

图6-21

⑪ 曲面纹理渐消制作完成。如图6-22所示。

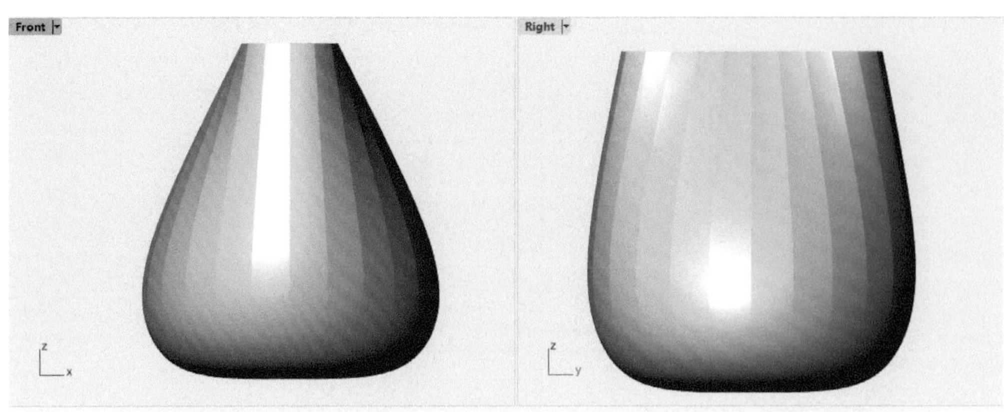

图6-22

注：制作此部分纹理渐消时还可以运用曲面流动制作，具体方法读者可以参考5.3节的“（2）【沿着曲面流动】指令的介绍与实战”部分。

类似方法建模案例拓展如图6-23所示。

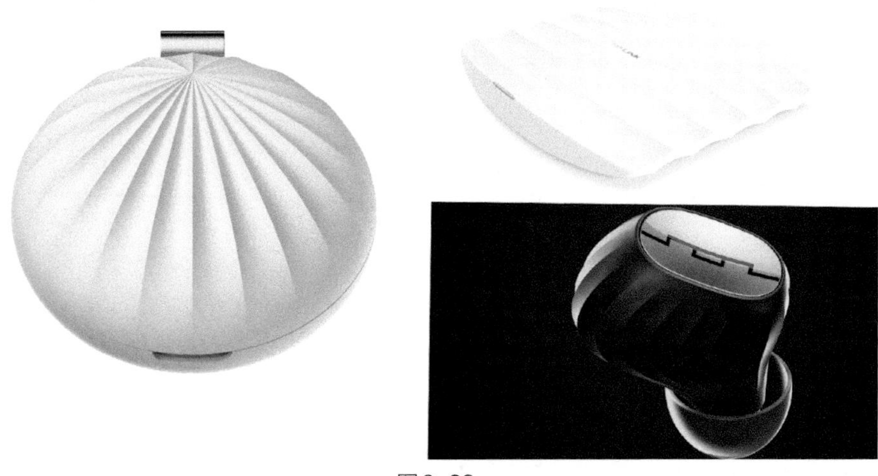

图6-23

7

路由器建模案例

素材与源文件

Rhino

① 前期准备。在建任何模型的时候，都应当先检查好建模文档的环境以及公差，因为复杂模型与简单模型相比，在进行着色显示等操作行为时，都会产生较多的面数，造成文件体积较大和Rhino运行速度变慢的后果。所以在进行每次建模前期的准备工作时，我们应当配置好基础文档，如建模的公差、模型的显示精度设置等。如图7-1所示，模型的单位及公差可以点击【选项】指令进行调整。

Rhino 选项

文件属性
单位
附注
格线
剖面线
网格
网页浏览器
位置
线型
渲染
用户文件文本
注解样式
Rhino 选项
Cycles
RhinoScript
别名
材质库
插件程序
高级
更新与统计
工具列
候选列表
建模辅助
键盘
警示器
视图
授权
鼠标
外观
文件
闲置处理
一般

单位与公差
模型单位(U): 毫米
绝对公差(T): 0.001 单位
角度公差(A): 1.0 度
自定义单位
名称(N): 毫米
每米单位数(M): 0.001
距离显示
十进制(D)
分数(F)
英尺 & 英寸(I)
显示精确度(E): 1.000

图7-1

② 导入背景参考图。在【Front】视图中的坐标原点，使用【控制点曲线】指令绘制一根150mm的曲线作为案例图片摆放的参考（执行命令的时候输入0即可从坐标原点处绘制曲线）。接着，使用【添加一个图像平面】指令，将案例图片依据事先绘制好的曲线参考点摆放好，然后在【Perspective】视图用操作轴把图片往Y轴（绿色箭头方向）移动至一定距离，并执行【锁定】命令把参考图锁定或放置内图层内进行锁定。如图7-2所示。

图7-2

③ 绘制曲线轮廓。使用【控制点曲线】命令，依据参考图绘制4 根3阶4点的轮廓曲线，如图7-3所示。

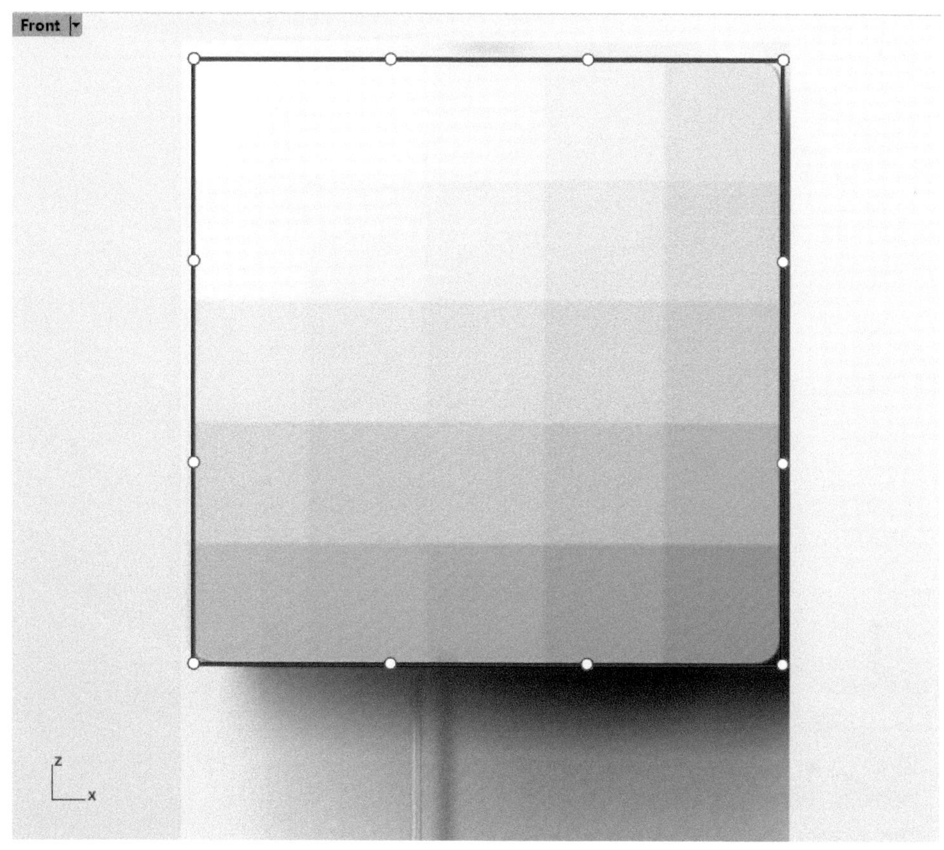

图7-3

④ 调整曲线造型。分别选择4根轮廓曲线内部的2个控制点，切换【Top】使用，使用操作轴轻微移动调整好曲线的弧度。如图7-4所示。

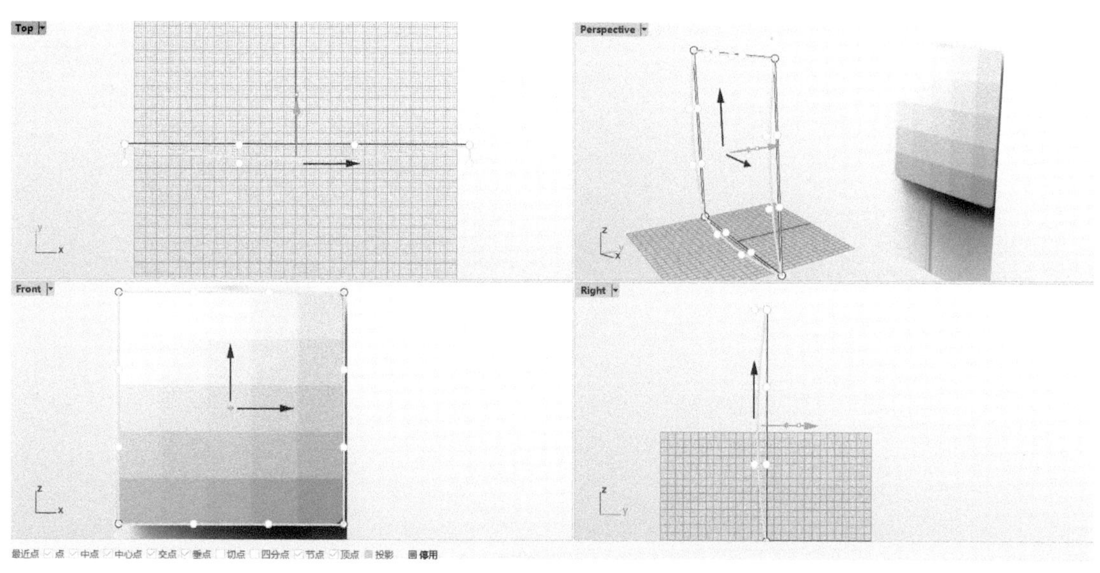

图7-4

⑤ 使用 【以二、三或四个边缘曲线建立曲面】命令，依次选取4根曲线建立曲面。如图7-5所示。

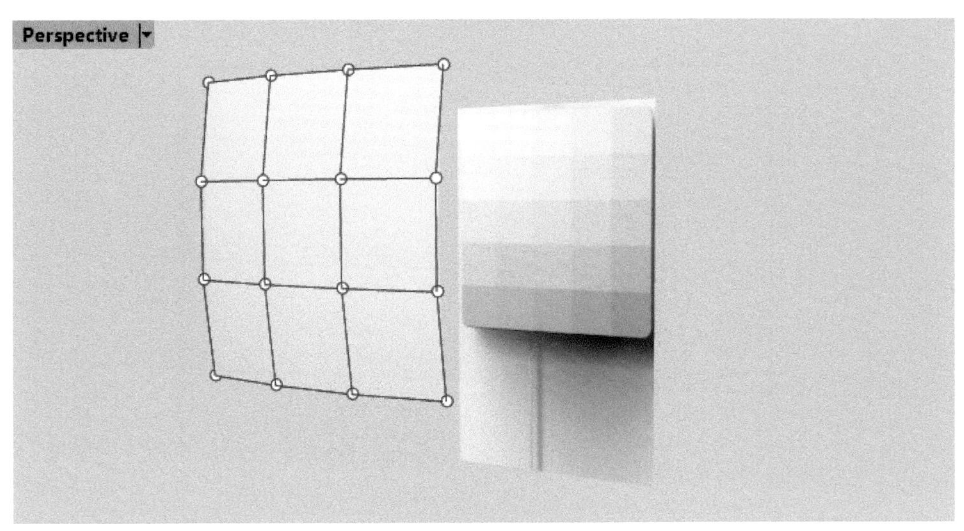

图7-5

⑥ 制作顶部厚度。选择曲面使用【偏移曲面】命令，偏移距离为3的厚度曲面，如图7-6所示。

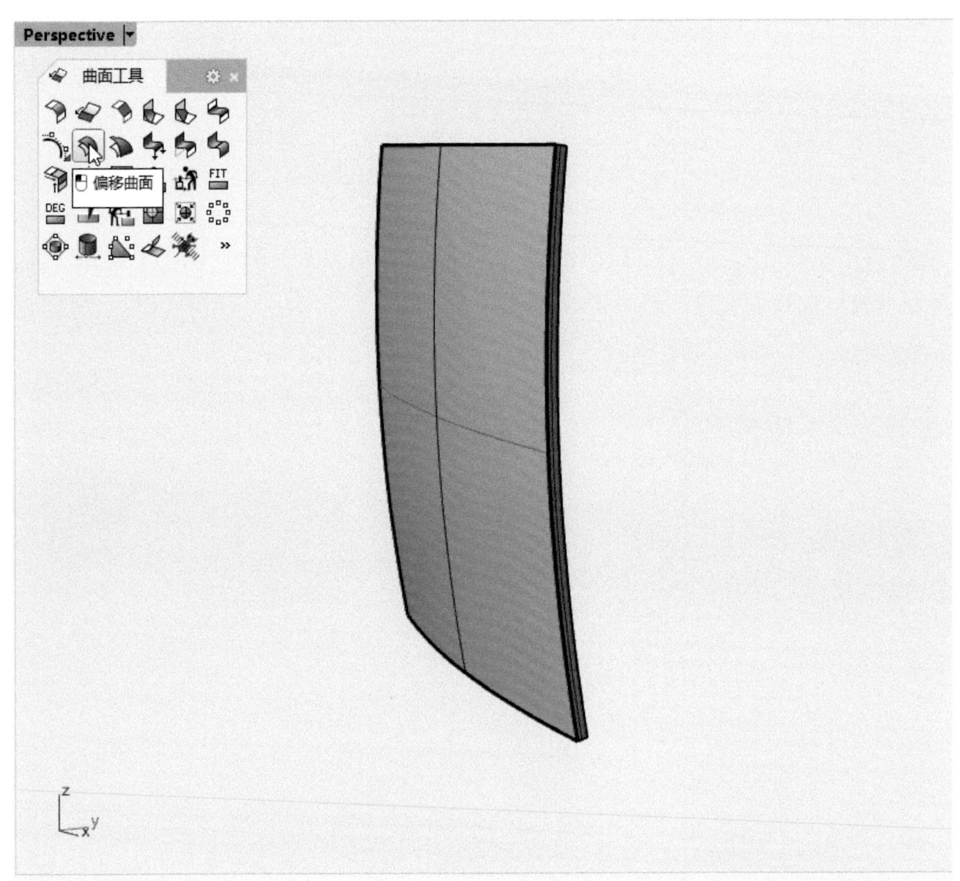

图7-6

⑦ 制作曲面纹理。使用【抽离曲面】命令，将制作纹理所需的曲面从顶部实体中抽离出来，接着使用【重建曲面的U或V方向】命令，对曲面进行U方向重建，如图7-7所示。

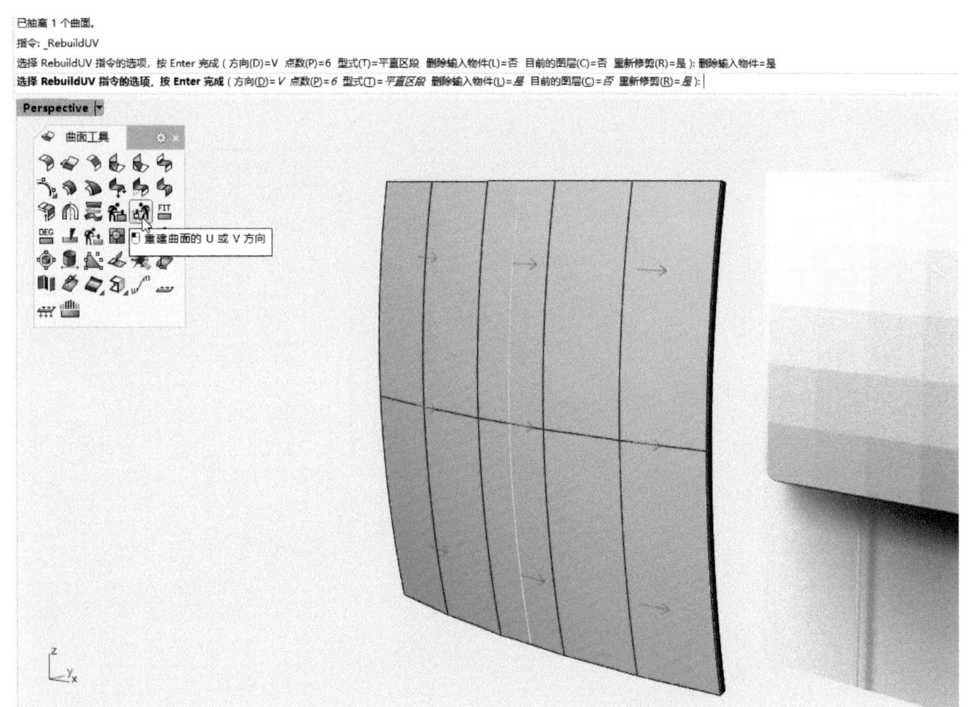

图7-7

⑧ 继续使用【重建曲面的 U 或 V 方向】命令，对曲面进行V方向重建。如图7-8所示为重建完成后的效果。

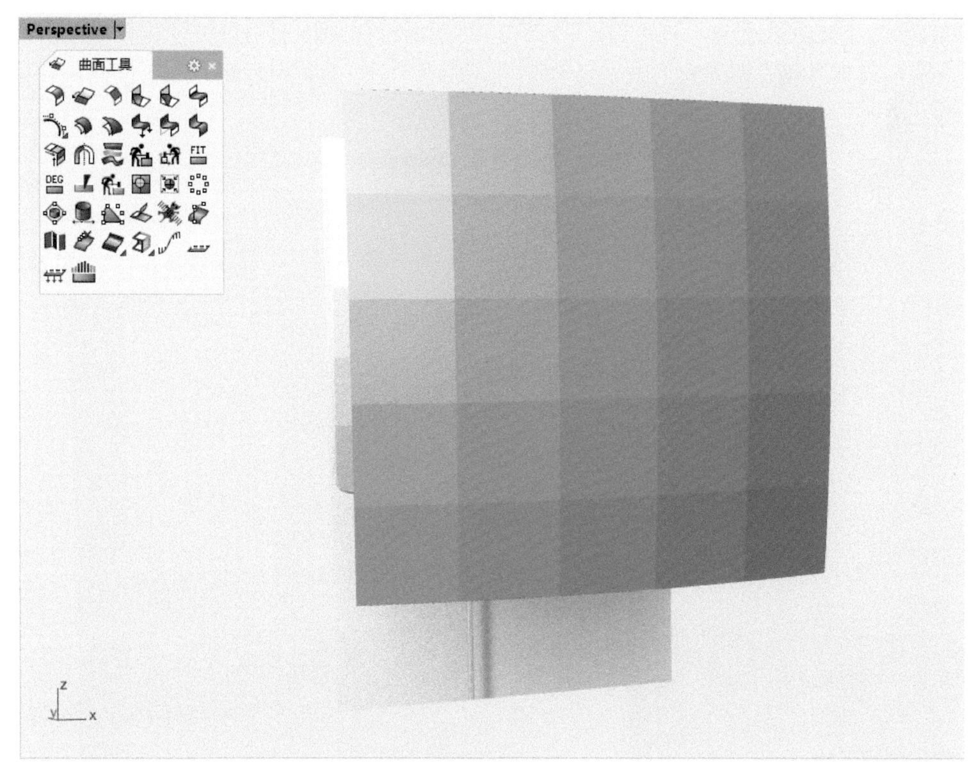

图7-8

⑨ 使用【沿着锐边分割曲面】命令，将重建UV方向后的曲面分割成一块一块的小曲面，如图7-9所示。

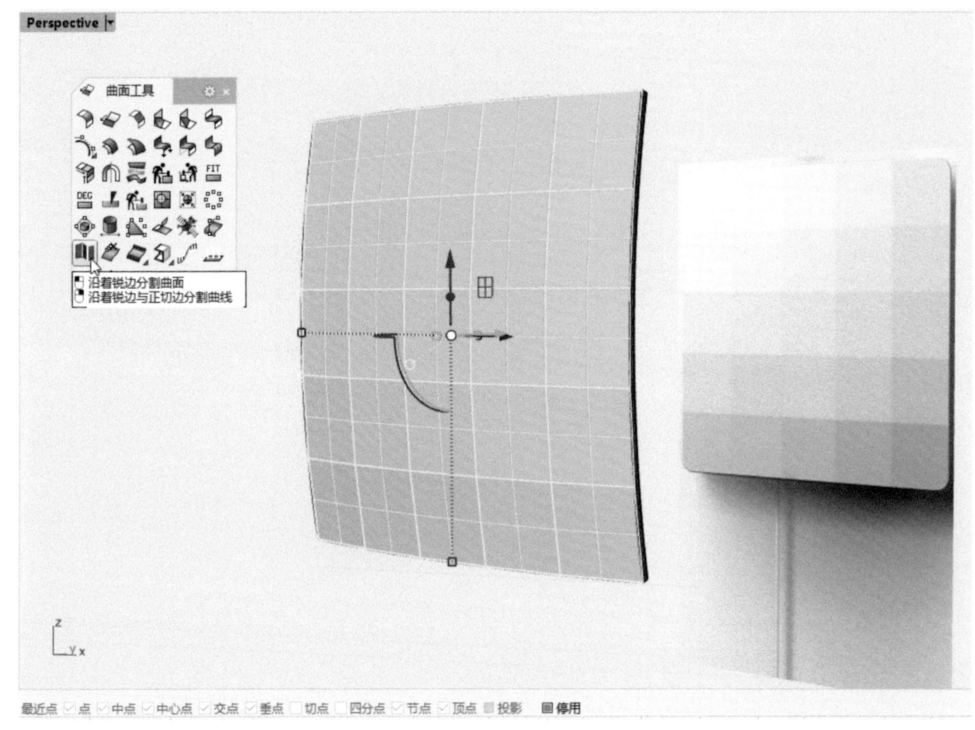

图7-9

⑩ 使用【修剪】命令，将重建UV方向后的曲面与原实体造型进行互相修剪工作，因曲面抽离重建U与V方向后曲面有所变动，修剪完成后使用【组合】命令，将曲面全部进行组合。如图7-10所示。

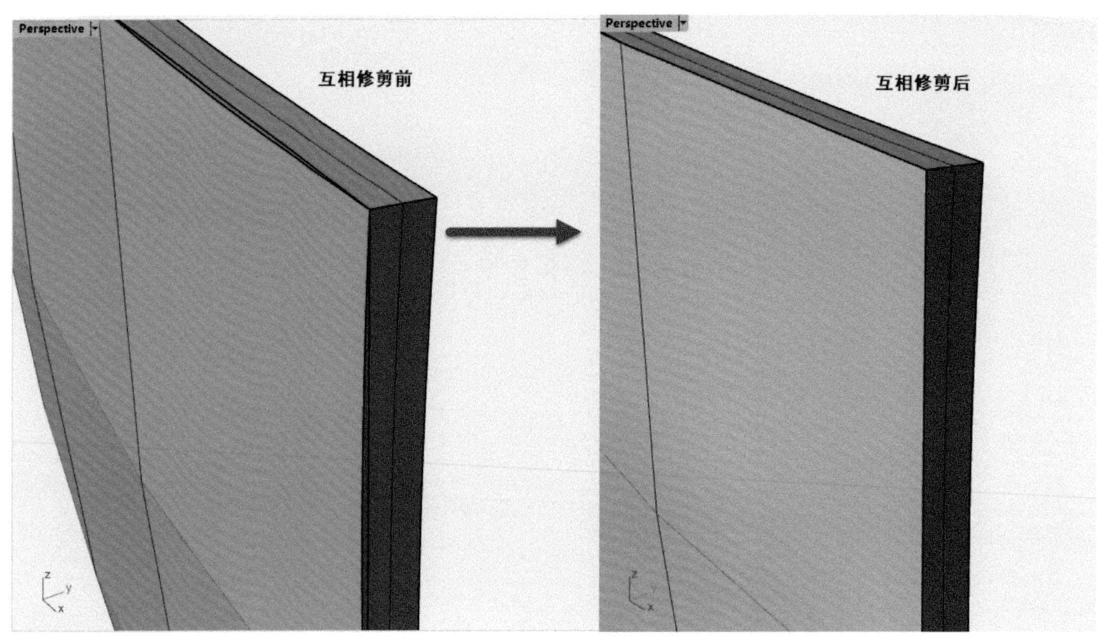

图7-10

⑪ 模型顶部部分制作完成，如图 7-11 所示。

图7-11

⑫ 制作模型底部造型。选择顶部造型边缘使用【复制边缘】命令，复制出边缘曲线并执行【直线挤出】命令，挤出小段曲面。如图 7-12 所示。

图7-12

⑬ 开启曲面控制点，使用【设置XYZ坐标】命令，对齐底部造型，如图7-13所示。

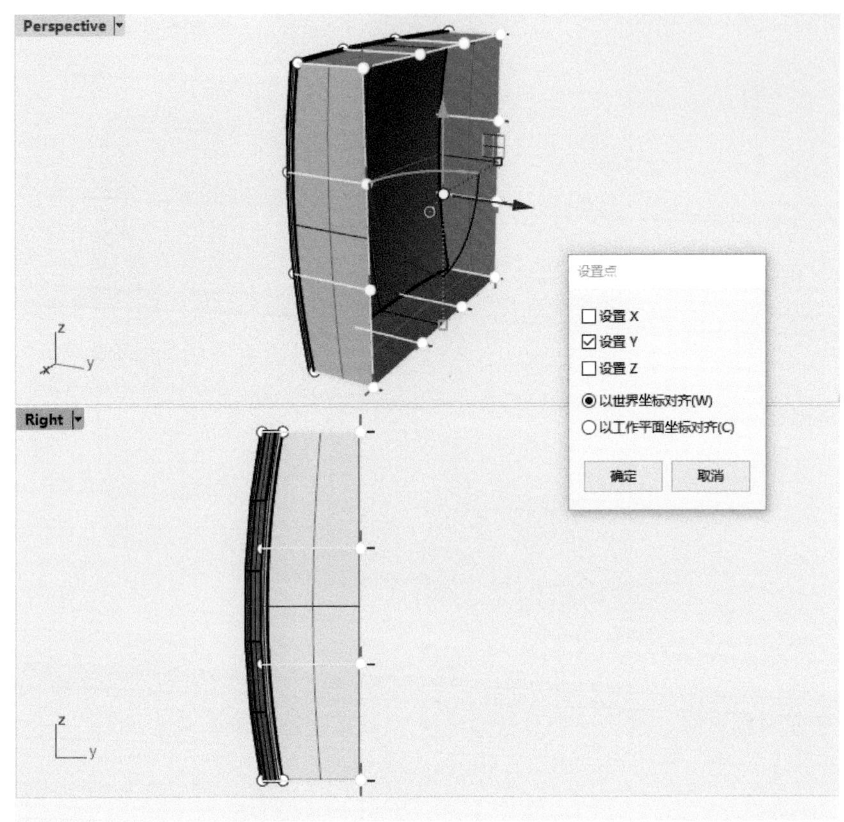

图7-13

⑭ 对曲面进行【更改曲面阶数】，将U方向更改为2阶3点。接着在【Perspective】视图中选中曲面的边缘控制点，使用操作轴的缩放轴配合键盘的【Shift】进行等比缩放调整造型。如图7-14所示。

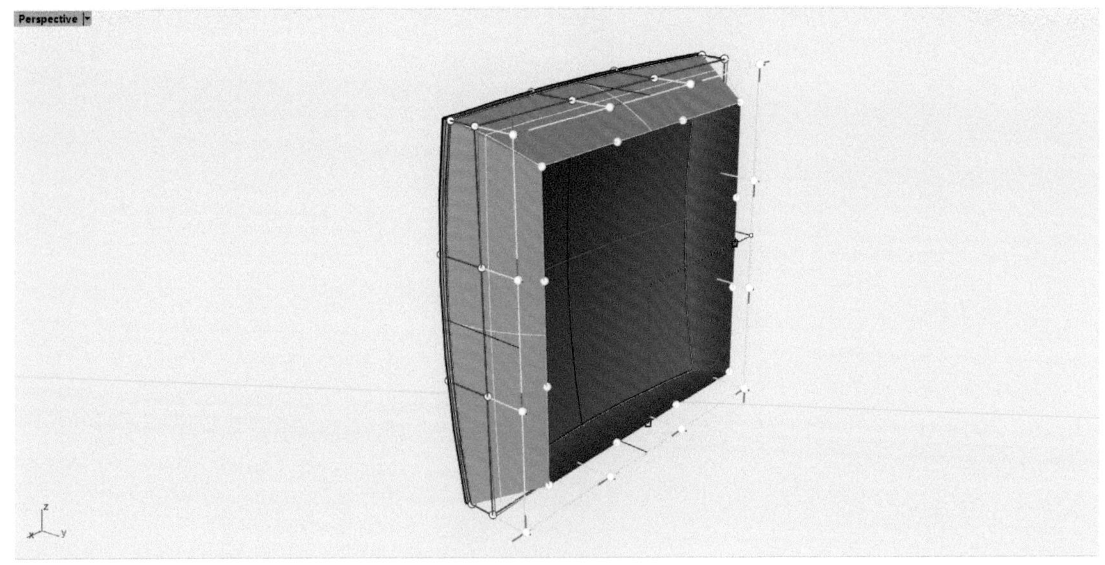

图7-14

⑮ 使用 【以二、三或四个边缘曲线建立曲面】命令，对底部缺口进行封面处理；成面后开启曲面控制点，对底部进行微调，调整得微弧后进行组合。如图7-15所示。

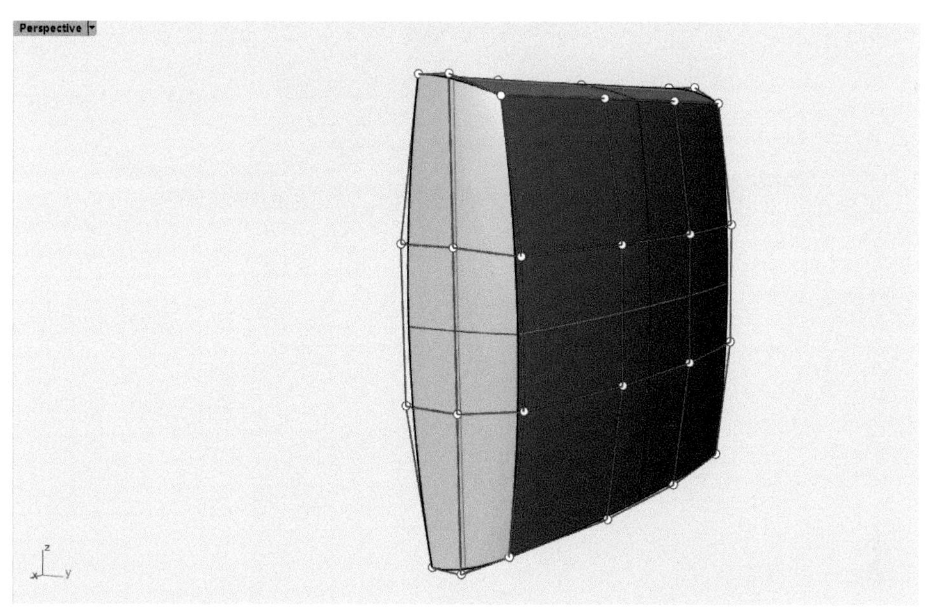

图7-15

⑯ 隐藏模型顶部区域，继续使用 【以二、三或四个边缘曲线建立曲面】命令，对缺口进行封面并做组合处理。如图7-16所示。

图7-16

⑰ 制作网线接口细节。此时可以将细节参考图使用 【添加一个图像平面】指令，将图片导入【Front】视图中，参考绘制并调整好参考图在【Perspective】视图中的位置。接着使用Rhino中绘制几何图形的指令进行绘制；如使用 【矩形：角对角】与 【圆：中心点、半径】命令绘制这种标准的形态。如图7-17所示。

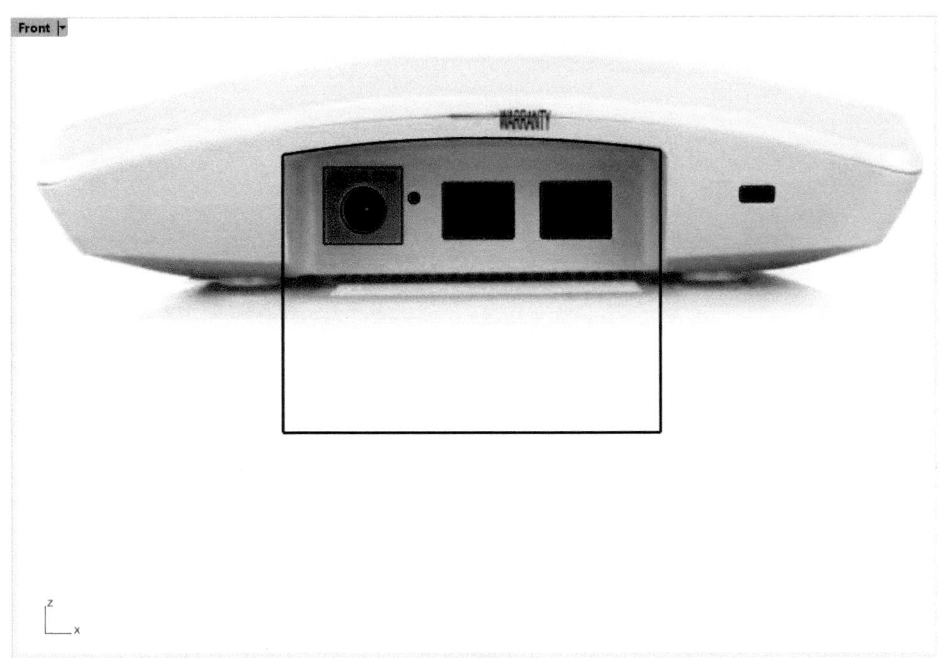

图7-17

⑱ 绘制完成，移动至绘制好的模型主体的位置上。对大的线框进行【直线挤出】操作，挤出成实体。如图7-18所示。

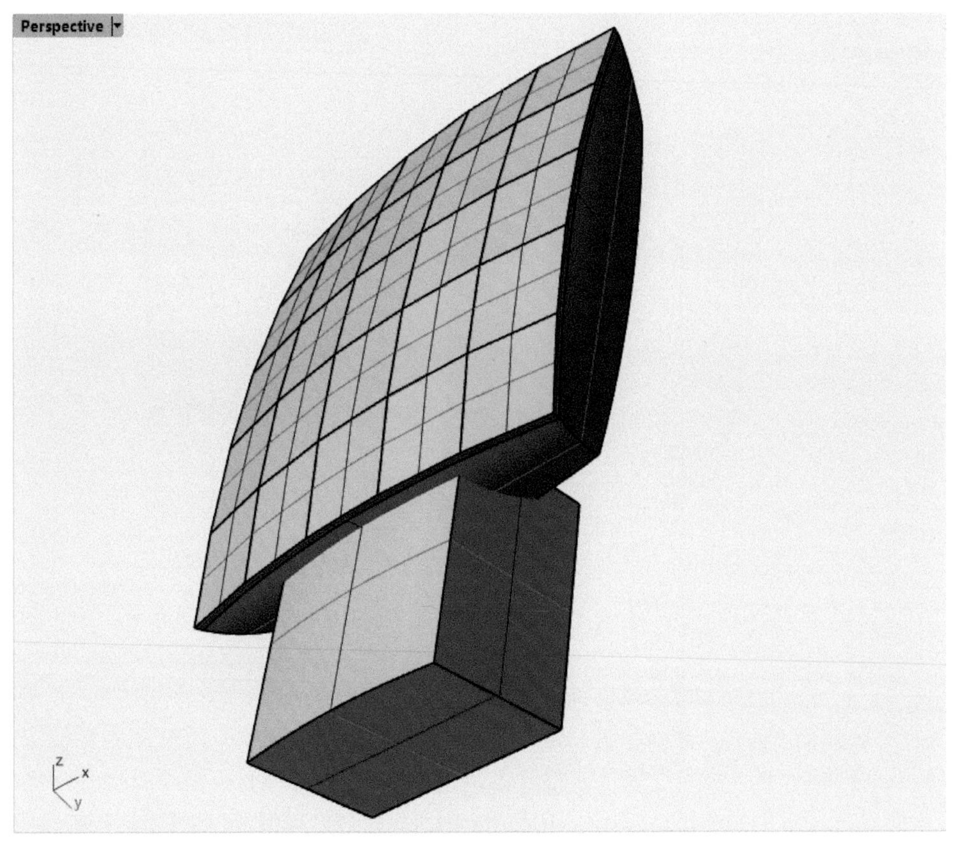

图7-18

⑲ 执行【布尔运算差集】命令，选取要减去其他物件的曲面或多重曲面，按【Enter】完成。如图7-19所示。

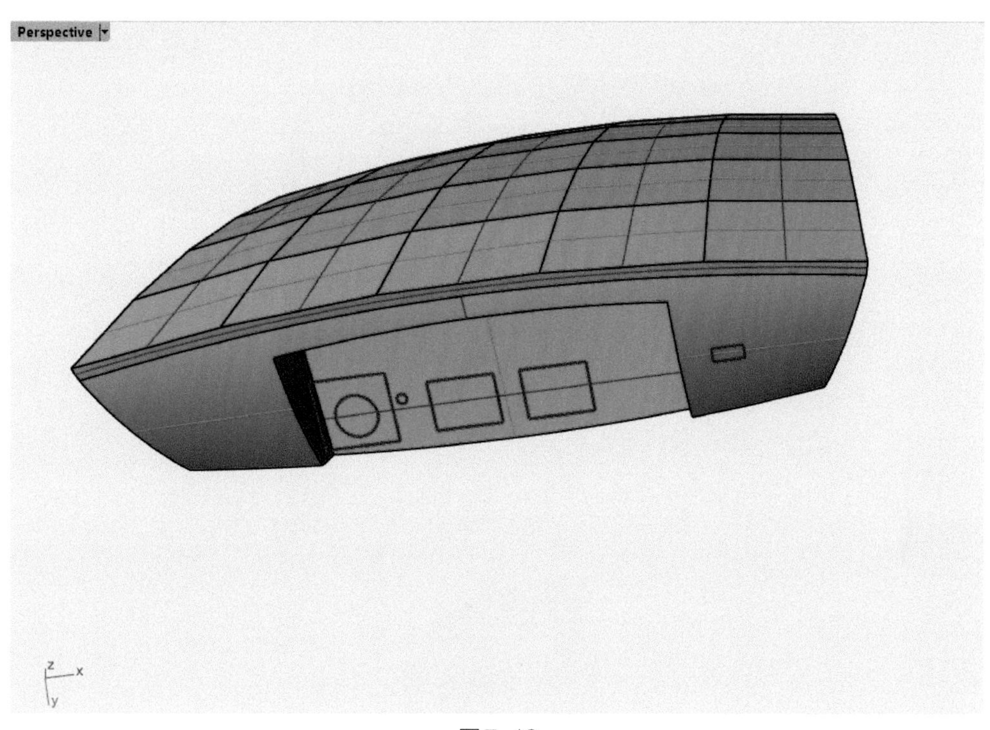

图7-19

⑳ 依次对小缺口细节进行实体的布尔运算操作，在此推荐使用【布尔运算分割】命令。此步骤与前面步骤同理，故不多做赘述。如图7-20所示为最终效果。

图7-20

㉑ 布尔完成后配合【边缘圆角】命令，先对此细节处做实体圆角处理，此处圆角半径系数=0.5。如图7-21所示。

图7-21

㉒ 切换至【Right】视图，制作路由器侧面格栅，使用 【圆角矩形】命令，绘制圆角矩形线框，如图7-22所示。

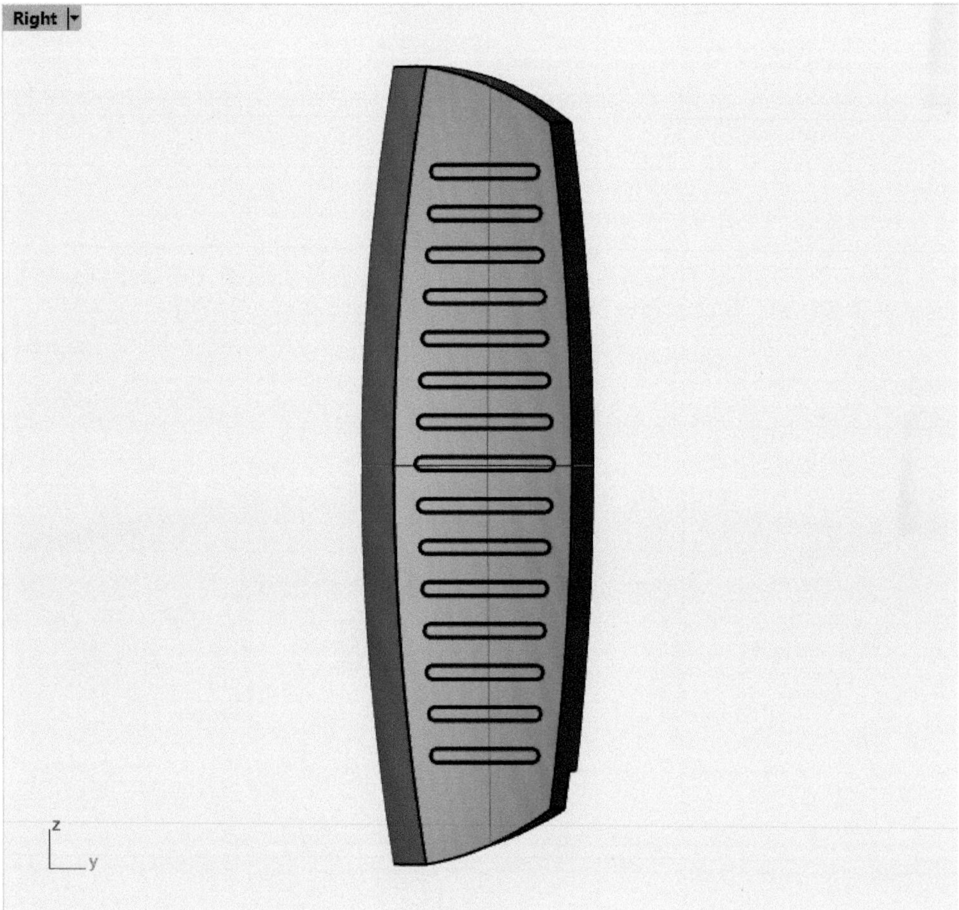

图7-22

㉓ 对绘制好的圆角矩形线框执行 【直线挤出】命令，挤出成实体，并做 【镜像】命令，镜像复制出另一侧制作格栅的物件。如图7-23所示。

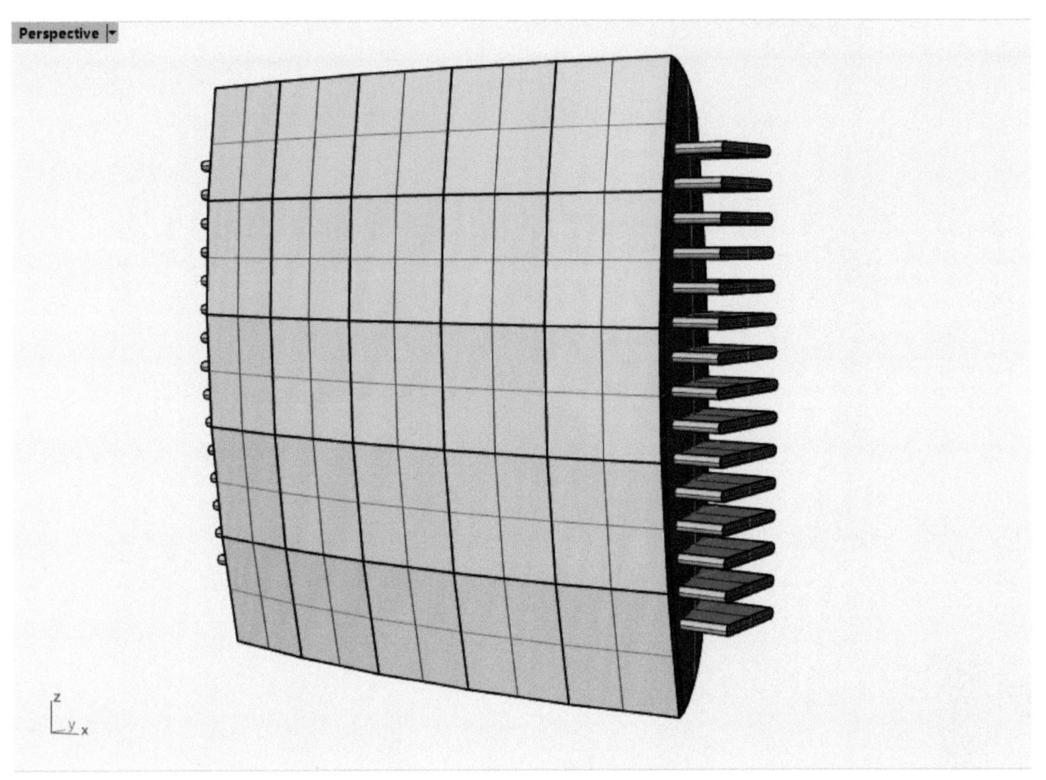

图7-23

㉔ 执行【布尔运算分割】命令，布尔出格栅孔。并配合【边缘圆角】命令，先对此细节处做实体圆角处理，此处圆角半径系数=0.5。如图7-24所示。

㉕ 底部区域制作，使用【圆：中心点、半径】命令，绘制4个圆形线框并执行【直线挤出】命令，挤出成实体，如图7-25所示。

㉖ 对模型顶部细节进行整体优化并对未圆角的边缘使用【边缘圆角】命令，进行实体圆角化处理。先倒大角，系数为7。如图7-26所示。

㉗ 执行【边缘圆角】命令。对顶部部分进行整体圆角，圆角系数为0.5。如图7-27所示。

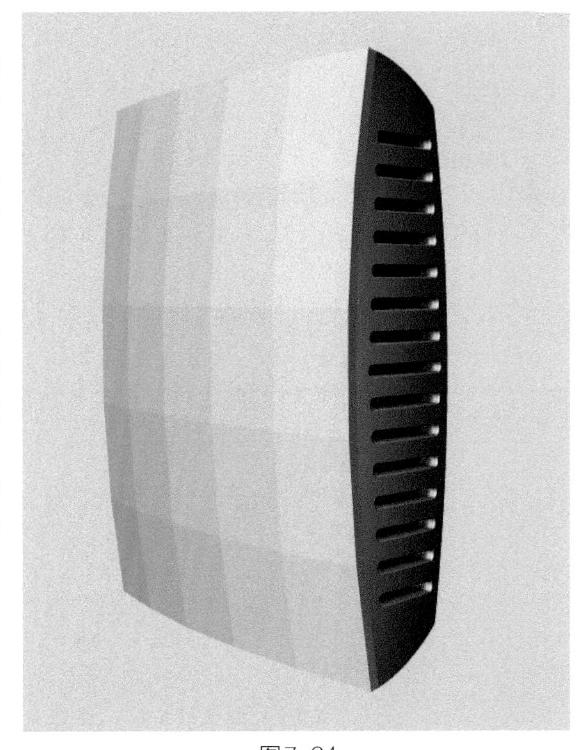

图7-24

图7-25

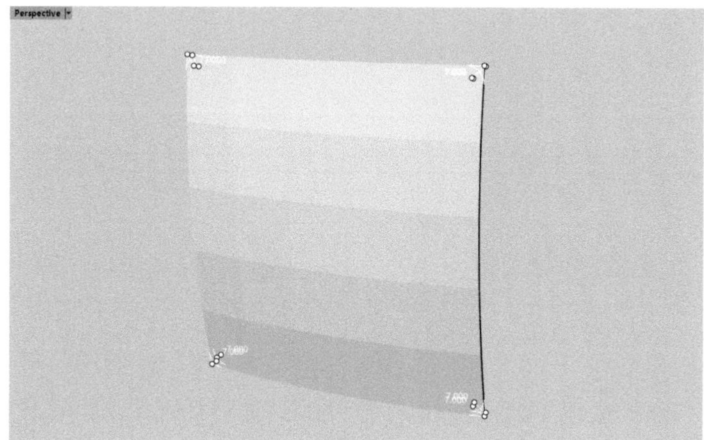

图7-26

图7-27

㉘ 对模型底部细节进行整体优化并对未圆角的4个边缘使用【边缘圆角】命令，进行实体圆角化处理。倒角系数与顶部4个角的系数相同，均为7。如图7-28所示。

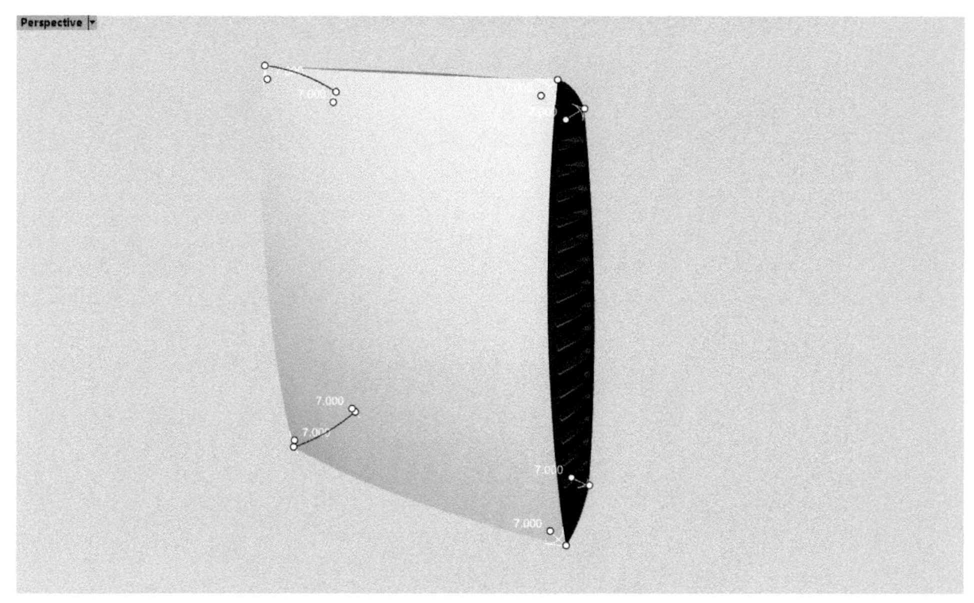

图7-28

㉙ 与顶部相邻的边缘，圆角系数与顶部边缘圆角系数相同，均为0.6。如图7-29所示。

㉚ 完成接口处的模型圆角工作，此处圆角需分开处理，遵循“先倒大角后倒小角”的规律。如图7-30所示。

㉛ 对剩余的未圆角边缘进行圆角处理，圆角系数=1。如图7-31所示。

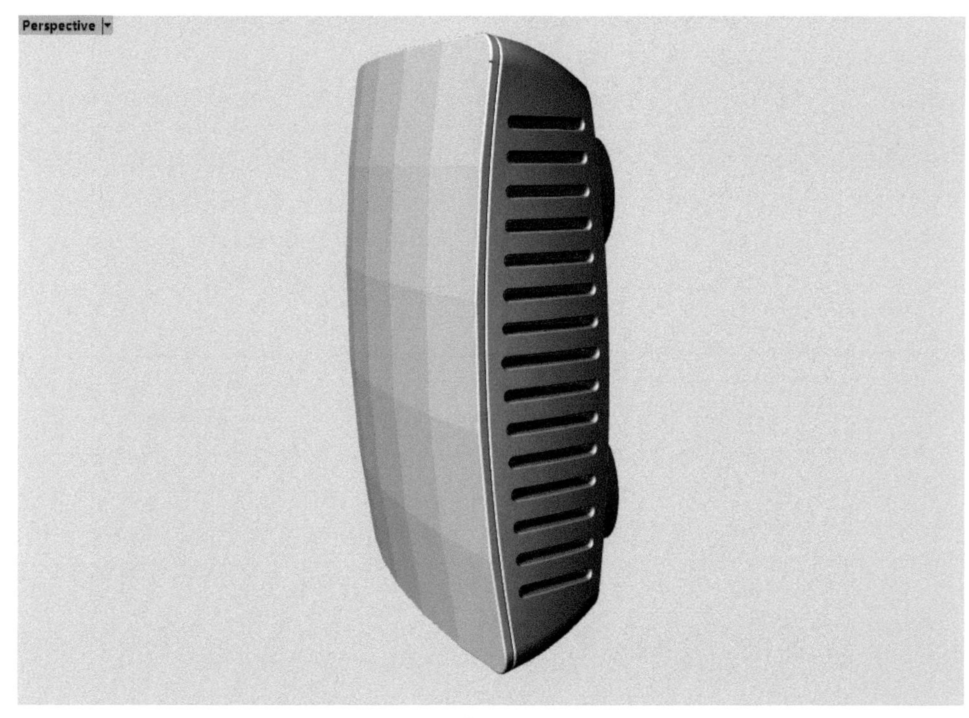

图7-29

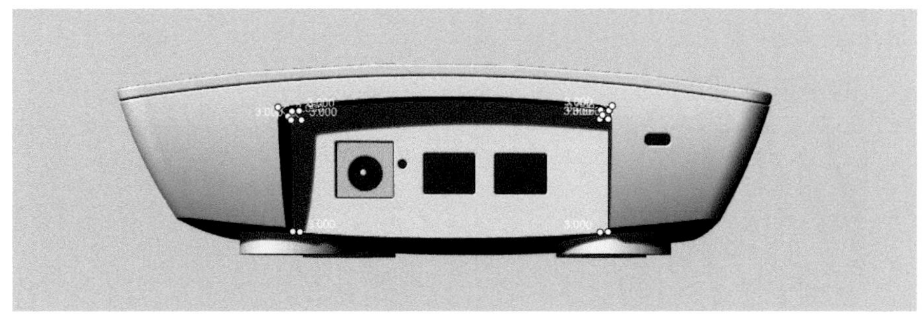

图7-30

图7-31

㉜ 至此，模型制作完毕。最终效果如图7-32所示。

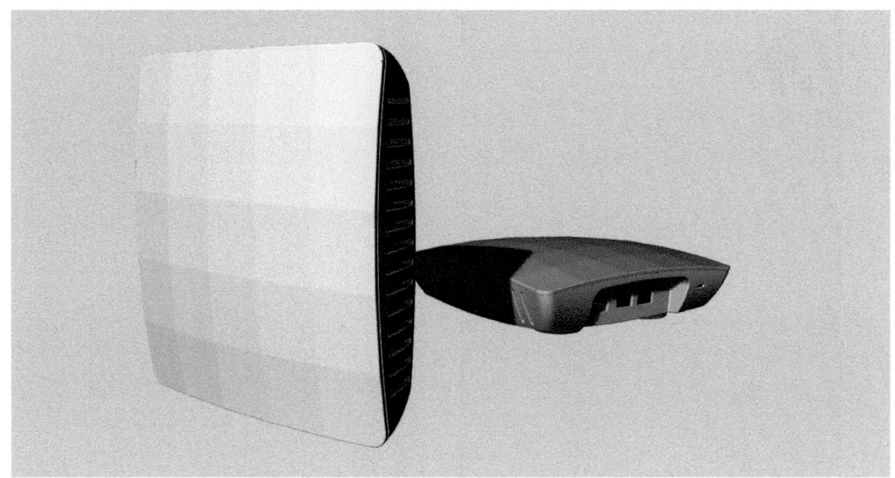

图7-32

8

电熨斗建模案例

素材与源文件

Rhino

① 建模准备工作。跟前面的建模案例制作一样，在进行建模前，可以根据需要建模的模型的特点，如模型的大小、精细程度来决定建模文件的环境，使建立模型的环境达到一个最佳状态。如图8-1所示为本次建模的基本单位与公差。点击 【选项】指令，即可看到。

图8-1

② 导入背景参考图。在【Front】视图中的坐标原点，使用 【控制点曲线】指令绘制一根200mm的曲线作为案例图片摆放的参考（执行命令的时候输入0即可从坐标原点处绘制曲线）。接着，使用 【添加一个图像平面】指令，将案例图片依据事先绘制好的曲线参考点摆放好，然后在【Perspective】视图用操作轴把图片往Y轴（绿色箭头方向）移动至一定距离，并执行 【锁定】命令把参考图锁定或放置内图层内进行锁定。如图8-2所示。

注：在面对只有一张效果图建模练习时，其他角度我们通常需要猜想与自定义，可能会与实际的模型有一定的差异，但这并不影响大家建模水平的提升。这也是大家学习建模时需要额外掌握的技术。

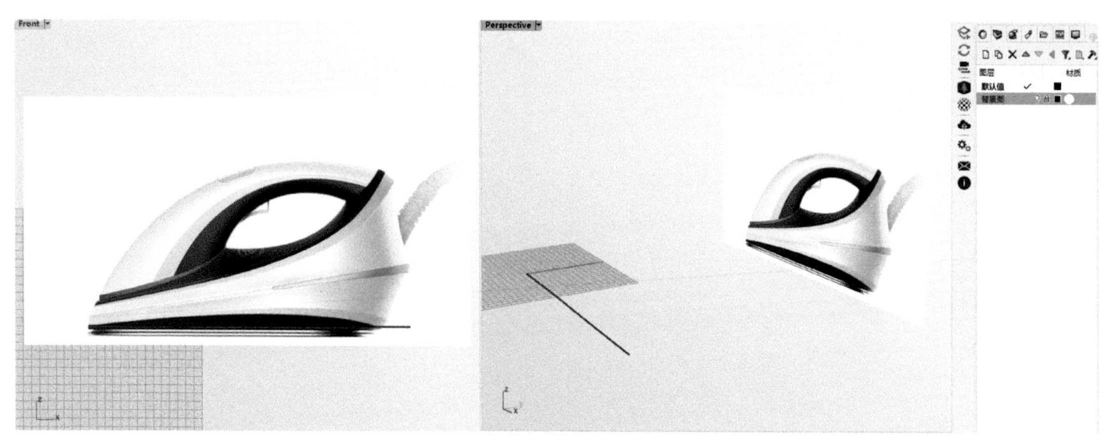

图8-2

③ 在【Front】与【Top】视图中使用 【控制点曲线】指令绘制一根3阶4点的空间曲线。并开启曲线的控制点，选取需要调整的曲线控制点，使用操作轴的移动轴对曲线进行微调使其对准参考图。如图8-3所示。

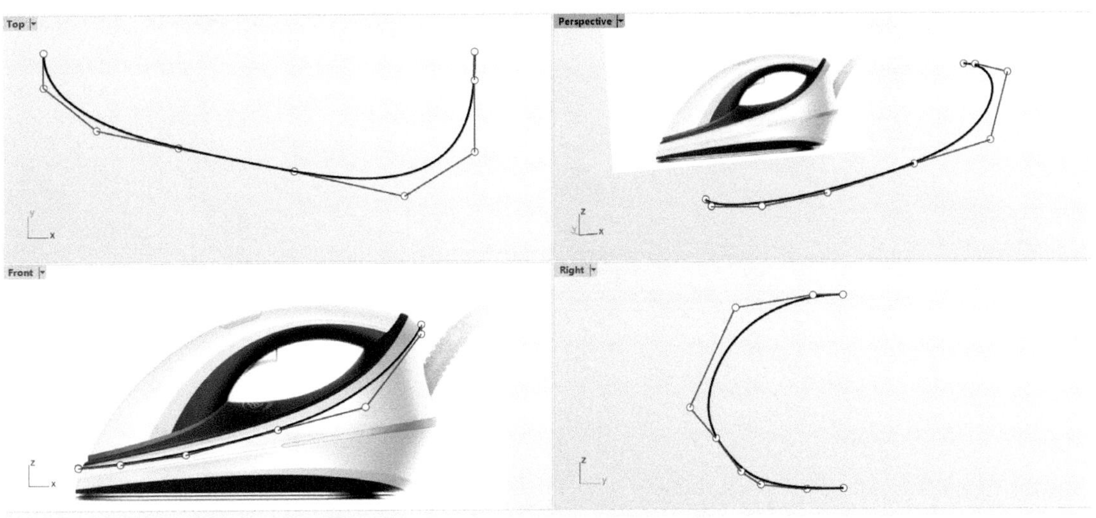

图8-3

④ 根据造型需要原地复制曲线，并开启曲线的控制点，选取需要调整的曲线控制点，使用操作轴的移动轴对曲线进行微调使其对准参考图。如图8-4所示。

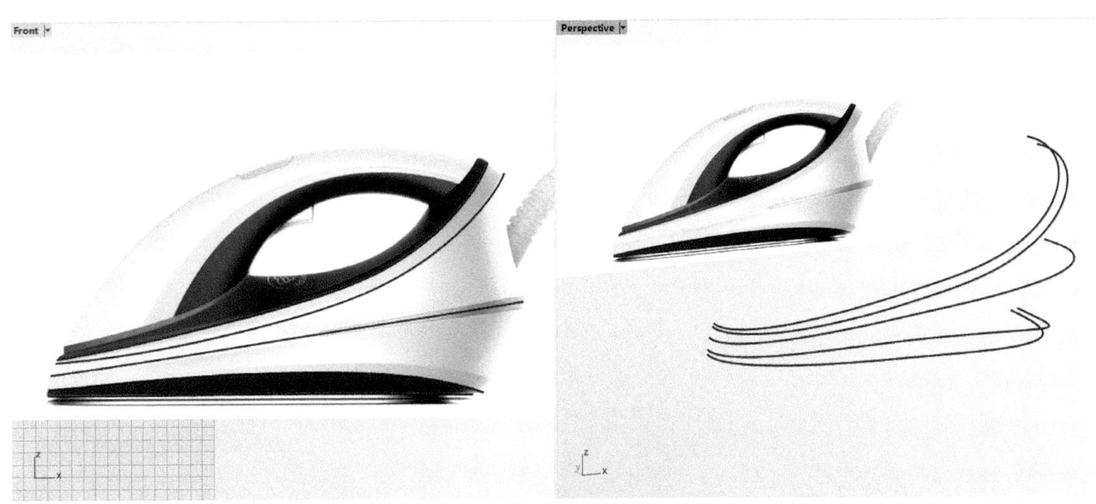

图8-4

⑤ 执行 【放样】指令，依次对曲线进行放样，建立4块曲面。如图8-5所示。

⑥ 对曲面执行 【镜像】指令，镜像并复制得到整体造型，镜像完毕。执行 【衔接曲面】指令，衔接左右两边曲面。此次衔接是为了检测曲面的连续性。如图8-6所示。

⑦ 在【Perspective】视图选择1与2的边缘执行 【在两条曲线之间建立均分曲线】指令，生成一条曲线，随后切换至【Front】视图中开启曲线的控制点，使用操作轴的移动轴对曲线进行微调使其对准参考图。如图8-7所示。

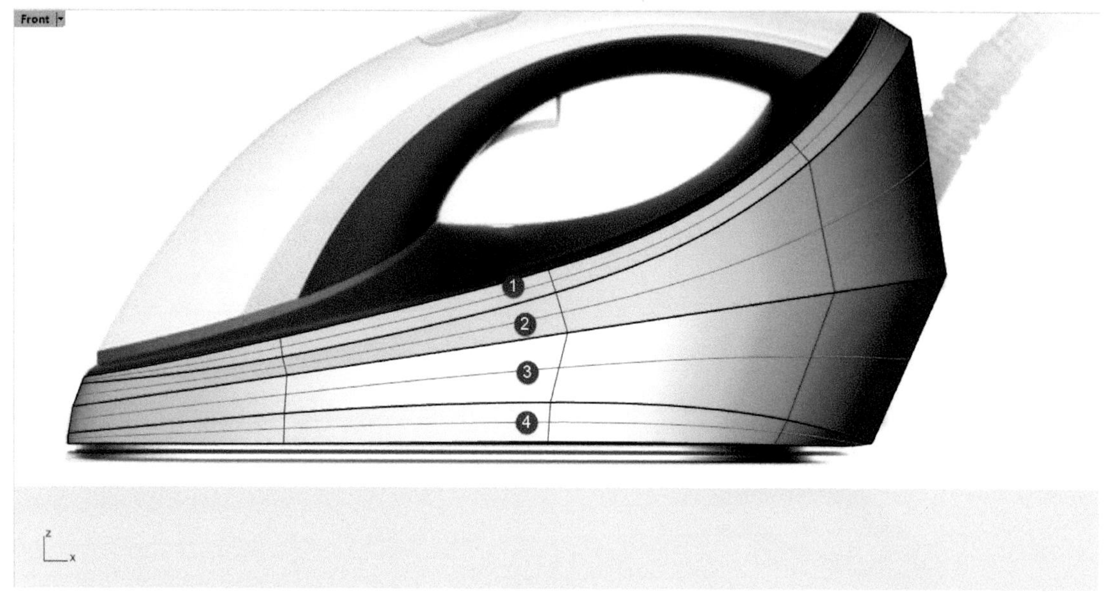
Front
1
2
3
4
z
x

图8-5

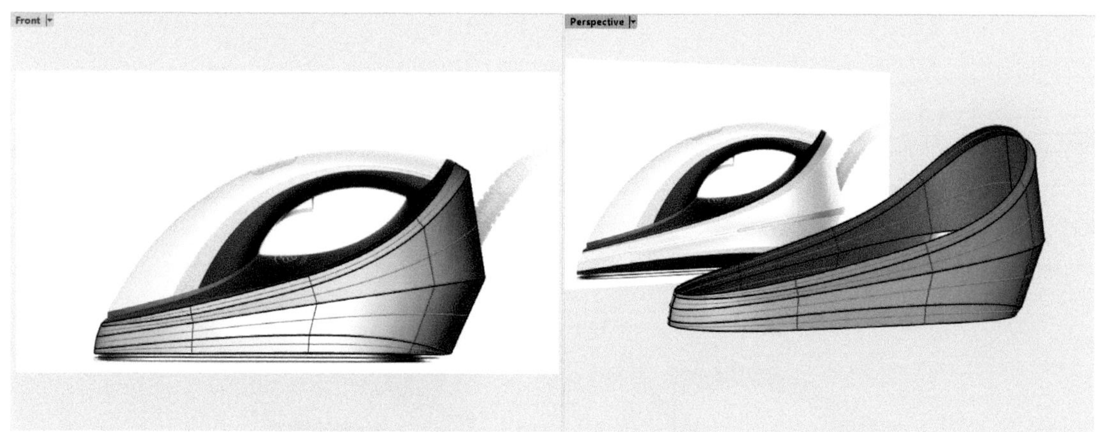
Front
Perspective

图8-6

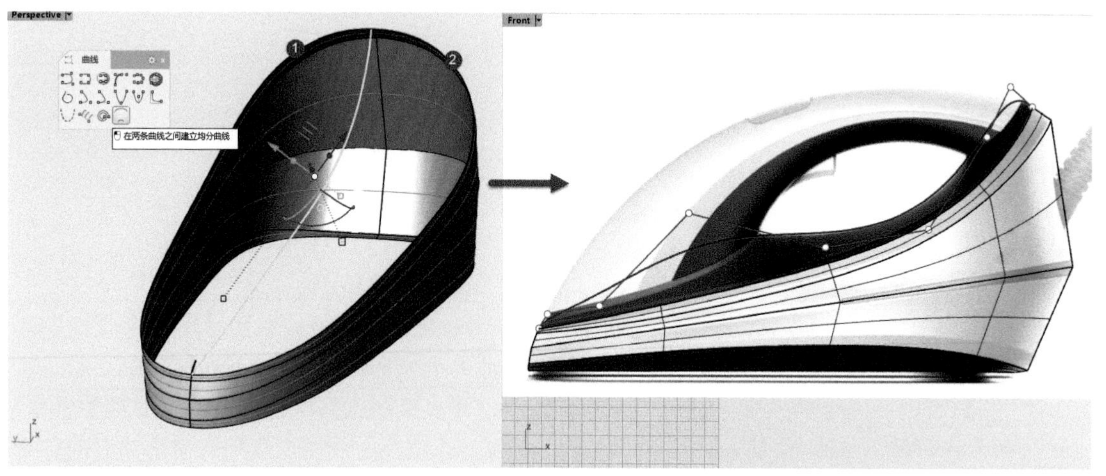
Perspective
曲线
在两条曲线之间建立均分曲线
1
2
Front

图8-7

⑧ 曲线调整完毕，执行【放样】指令，依次对曲线与边缘1与2进行放样建立曲面。如图8-8所示。

图8-8

⑨ 在【Front】视图中使用【圆：中心点、半径】指令，需注意在指令栏中点击两点（P）、垂直（V）选项，绘制两个曲线圆，并调整其造型以及参照底图位置。如图8-9所示。

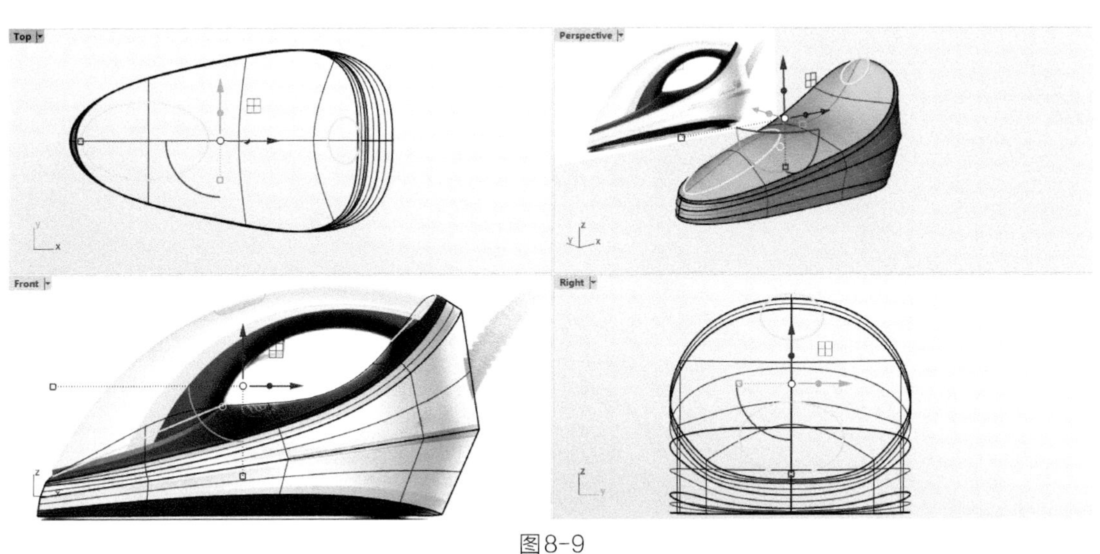

图8-9

⑩ 使用 【多重直线】指令。在曲线圆中点处绘制一根直线随后执行 【分割】指令，将两个曲线圆一分为二，删除另一侧曲线。接着执行 【重建曲线】指令，对曲线进行重建为5阶8点的曲线。开启曲线的控制点，使用操作轴的移动轴对曲线进行微调使其对准参考图。如图8-10所示。

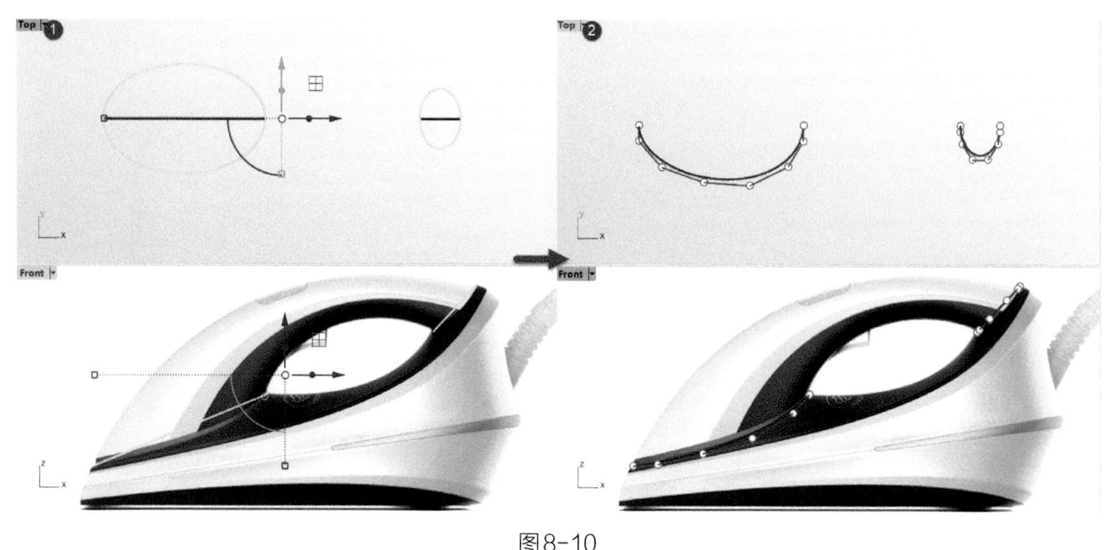

图8-10

⑪ 对两曲线段执行 【镜像】指令，镜像并复制得到整体造型，镜像完毕，随后与曲面进行 【修剪】。如图8-11所示。

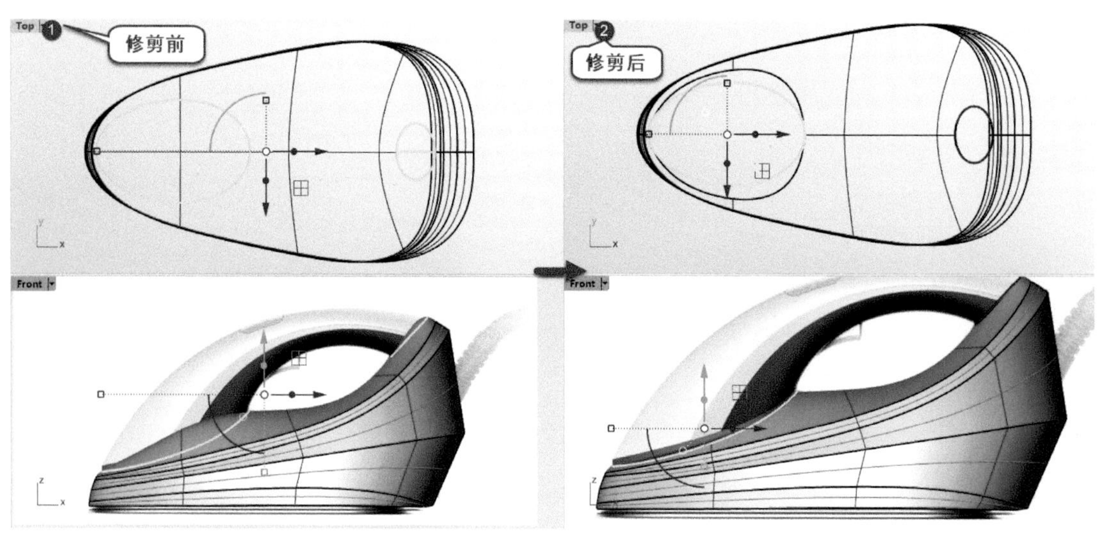

图8-11

⑫ 执行 【复制边缘】指令，选取要复制的边缘把曲线复制出来，随后使用 【重建曲线】指令，对曲线重建为5阶8点的曲线，如图8-12所示。

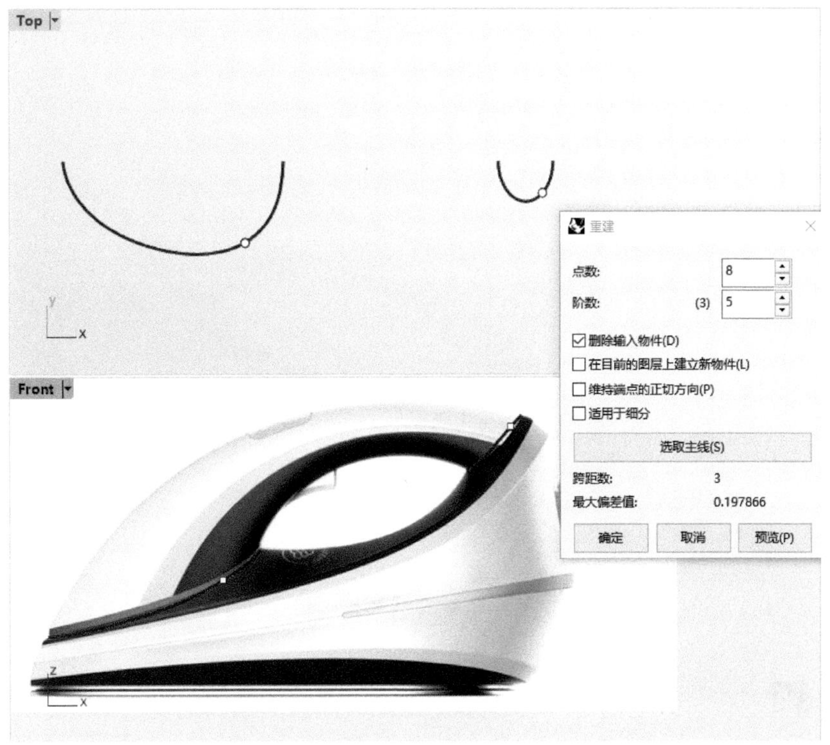

图8-12

⑬ 在【Front】视图中，参考底图使用 【控制点曲线】指令绘制两根3阶4点的曲线。如图8-13所示。

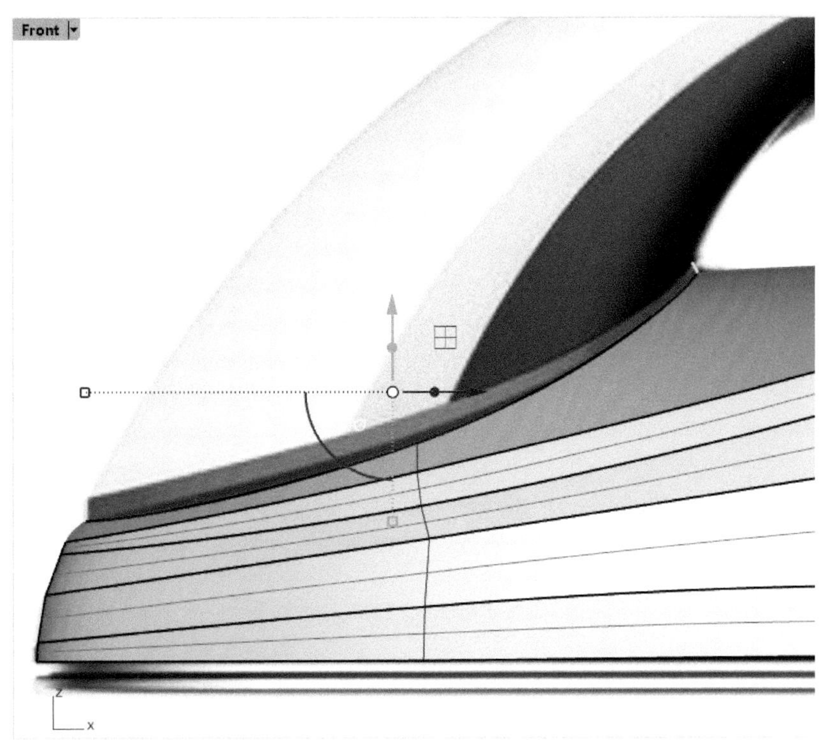

图8-13

⑭ 在【Front】视图中使用【定位物件：两点】指令参考底图复制一根曲线。如图8-14所示。

注：在指令栏中点击复制（c）=是、缩放（s）=三轴。

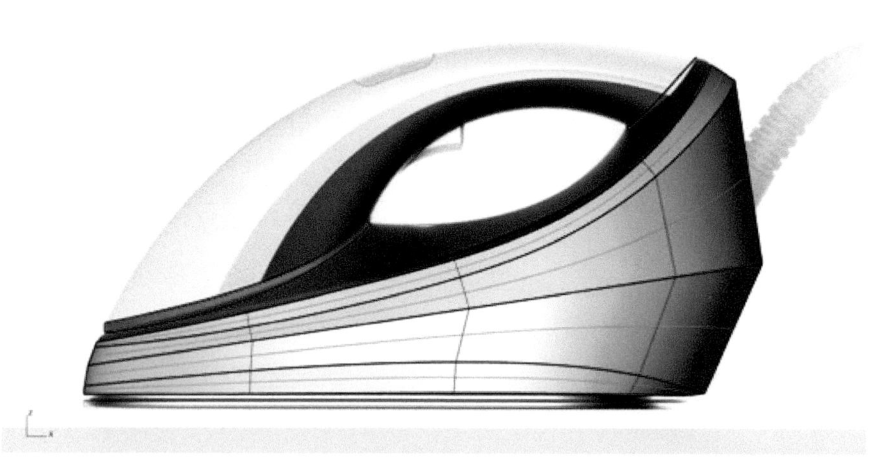

图8-14

⑮ 执行【双轨扫掠】指令，双轨成面建立基本曲面。随后对曲面执行【镜像】指令，镜像并复制得到整体造型，镜像完毕。接着使用【衔接曲面】指令，衔接左右两边曲面。衔接完毕后删除右边曲面。此次衔接是为了检测曲面的连续性。如图8-15所示。

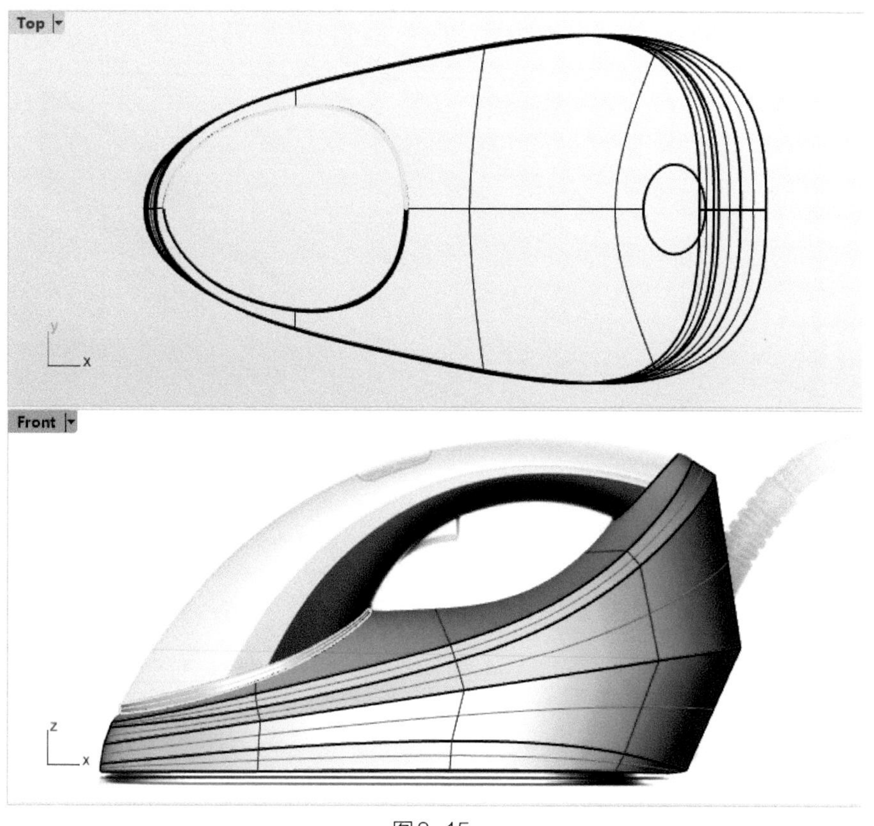

图8-15

⑯ 在【Front】视图中，参考底图与绘制好的模型，使用 【控制点曲线】指令捕捉曲面端点，绘制两根1阶2点的曲线。如图8-16所示。

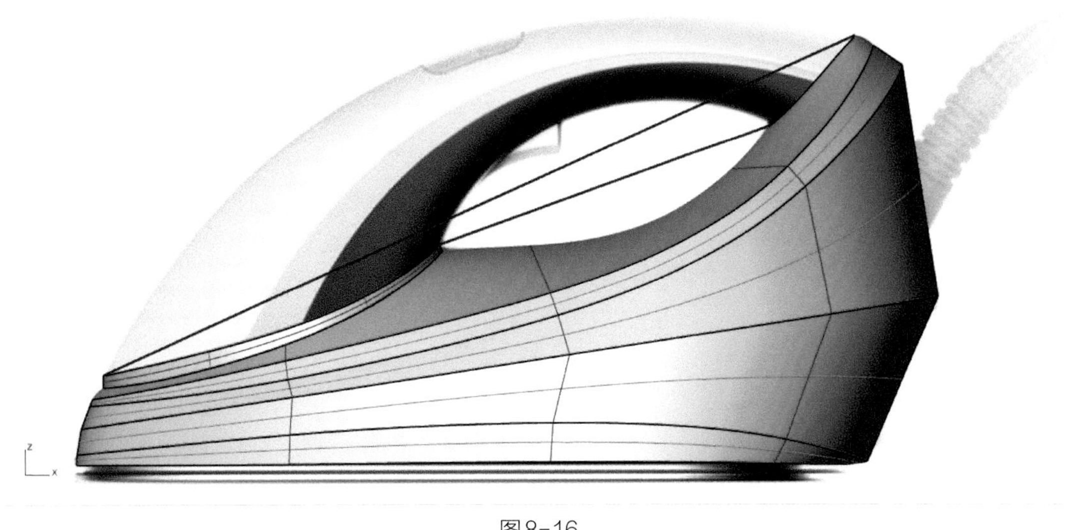

图8-16

⑰ 对曲线执行 【更改曲线/曲面阶数】指令，将曲线升至3阶4点。并开启曲线的控制点，使用操作轴的移动轴依次对曲线1与2进行微调使其对准参考图。如图8-17显示。

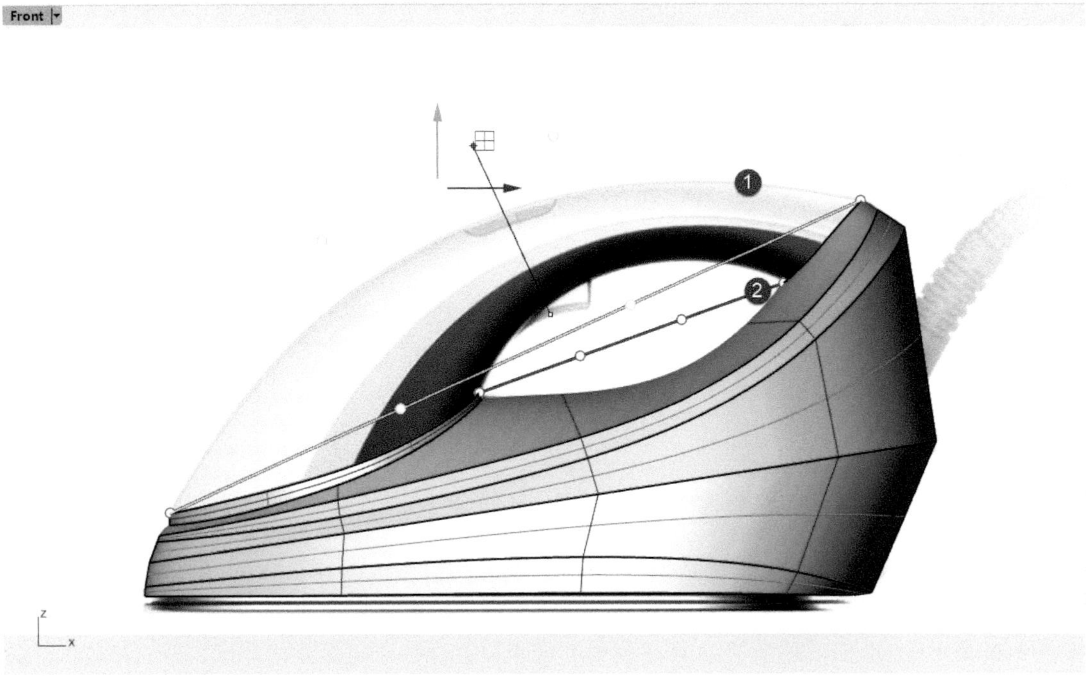

图8-17

⑱ 曲线调整完成，执行 【双轨扫掠】指令，双轨成面建立基本曲面。随后对曲面执行 【镜像】指令，镜像并复制得到整体造型，镜像完毕。接着使用 【衔接曲面】指令，衔接左右两边曲面，衔接完毕删除右边曲面。此次衔接是为了检测曲面的连续性。如图8-18所示。

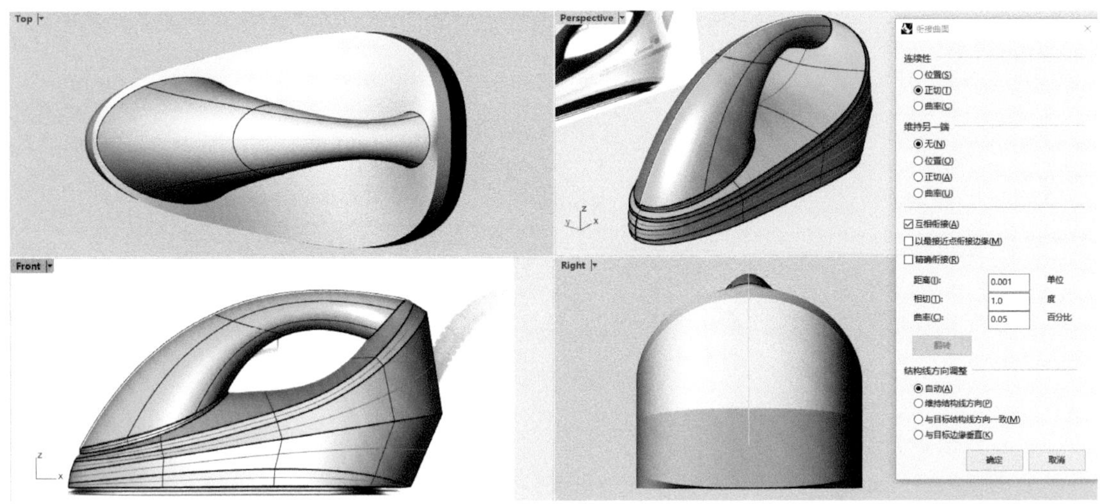

图8-18

⑲ 对曲面执行 【抽离结构线】命令，抽离两根结构线出来。如图8-19所示。

图8-19

⑳ 对抽离出来的曲线，开启曲线的控制点，使用操作轴的移动轴依次对曲线1与2进行微调使其对准参考图。如图8-20所示。

㉑ 执行 【分割】指令，对曲面进行分割，将曲面分割成序号1、2、3块曲面。如图8-21所示。

㉒ 删除序号2曲面，随后使用 【放样】指令，放样出一块崭新的曲面，并与序号1曲面进行 【组合】曲面处理。如图8-22所示。

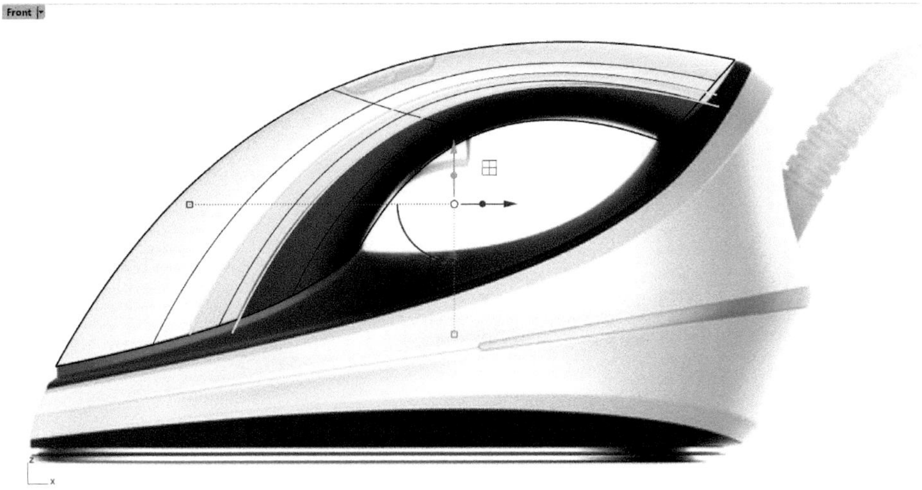

Front

图8-20

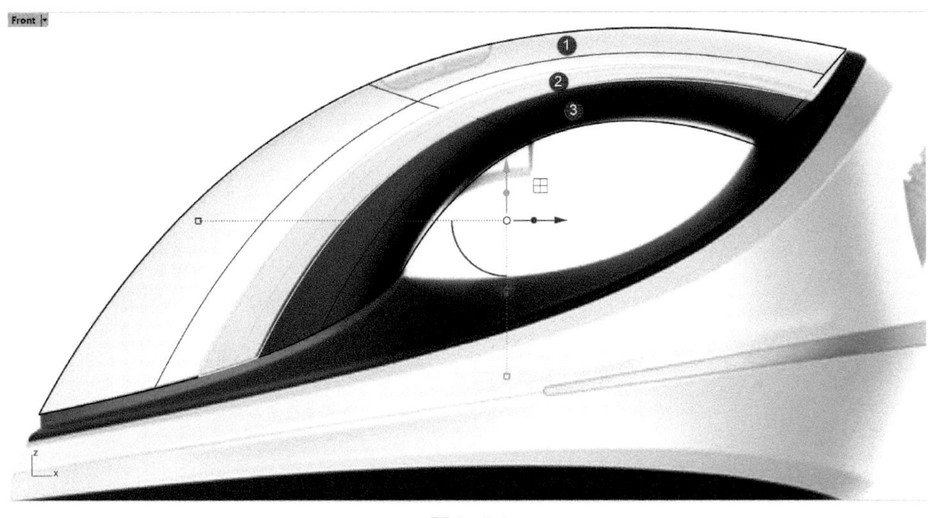

图8-21

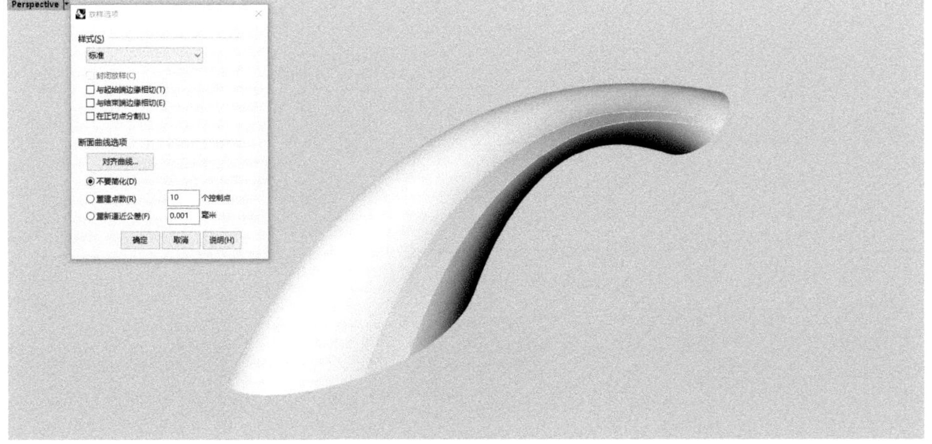

图8-22

㉓ 对手持曲面部分执行【镜像】指令，镜像并复制得到整体造型，镜像完毕，如图8-23所示。

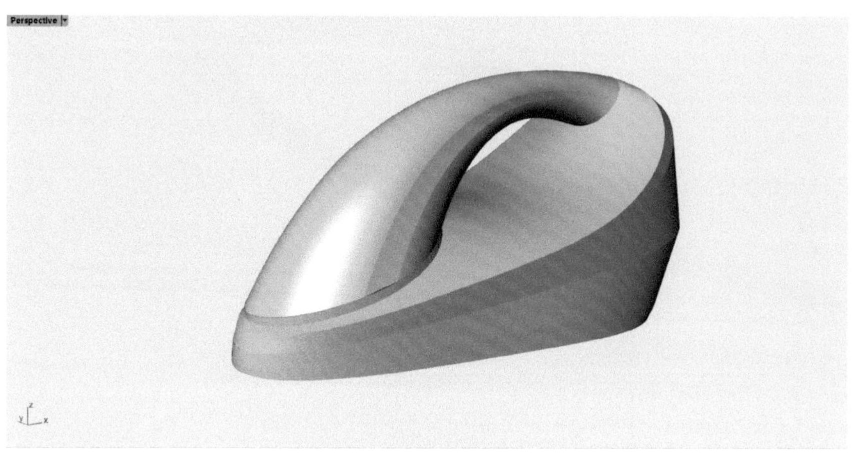

图8-23

㉔ 完善手持部分曲面细节处理，选中曲面部分隐藏其余曲面，并对选中的曲面部分使用【放样】指令，封闭缺口，放样完成后对曲面进行【组合】曲面处理，制作成实体边缘，方便后续模型的实体圆角处理。如图8-24所示。

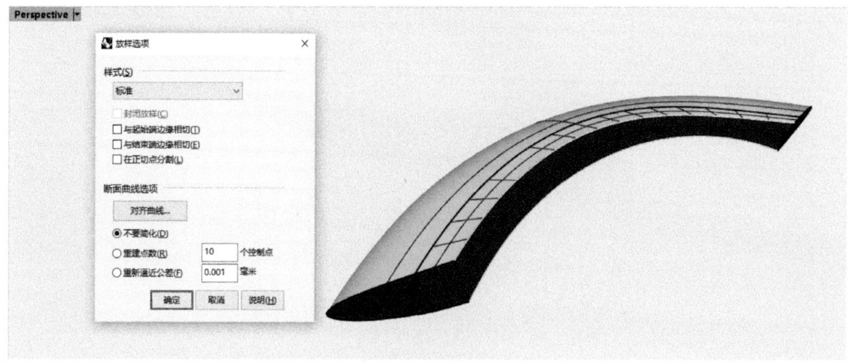

图8-24

㉕ 此区域同理可得，如图8-25所示。

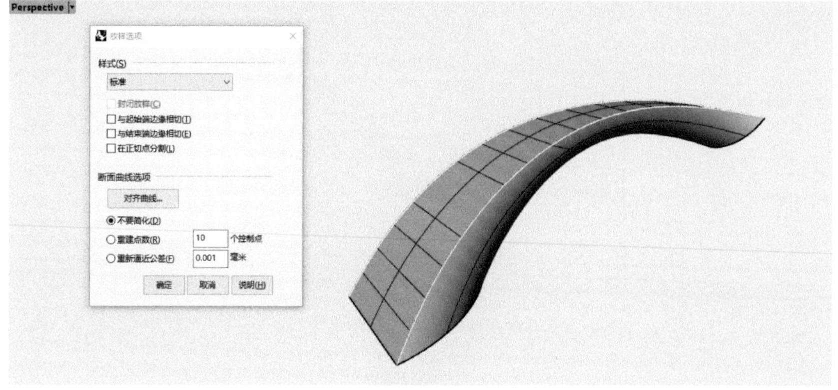

图8-25

㉖ 使用 【边缘圆角】指令，对模型手持部分实体边缘进行圆角处理，圆角半径系数=2。如图8-26所示。

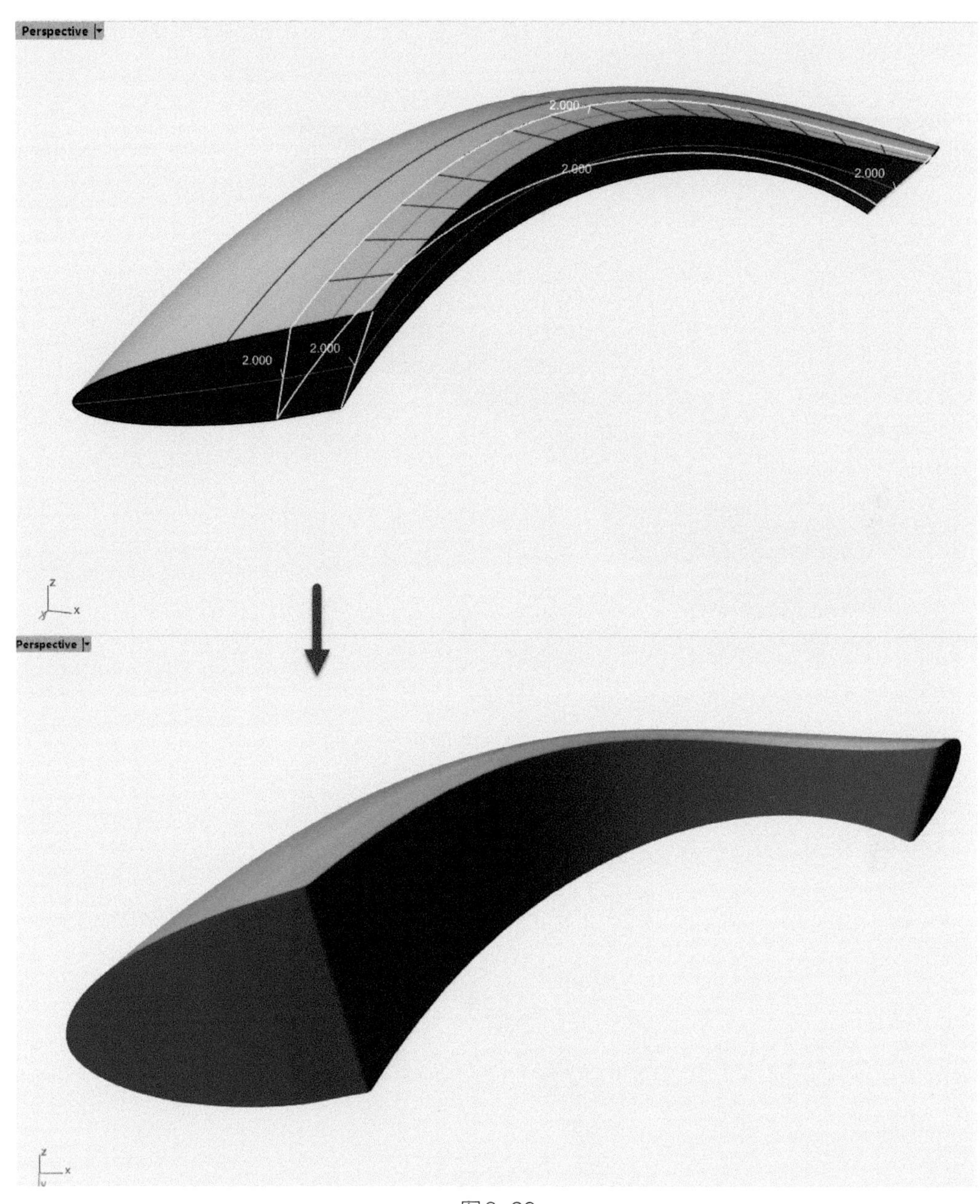

图8-26

㉗ 继续对模型进行圆角化处理，执行 【复制边缘】指令，复制出曲线，随后使用 【圆管】指令，建立圆管；圆管半径系数=1。接着选取要分割的曲面与分割用的圆管进行 【分割】。分割完成，删除废弃曲面，使用 【混接曲面】指令，进行混接曲面，达到模拟圆角的效果。如图8-27所示。

㉘ 同理可得，完成此区域圆角工作。如图8-28所示。

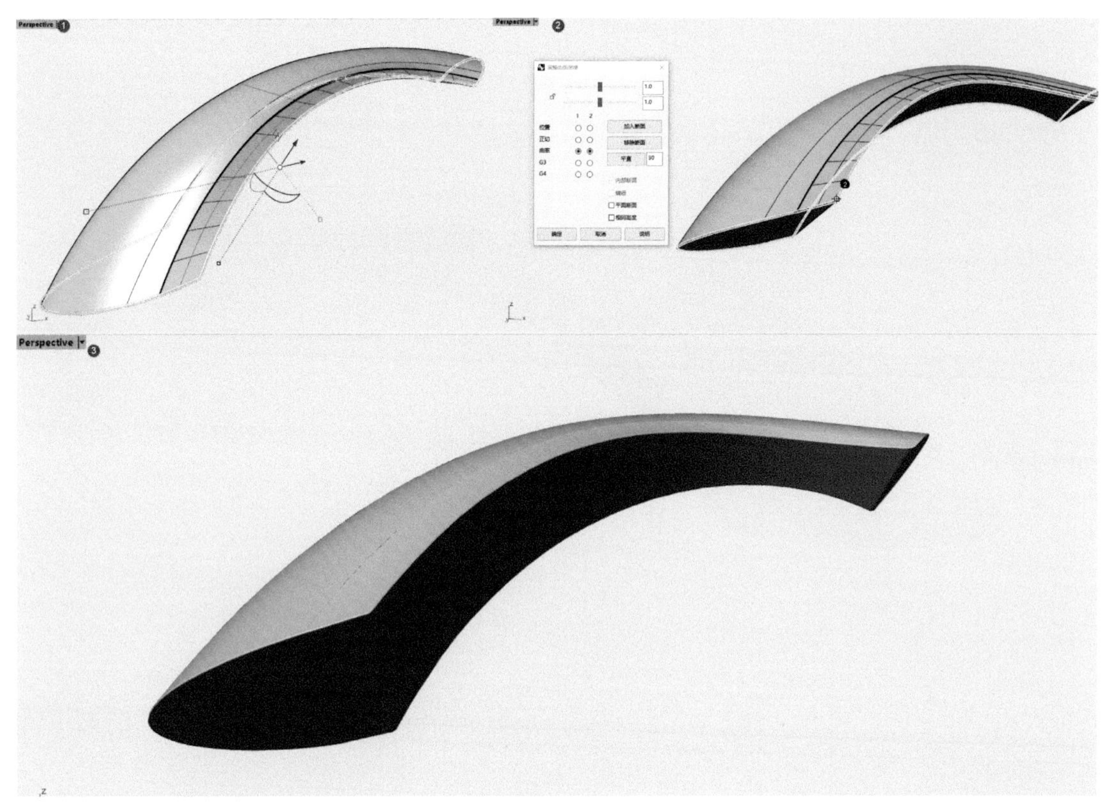

图8-27

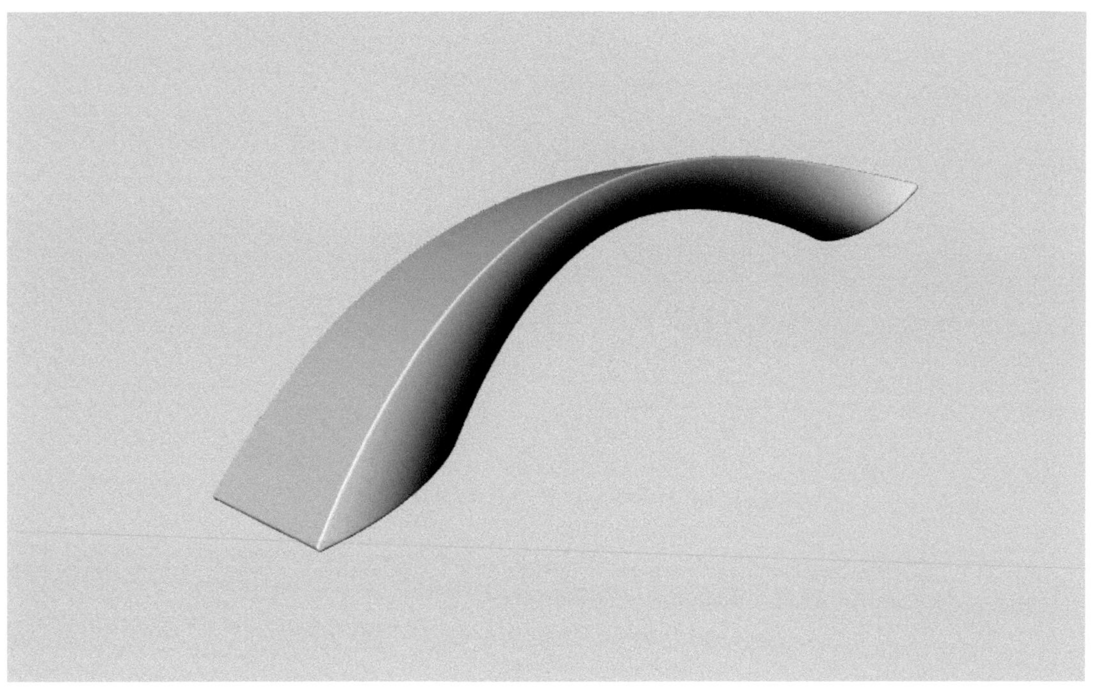

图8-28

㉙ 手持把手部分实体边缘圆角完成，最终效果如图8-29所示。

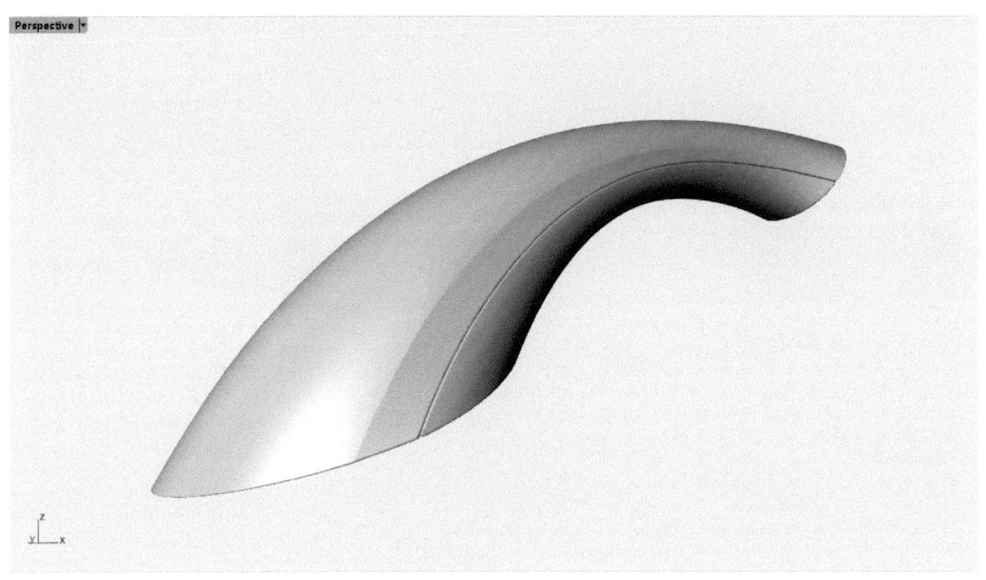

图8-29

㉚ 使用【放样】指令，封闭缺口，放样完成后对曲面进行【组合】曲面处理，制作成实体边缘，方便后续模型的实体圆角处理。如图8-30所示。

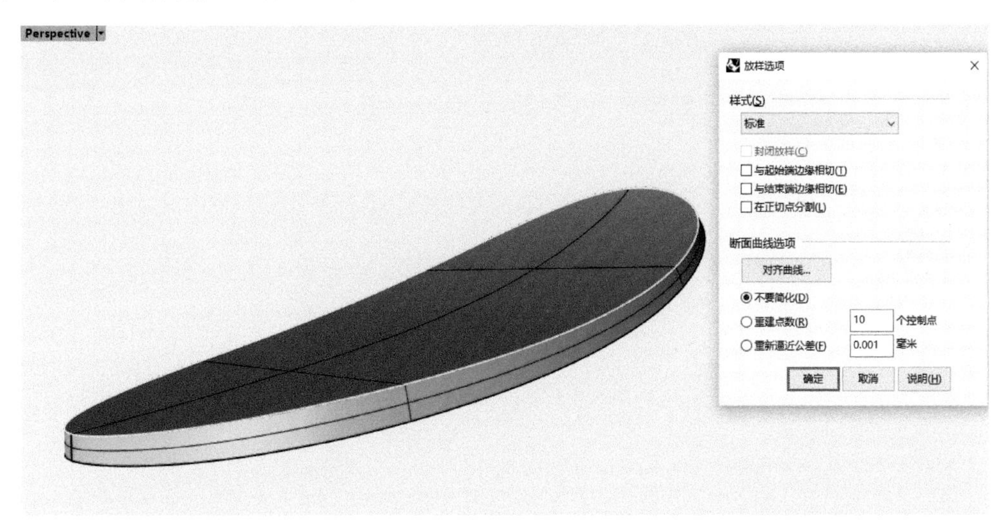

图8-30

㉛ 使用【边缘圆角】指令，对模型手持部分实体边缘进行圆角处理，圆角半径系数=2。如图8-31所示。

㉜ 使用【放样】指令，封闭缺口，放样完成后对曲面进行【组合】曲面处理，制作成实体边缘，方便后续模型的实体圆角处理。如图8-32所示。

㉝ 继续对模型进行圆角化处理，先使用【边缘圆角】指令，对模型实体边缘进行圆角处理，圆角半径系数=1。如遇不能直接使用实体倒角的就执行【复制边缘】指令，复制出曲线，随后使用【圆管】指令，建立圆管；圆管半径系数=1。接着选取要分割的曲面与分割用的圆管进行【分割】。分割完成，删除废弃曲面，使用【混接曲面】指令，进行混接曲面，达到模拟圆角的效果。如图8-33所示。

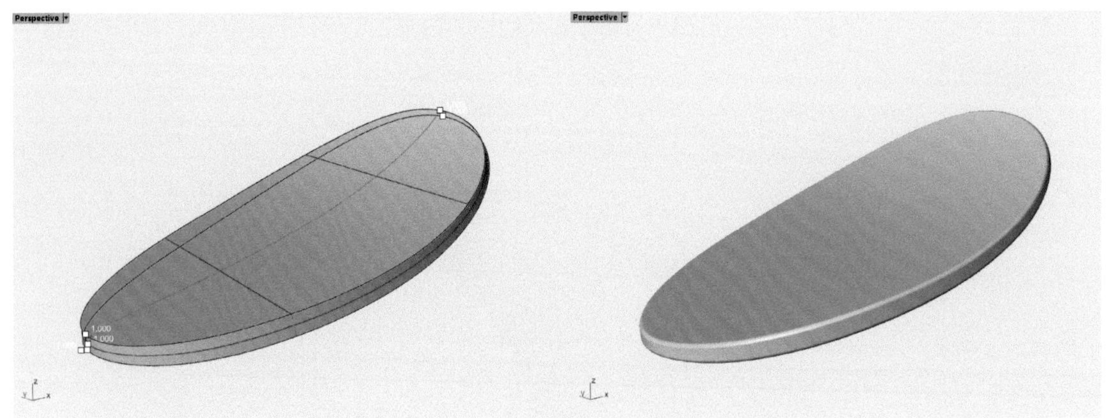

图8-31

图8-32

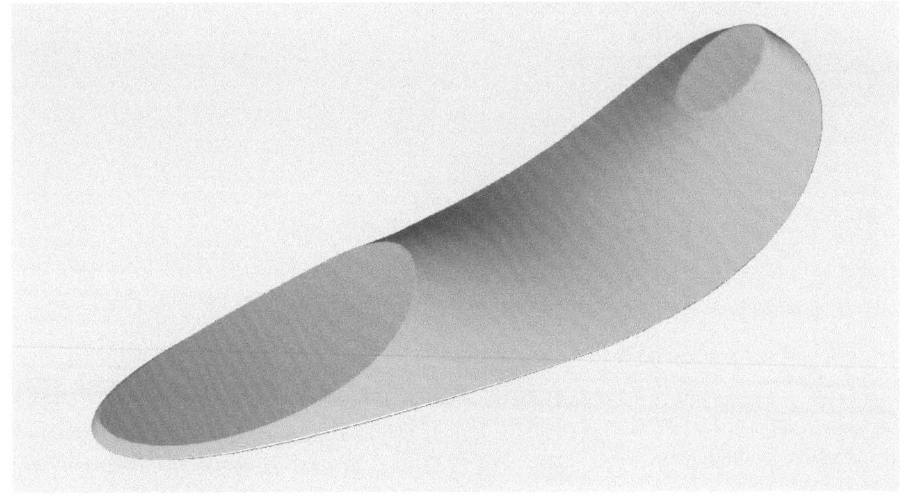

图8-33

㉞ 继续完善机身细节与圆角处理。开启曲面控制点【F10】，选取需要调整的曲面控制点，使用操作轴的移动轴对曲面进行微调使其对准参考图。如图8-34显示。

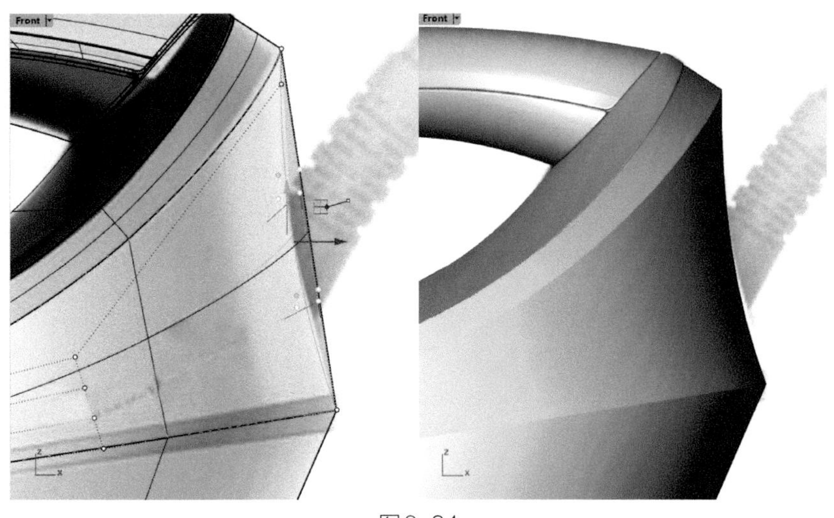

图8-34

㉟ 使用【放样】指令，封闭缺口，放样完成后对曲面进行【组合】曲面处理，制作成实体边缘，随后使用【边缘圆角】指令，对模型实体边缘进行圆角处理，圆角半径系数=0.6。如图8-35所示。

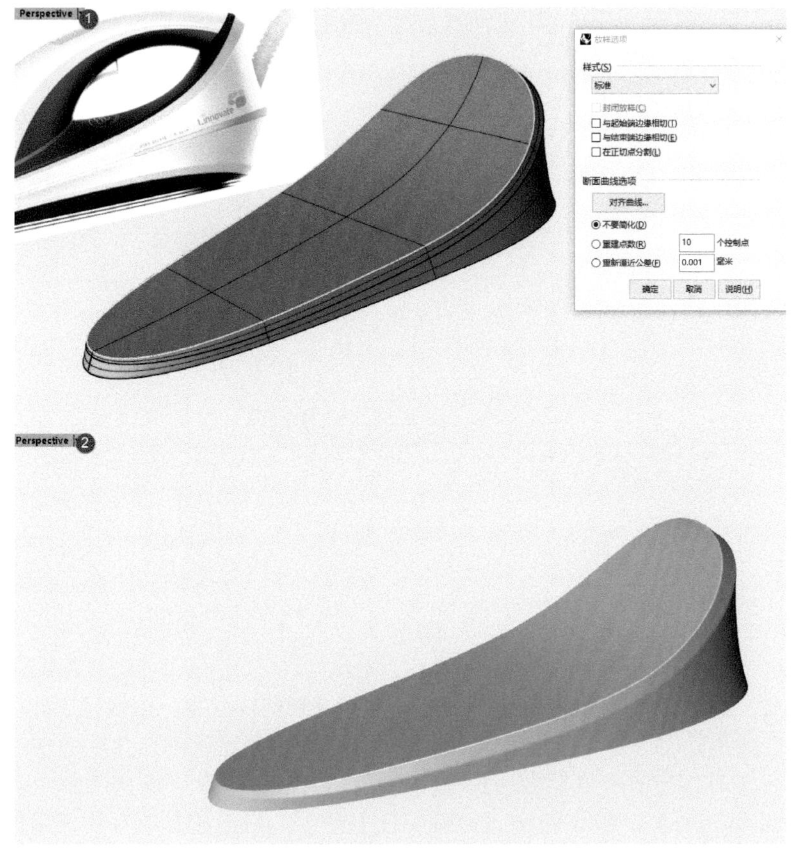

图8-35

㊱ 制作机身渐消曲面细节，执行【结构线分割】指令，对曲面进行分割，注意在指令栏中点击：缩回=是。如图8-36所示。

图8-36

㊲ 对分割后的曲面执行【更改曲线/曲面阶数】指令，将曲面U方向的阶数修改成1阶2点，V方向保持不变。并开启曲面的控制点，使用【UVN移动】指令选择边缘上的控制点往法线方向上轻微调整。如图8-37所示。

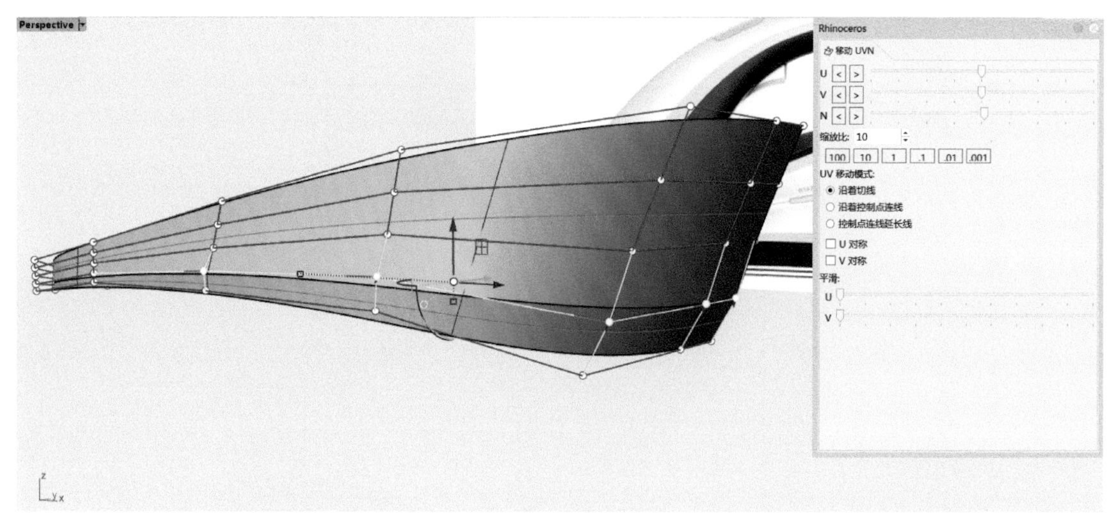

图8-37

㊳ 调整完成，执行【镜像】指令，镜像并复制得到整体造型，镜像完毕如图8-38所示。

㊴ 剩余模型圆角处理部分与前面圆角步骤相同，如图8-39所示为圆角后的整体效果。

㊵ 在【Front】视图中参考底图与使用【控制点曲线】指令，绘制具体的造型曲线形状，然后切换至【Perspective】视图使用【直线挤出】指令，挤出曲面成实体。随后使用【布尔运算分割】指令分割实体。如图8-40所示。

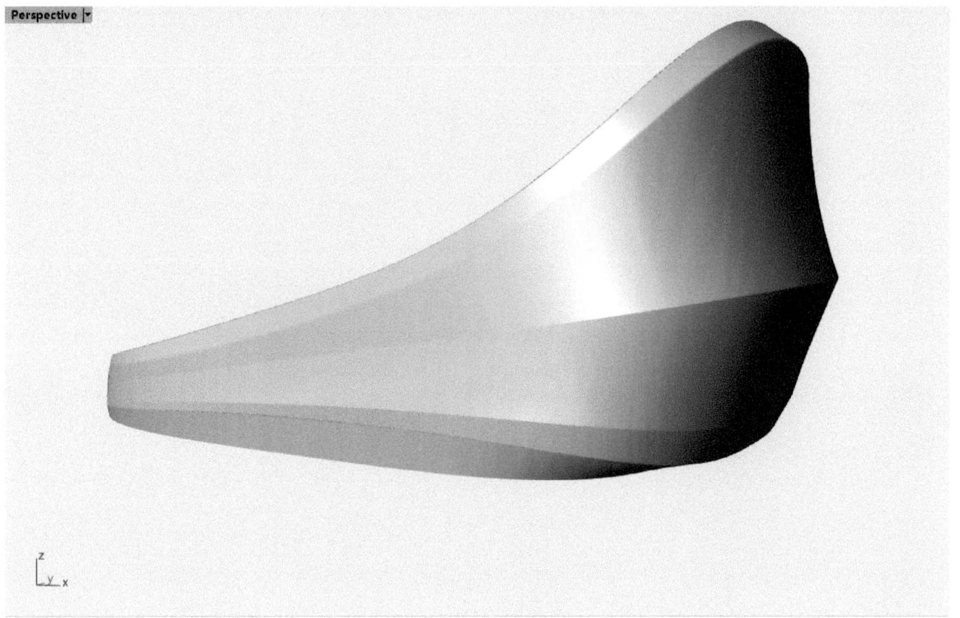

图8-38

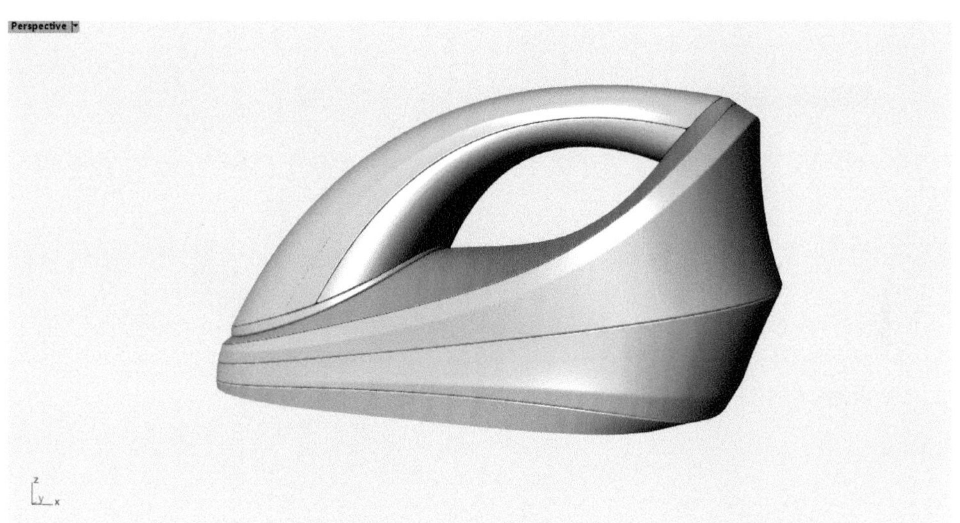

图8-39

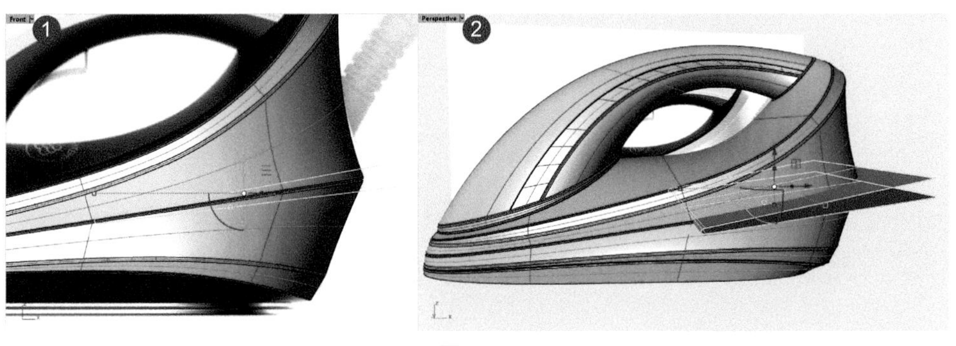

图8-40

1 2 3 4 5 6 7 8 9 10

㊶ 隐藏其余部件，单独显示此部分并编辑，执行 【复制边缘】指令，复制出曲线并删除掉此部件或隐藏在图层。如图8-41所示。

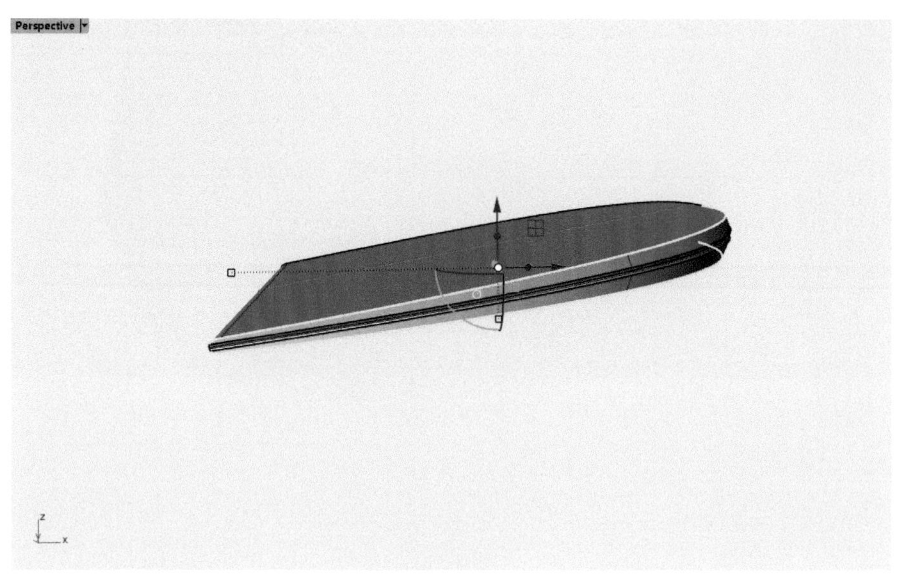

图8-41

㊷ 对复制出来的曲线执行 【放样】指令，放样成面。如图8-42所示。

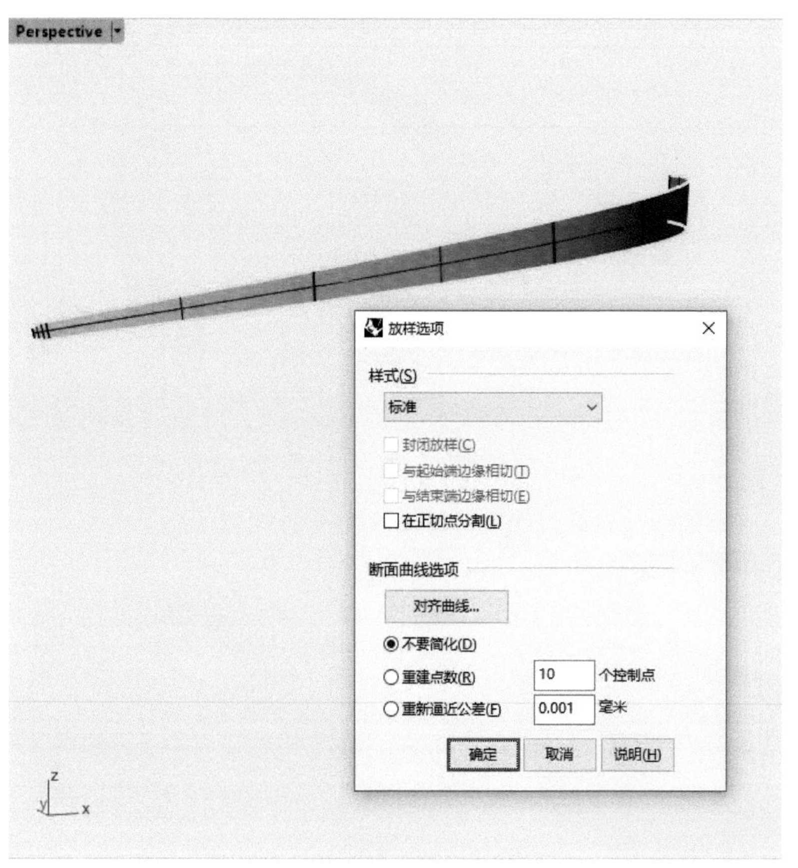

图8-42

㊸ 放样完成补齐缺口，切换至【Front】视图中使用【可调式混接曲线】指令，搭建上下曲面的过渡线。混接完成后执行【放样】指令，放样成面。如图8-43所示。

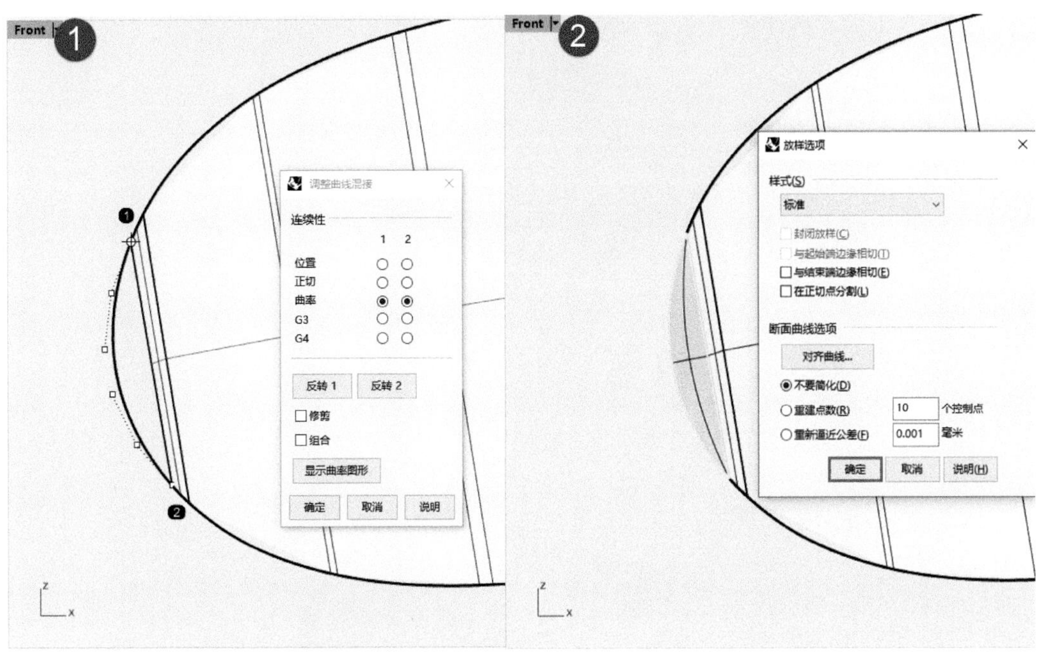

图8-43

㊹ 将补好的曲面进行【组合】处理，随后执行【镜像】指令，镜像并复制得到整体造型，镜像完毕再使用【放样】指令，放样成面。如图8-44所示。

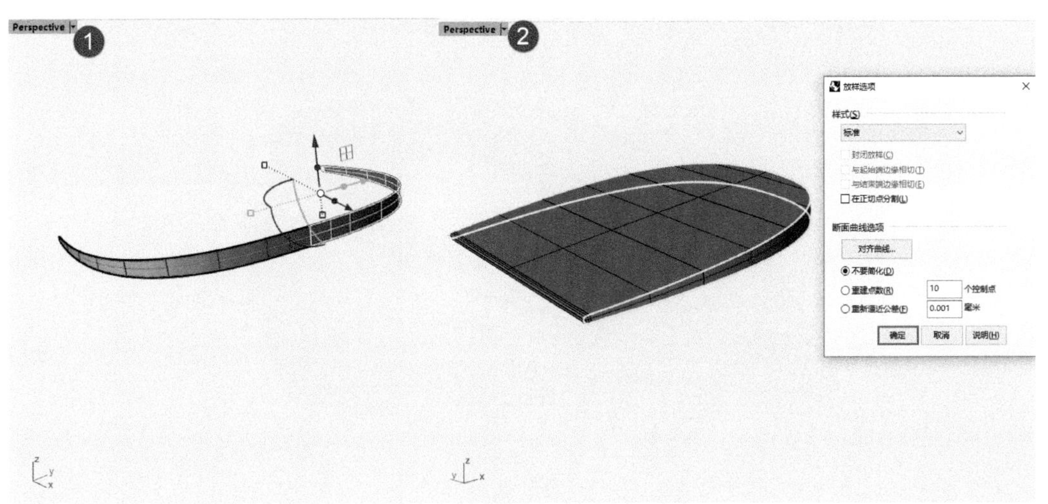

图8-44

㊺ 执行【复制边缘】指令，复制出曲线，随后使用【圆管】指令建立圆管；圆管半径系数=0.5。接着选取要分割的曲面与分割用的圆管进行【分割】。分割完成，删除废弃曲面，使用【混接曲面】指令，进行混接曲面，达到模拟圆角的效果。如图8-45所示为圆角后的效果。

㊻ 使用【椭圆】指令，在【Front】视图中绘制一个团圆曲线，并参照【Top】视图调整具体大小。如图8-46所示。

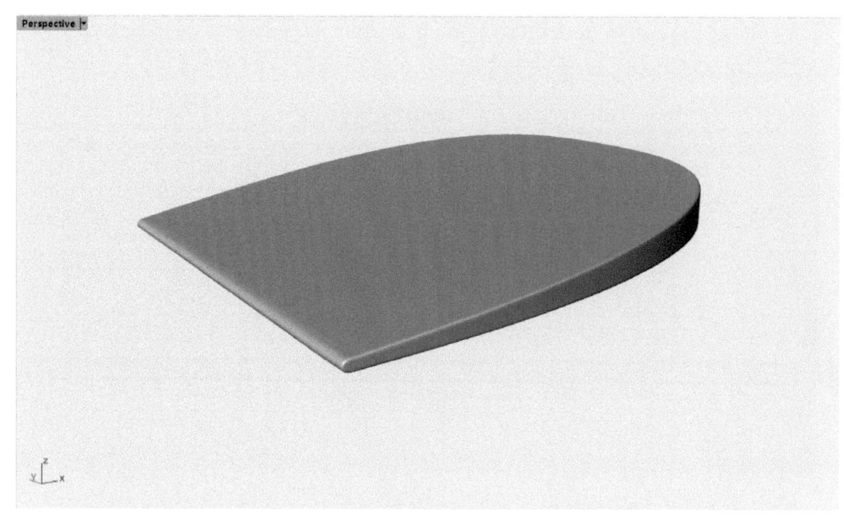

图8-45

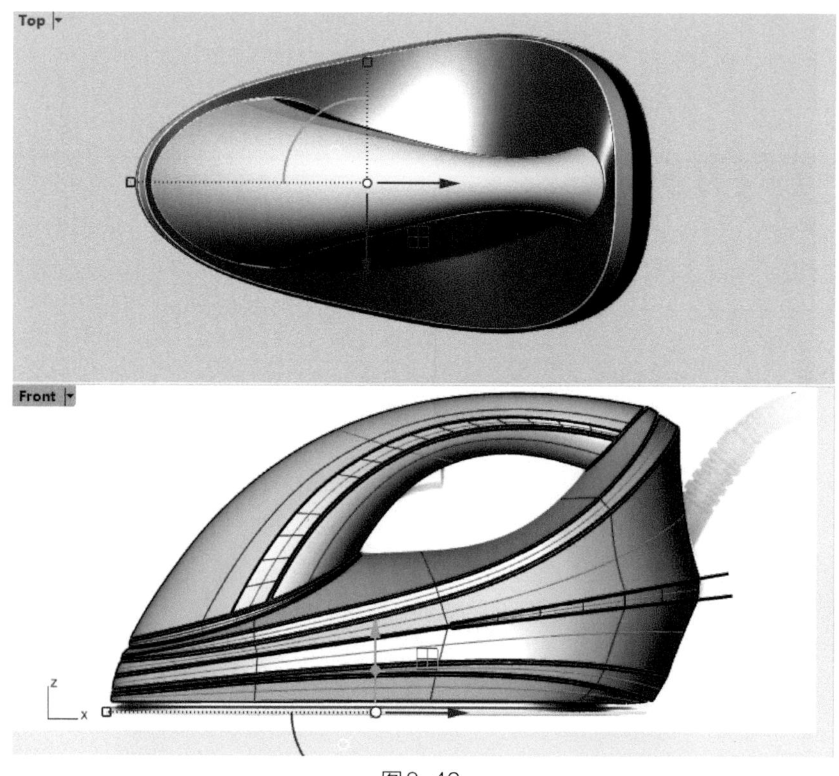

图8-46

㊼ 参考底图，复制多条椭圆曲线，随后使用【放样】指令，放样成面。如图8-47所示。

㊽ 将放样好的曲面调整其具体位置并将曲面全部【组合】处理，接着使用【将平面洞加盖】指令，对模型进行缺口封面处理。随后使用【边缘圆角】指令，对模型实体边缘进行圆角处理，圆角半径系数=0.5。如图8-48所示。

㊾ 使用【矩形：角对角】指令，需在指令栏点击：中心点（C）、圆角（R）。绘制一个矩形线框后使用【直线挤出】指令，挤出成实体。随后使用【布尔运算分割】指令，分割实体使用【边缘圆角】工具，对边缘进行圆角处理，圆角半径系数=0.5。如图8-49所示。

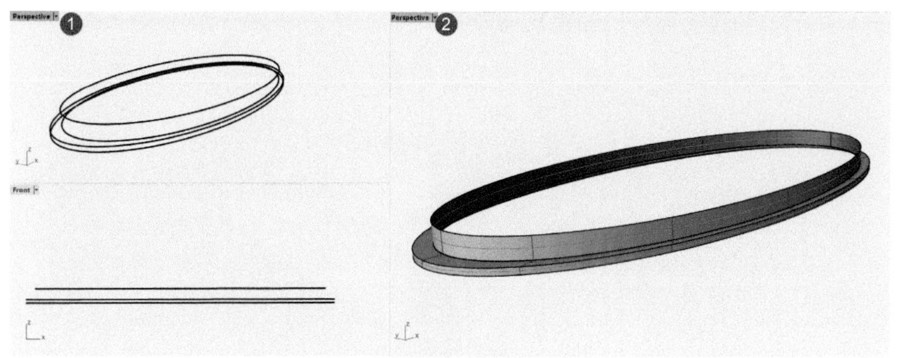

图8-47

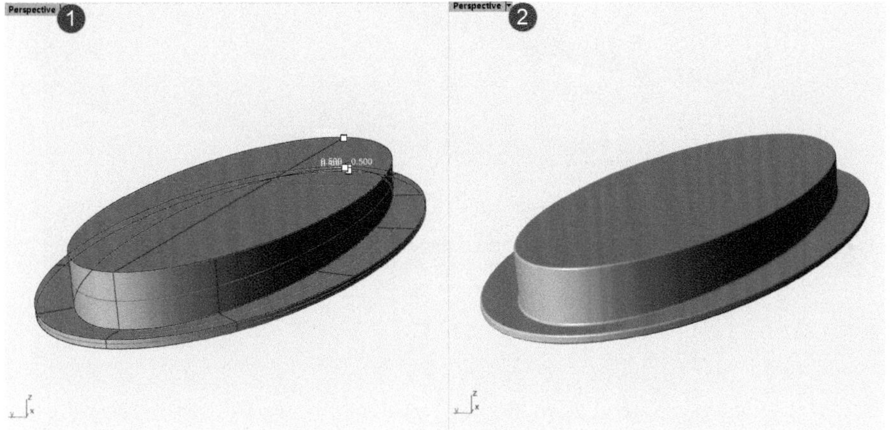

图8-48

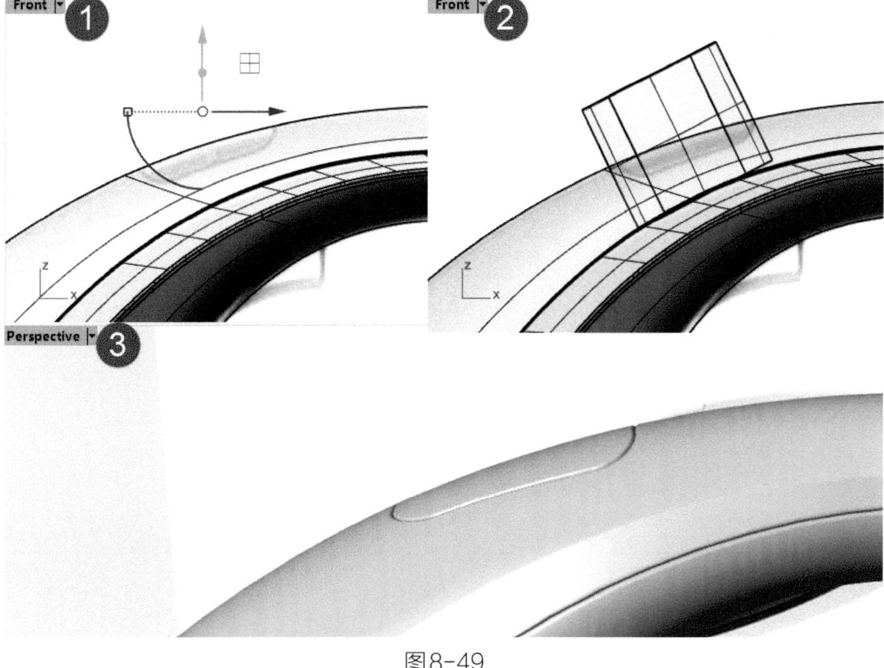

图8-49

㊿ 至此，模型整体绘制完毕。如图8-50所示。

图8-50

9

眼部检测仪建模案例

素材与源文件

Rhino

① 建模准备工作。在进行建模前，读者可以根据需要建模的模型的特点，如模型的大小、精细程度来决定建模文件的环境，使建立模型的环境达到一个最佳状态。如图9-1所示为本次建模的基本单位与公差。点击【选项】指令，即可看到。

图9-1

② 导入背景参考图。在【Front】视图中的坐标原点，使用【控制点曲线】指令绘制一根200mm的曲线作为案例图片摆放的参考（执行命令的时候输入0即可从坐标原点处绘制曲线）。接着，使用【添加一个图像平面】指令，将案例图片依据事先绘制好的曲线参考点摆放好，然后在【Perspective】视图用操作轴把图片往*Y*轴（绿色箭头方向）移动至一定距离，并执行【锁定】命令把参考图锁定或放置内图层内进行锁定。如图9-2所示。

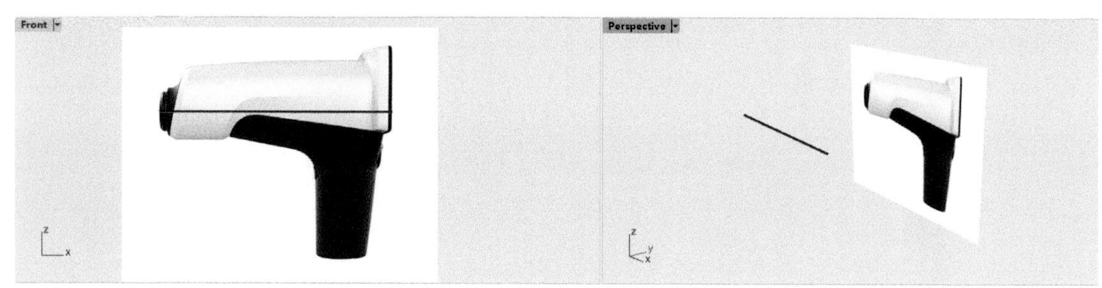

图9-2

③ 在【Front】视图中使用【控制点曲线】指令绘制两根3阶4点的参考曲线，接着使用【圆：可塑形的】指令，在曲线两端绘制两个曲线圆。指令栏处选择：两点（p）、垂直（v）。如图9-3所示。

④ 开启曲线的控制点，使用操作轴的移动轴对曲线进行微调。如图9-4所示。

⑤ 执行【分割】指令，先选取要分割的曲线圆，随后选择切割用的轮廓曲线，对曲线圆进行分割，如图9-5所示。

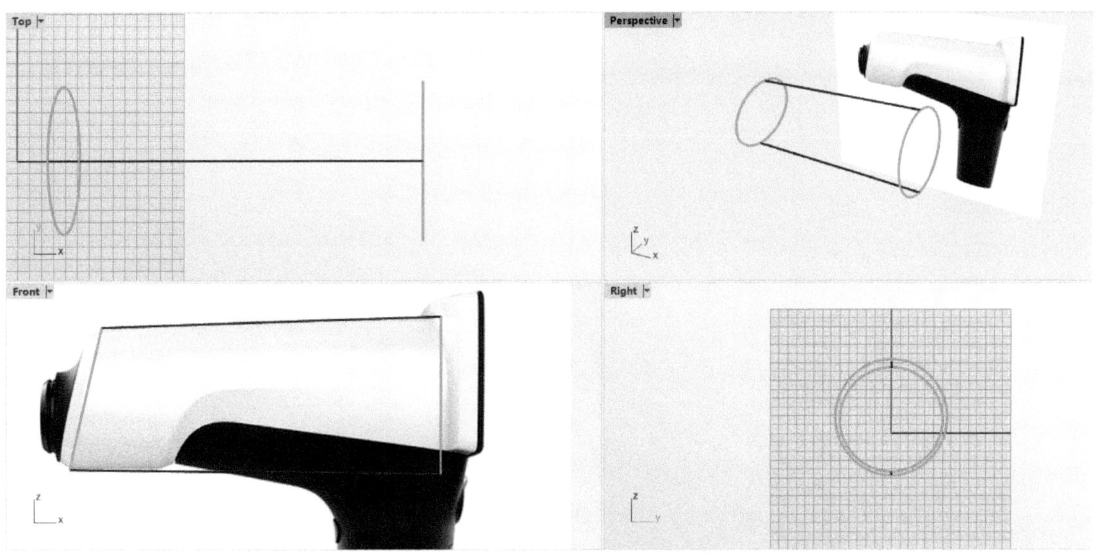

图9-3

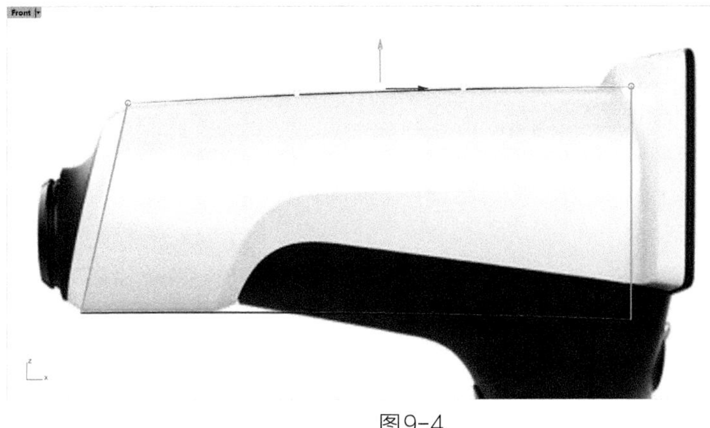

图9-4

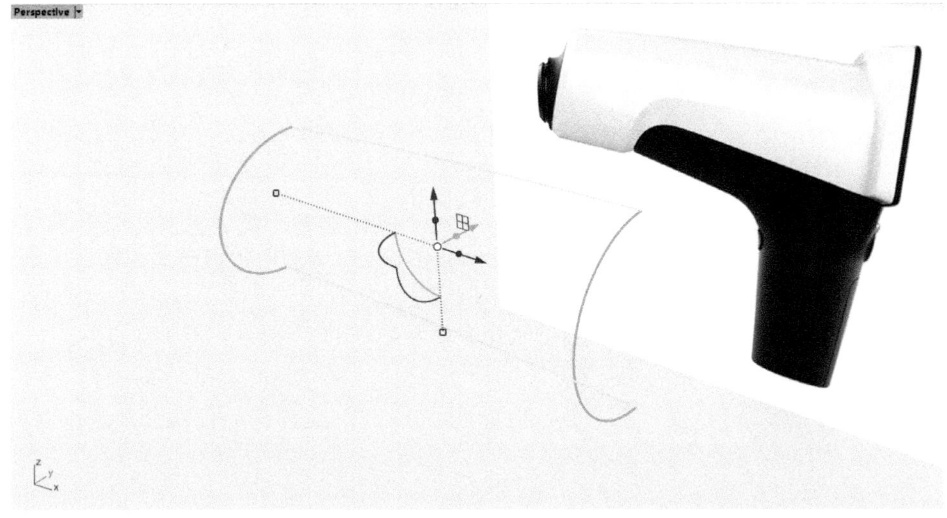

图9-5

⑥ 对分割后的曲线圆执行【重建曲线】指令，重建为3阶5点，如图9-6所示。

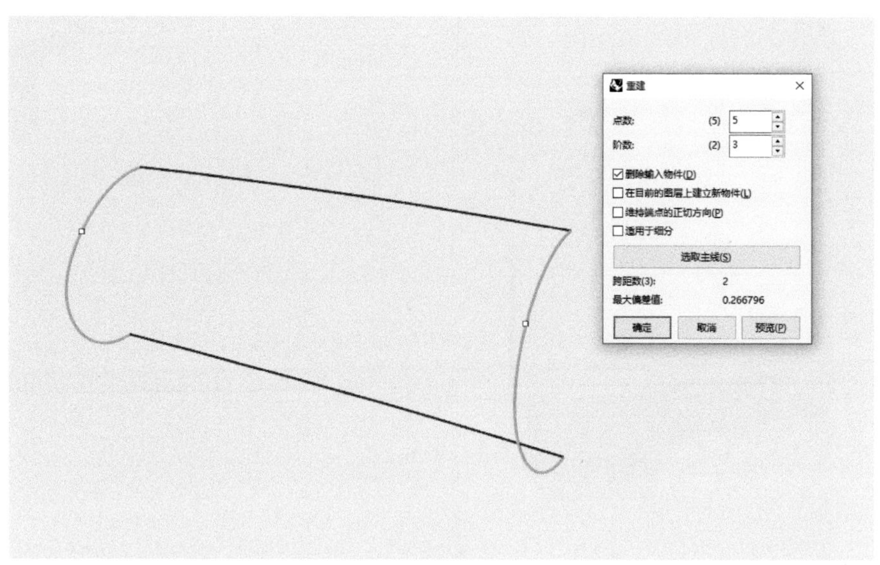

图9-6

⑦ 执行【双轨扫掠】指令，半圆曲线作为断面，轮廓曲线为路径进行双轨成面建立基本曲面。如图9-7所示。

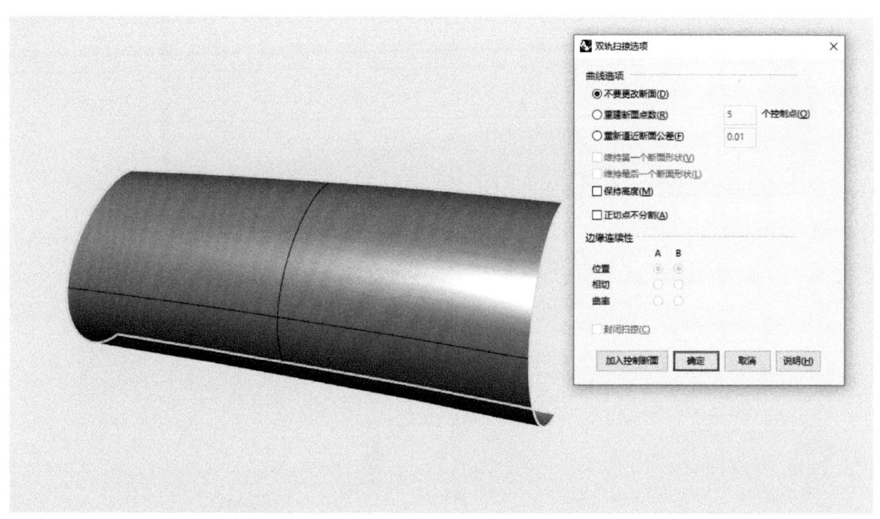

图9-7

⑧ 对曲面执行【镜像】指令，镜像并复制得到整体造型，镜像完毕。执行【衔接曲面】指令，衔接左右两边曲面；对1、2序号边缘依次进行衔接。衔接完毕后删除右边曲面。此次衔接是为了检测曲面的连续性，因为在双轨扫掠时重建了曲线。如图9-8所示。

⑨ 在【Front】视图中使用【控制点曲线】指令绘制4根3阶4点的参分割曲线，如图9-9所示。

⑩ 使用【可调式混接曲线】命令，分别对1与2、3与4序号的曲线分组进行混接曲线。混接完成后对其进行【组合】。如图9-10所示。

注：对于类似转角的部分使用【可调式混接曲线】命令进行混接出来的曲线，会比徒手绘制得更标准以及质量更高。

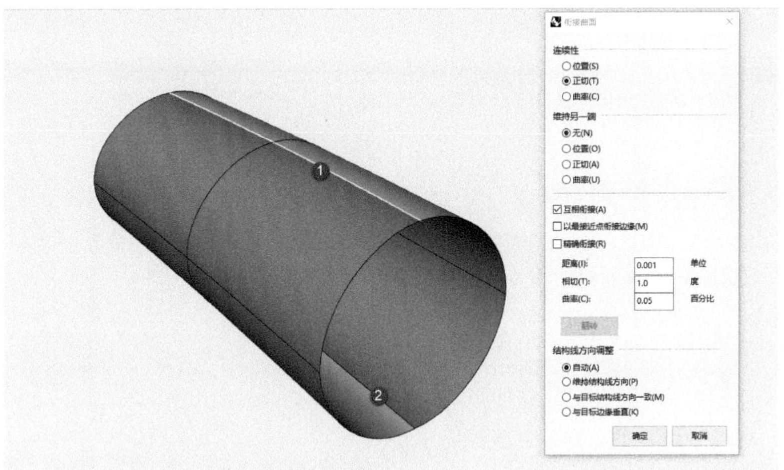
衔接曲面
连续性
位置(S)
正切(T)
曲率(C)
维持另一端
无(N)
位置(O)
正切(A)
曲率(U)
互相衔接(A)
以最接近点衔接边缘(M)
精确衔接(R)
距离(I):
0.001
单位
相切(T):
1.0
度
曲率(C):
0.05
百分比
结构线方向调整
自动(A)
维持结构线方向(P)
与目标结构线方向一致(M)
与目标边缘垂直(K)
确定
取消
1
2

图9-8

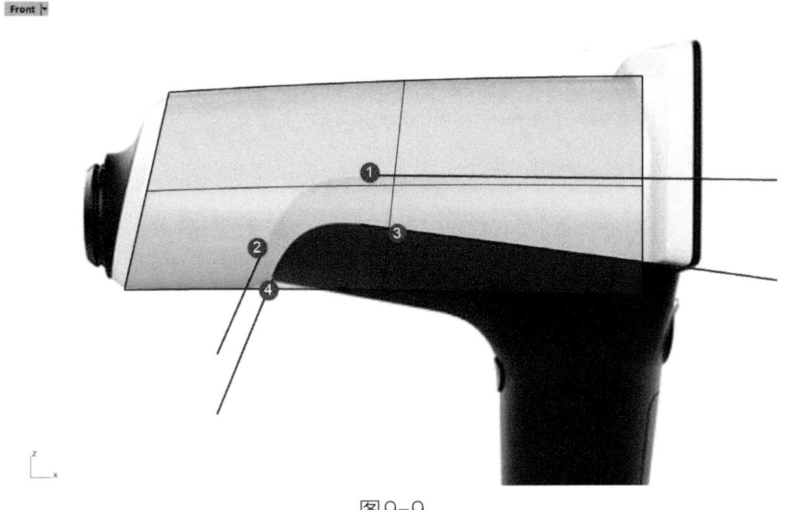
Front
1
2
3
4

图9-9

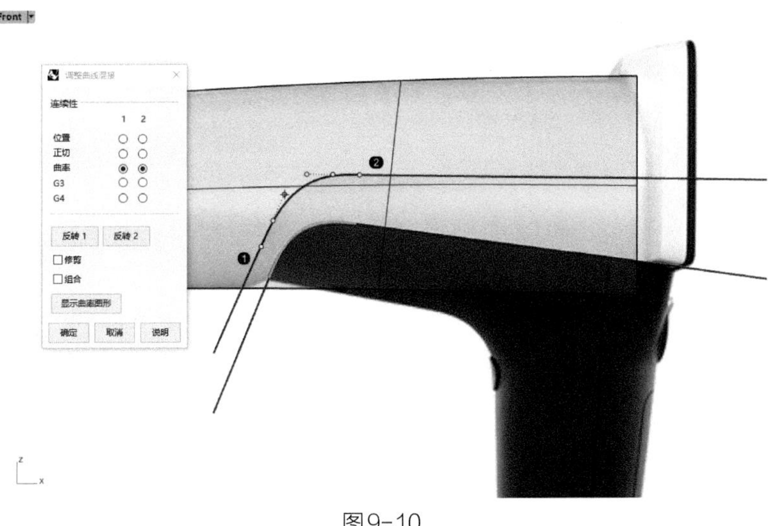
Front
调整曲线混接
连续性
1 2
位置
正切
曲率
G3
G4
反转 1
反转 2
修剪
组合
显示曲率图形
确定
取消
说明
1
2

图9-10

⑪ 执行 【分割】指令，先选取要分割的曲面，随后选取切割用的曲线，对曲面进行分割。如图9-11所示分割完成。

注：分割前可以对原曲面复制一份保留到图层。

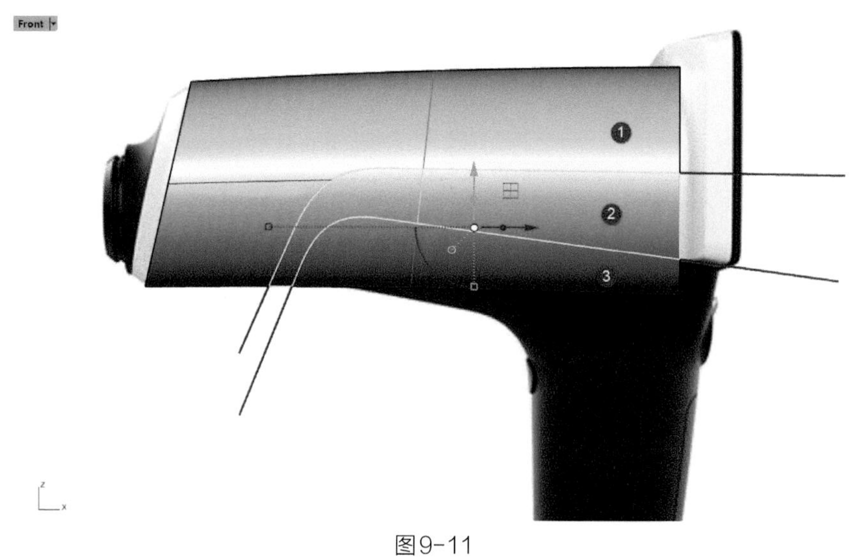

图9-11

⑫ 隐藏序号2曲面，开始制作产品主体白色区域处的渐消曲面。如图9-12所示。

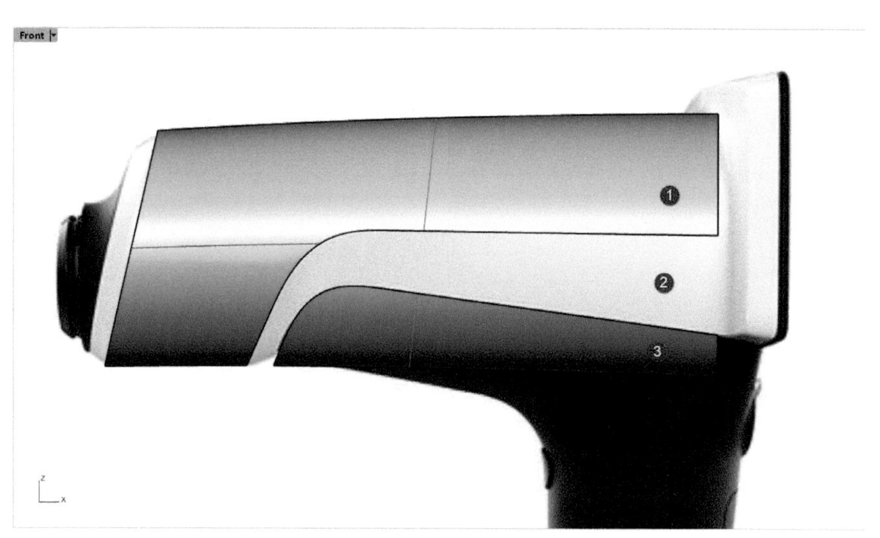

图9-12

⑬ 先对序号1曲面进行隐藏，接着在【Front】视图中调整序号3曲面的具体位置，随后使用 【取消修剪】指令对曲面进行复原修剪，如图9-13所示。

⑭ 执行 【分割】指令，对序号3曲面进行分割，并将曲线与无用曲面进行删除或隐藏。随后将序号1曲面进行显示。如图9-14所示。

⑮ 开始制作渐消曲面部分，开启序号1曲面的控制点，选取边缘一圈控制点，执行 【设置XYZ坐标】指令，与序号3曲面的边缘对齐。如图9-15所示。

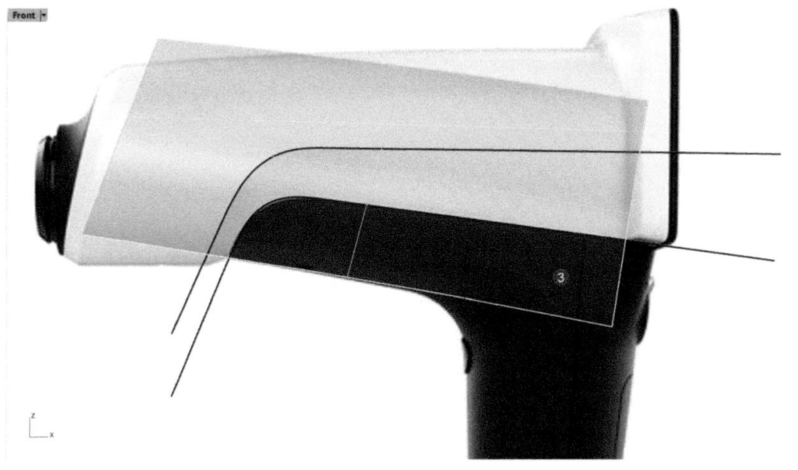

图9-13

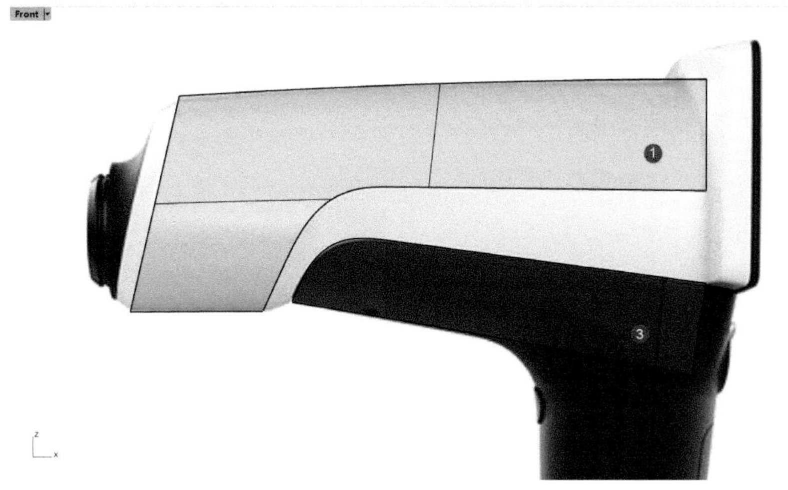

图9-14

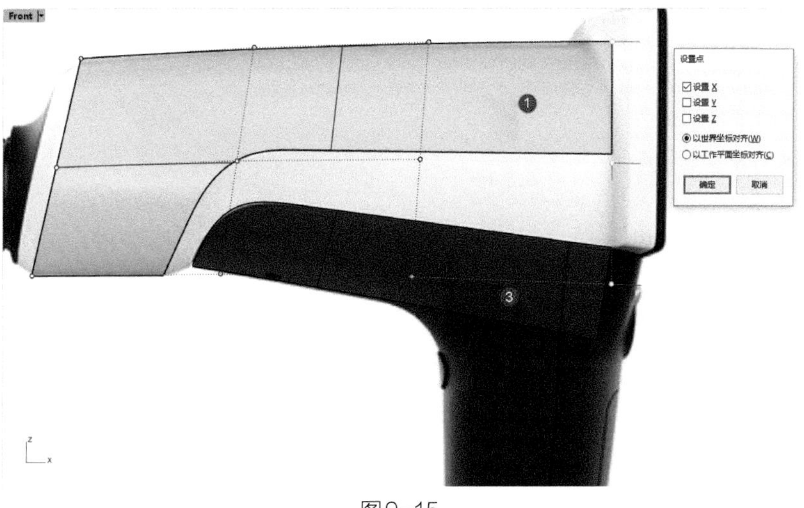

图9-15

⑯ 使用【控制点曲线】指令绘制两条曲线连接序号1与序号3曲面，尾端则需使用【可调式混接曲线】命令进行混接过渡线。如图9-16所示。

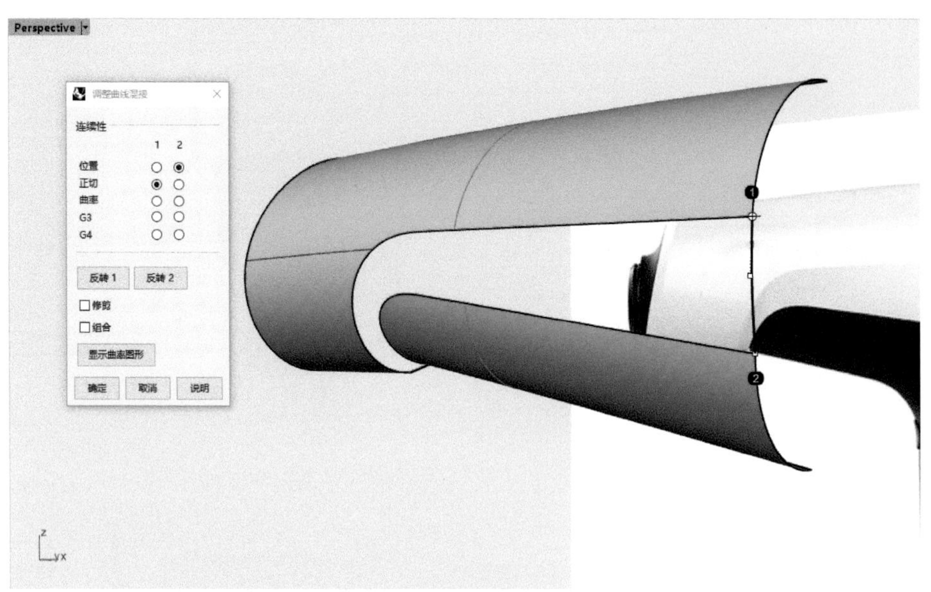

图9-16

⑰ 使用【双轨扫掠】指令，双轨建立曲面后隐藏序号3曲面，随后将曲面进行【组合】处理。如图9-17所示渐消面部分制作完毕。

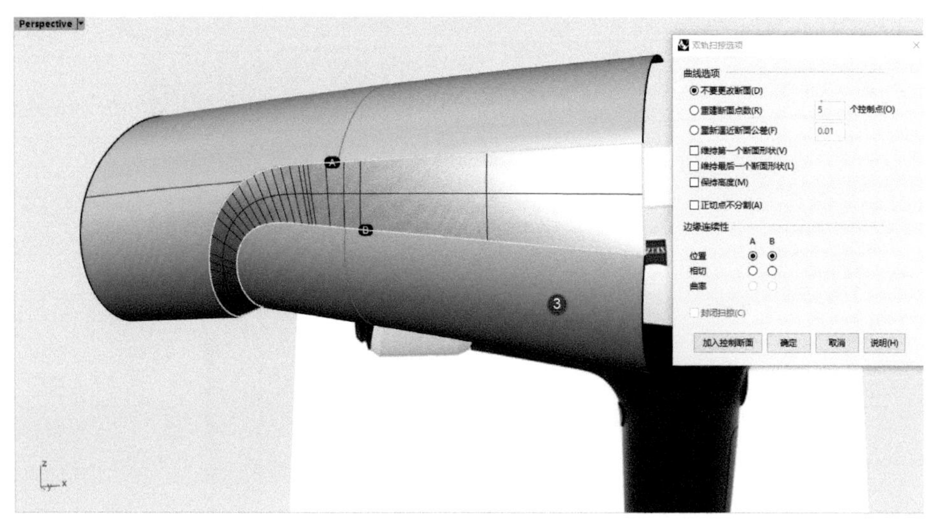

图9-17

⑱ 渐消面部分制作完毕，接着执行【镜像】指令，将曲面镜像复制对称过去并组合曲面。如图9-18所示。

⑲ 执行【复制边缘】指令，选取要复制的边缘，把曲线复制出来，接着使用【圆管（平头盖）】指令，建立圆管；注意需在指令栏中点击：加盖（C）=无、渐变形式=整体、起点与终点圆管半径系数=1、中间点圆管半径系数=0.5。如图9-19所示。

⑳ 使用【延伸曲面】延伸圆管尾部，这样可以确保圆管与曲面有完整的交集，如图9-20所示。

图9-18

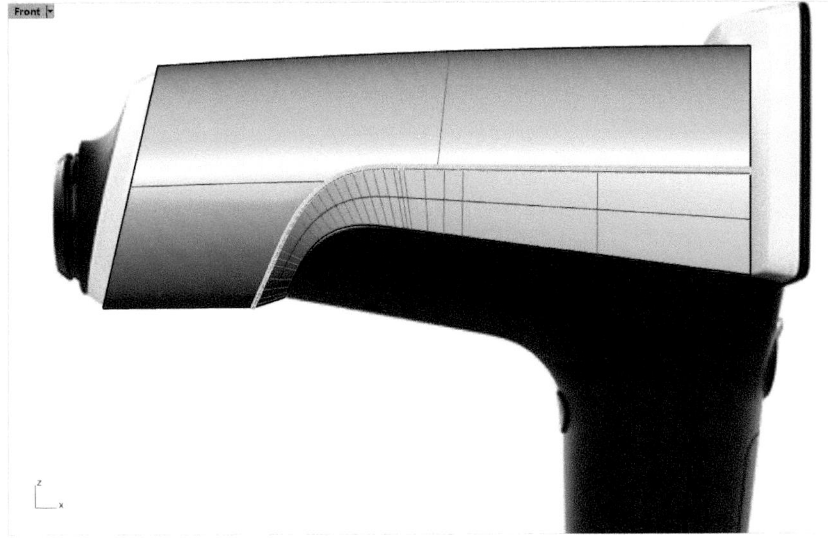

图9-19

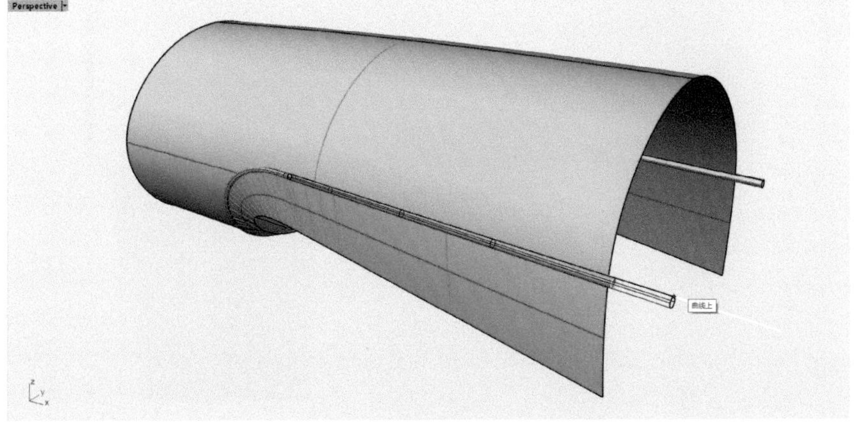

图9-20

㉑ 延伸曲面完成后，选取要分割的曲面与分割用的圆管进行【分割】。如图9-21所示。

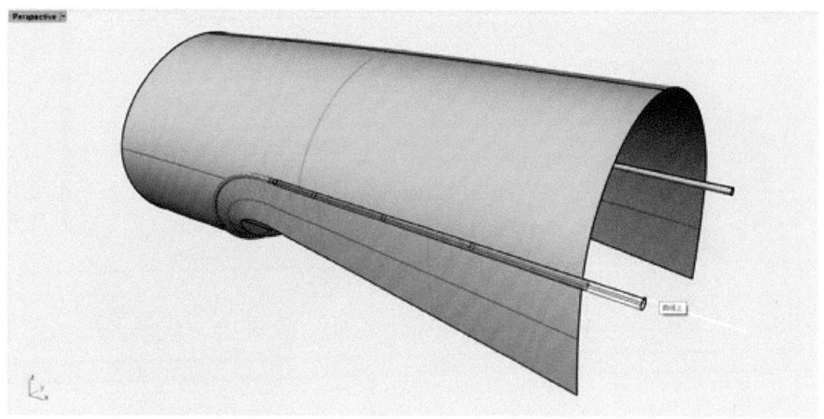

图9-21

㉒ 使用【混接曲面】指令，进行混接曲面，达到模拟圆角的效果。如图9-22所示。
注：如混接时结构线错乱，可以使用加入断面进行调整。

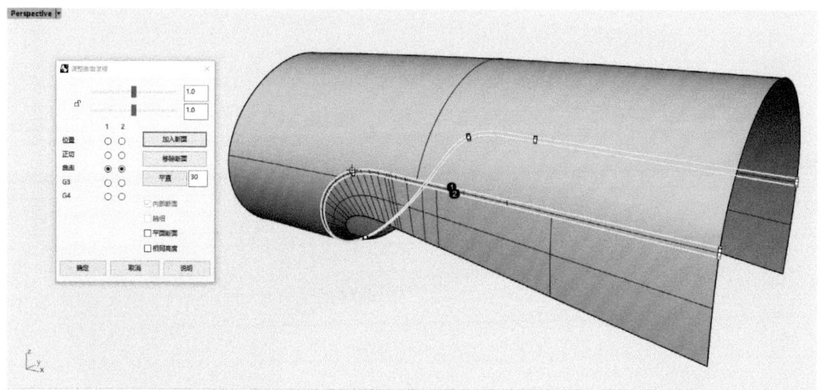

图9-22

㉓ 混接曲面完成，对曲面进行【组合】处理，并查看效果。如图9-23所示。

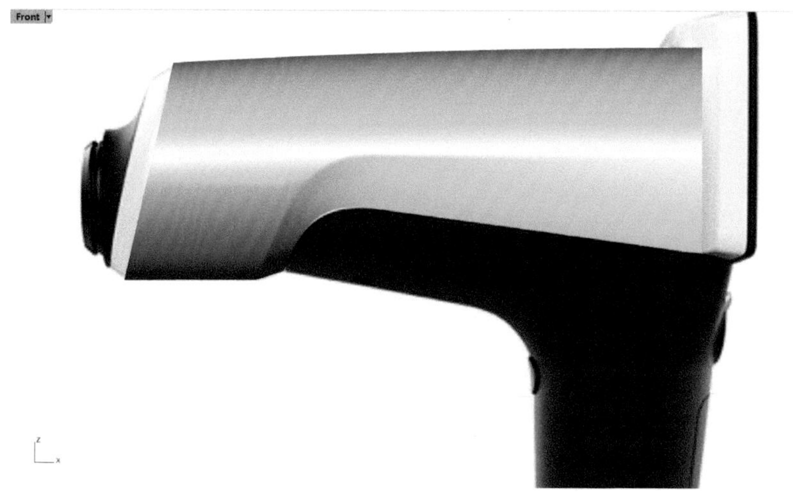

图9-23

㉔ 执行 【放样】指令，对底部缺口进行放样成面处理，放样完成并对齐。随后进行 【组合】处理。如图9-24所示。

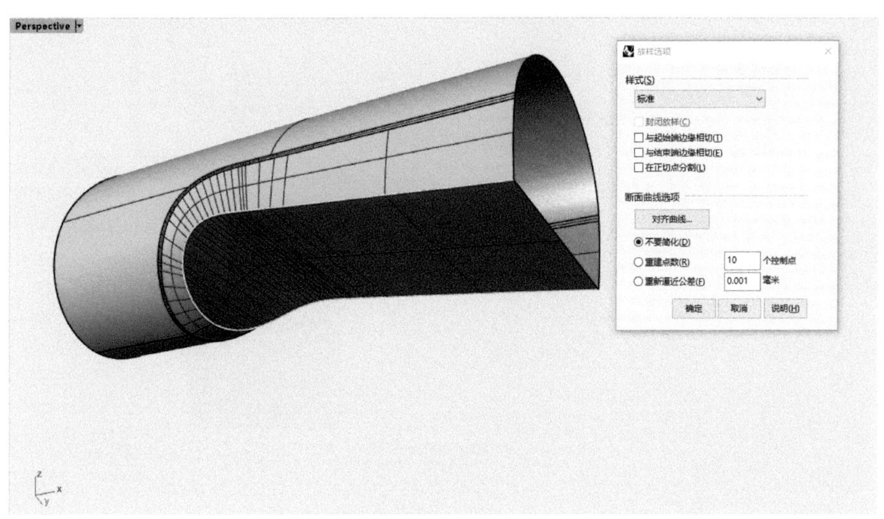

图9-24

㉕ 制作手持把手部分。显示序号3曲面并切换至半透明显示，执行 【以结构线分割曲面】指令，依据参考图进行分割，将曲面一分为二。如图9-25所示。

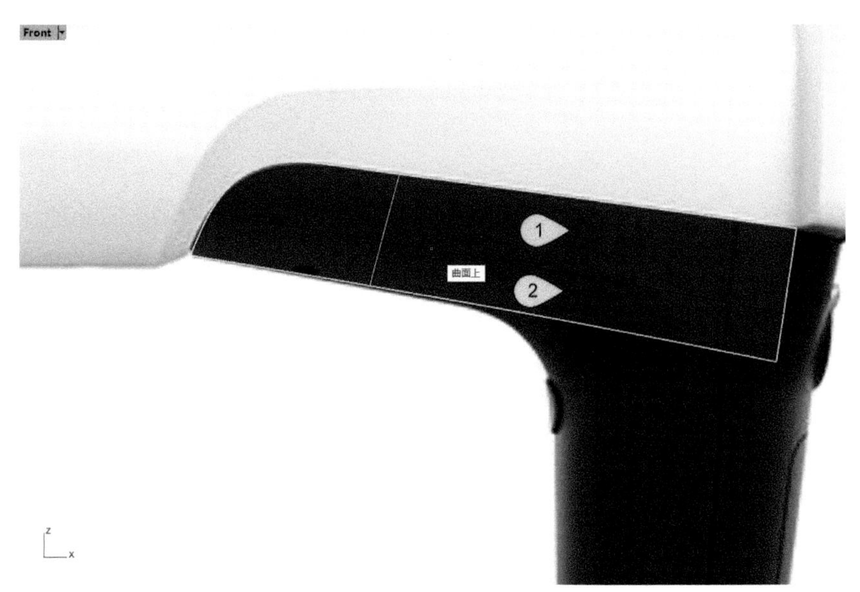

图9-25

㉖ 隐藏分割后的序号2曲面，继续执行 【以结构线分割曲面】指令，依据参考图进行分割，对序号1曲面分割。并将分割后的曲面进行删除，留下要保留的曲面。如图9-26所示。

㉗ 绘制辅助线，先在【Front】视图中定点，随后在【Top】视图中使用 【控制点曲线】指令绘制一根参考线。如图9-27所示。

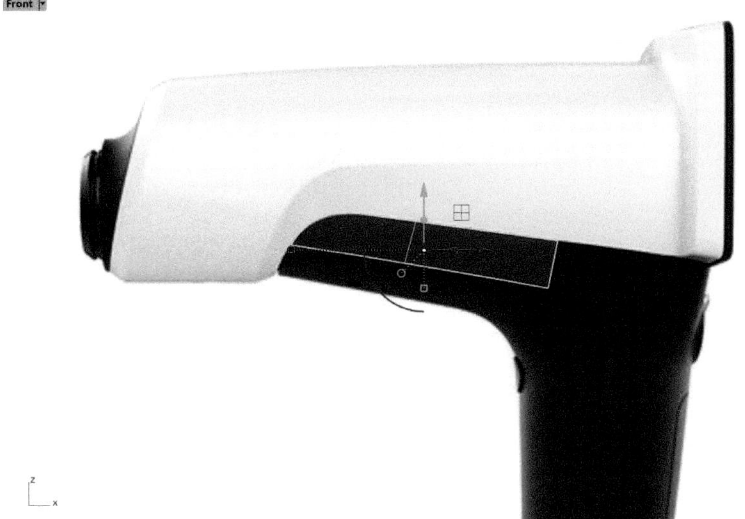

图9-26

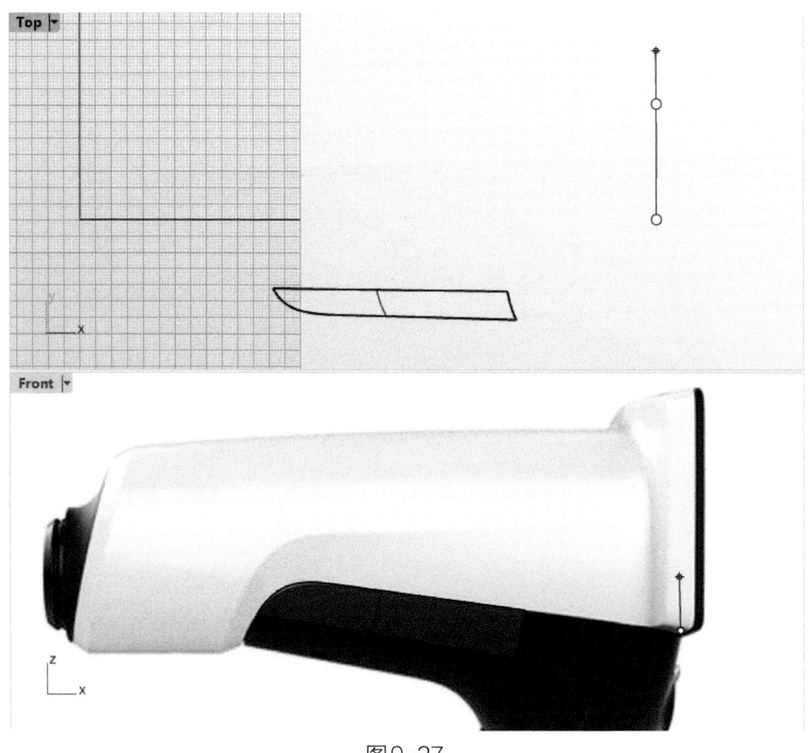

图9-27

㉘ 使用【可调式混接曲线】指令，对曲面边缘和绘制好的辅助线进行混接过渡线。如图9-28所示。

㉙ 在【Front】视图中使用【控制点曲线】指令，绘制一根参考线，随后执行【单轨扫掠】指令，单轨建立曲面，如图9-29所示。

㉚ 单轨完成后调整曲面，开启控制点，将底部边缘调整平直。随后对调整好的曲面执行【镜像】指令，镜像并复制得到整体造型，镜像完毕。执行【衔接曲面】指令，衔接左右两边曲面。如图9-30所示。

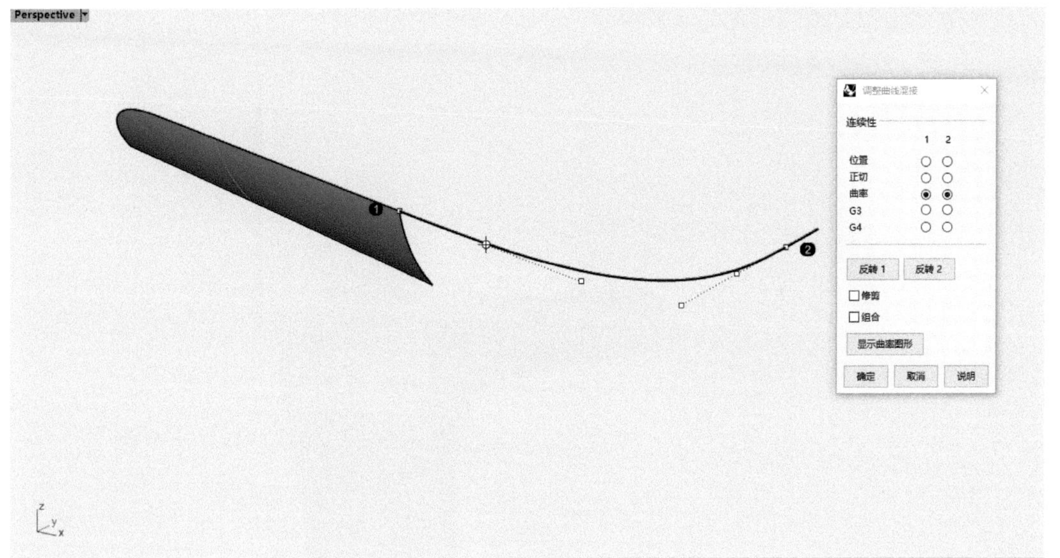

图9-28

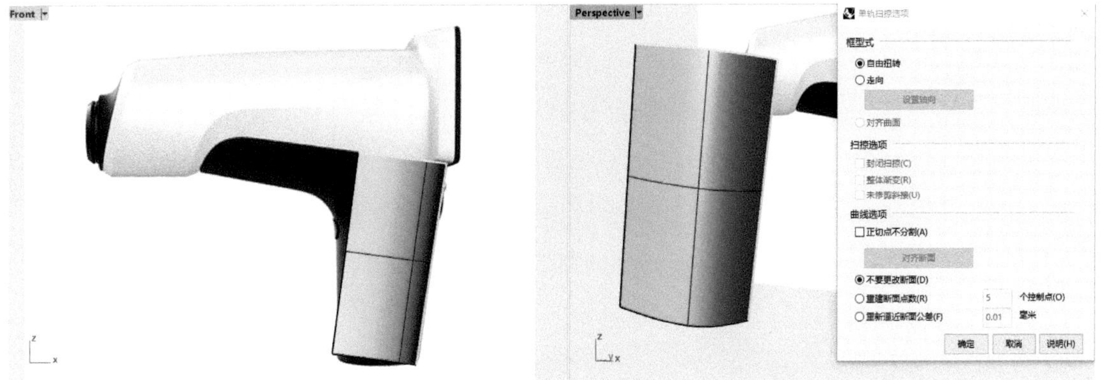

图9-29

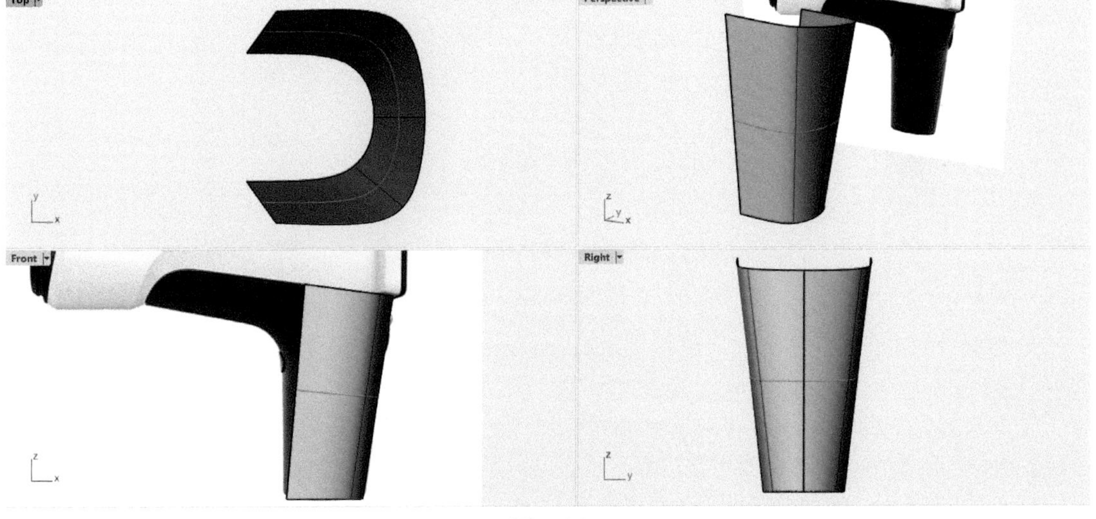

图9-30

㉛ 使用【以结构线分割曲面】指令，对手持部分的曲面进行结构线分割，分割成序号1、2、3三块曲面。如图9-31所示。

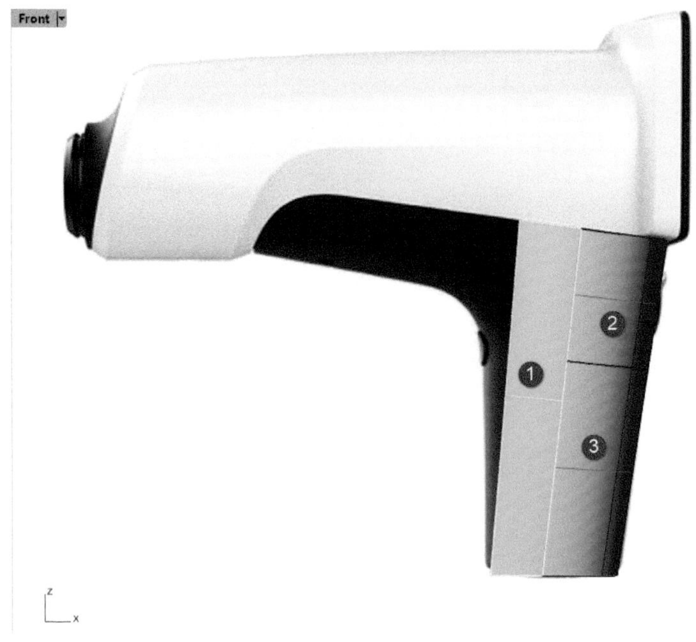

图9-31

㉜ 执行【复制边缘】指令，把曲面的边缘变成曲线，同时删除曲面。如图9-32所示。

图9-32

㉝ 隐藏序号1曲面，调整通过复制边缘得到的曲线，并使用【控制点曲线】指令，重新绘制一根3阶6点的曲线。如图9-33所示。

㉞ 对调整好的曲线执行【双轨扫掠】指令，双轨成面建立基本曲面后接着使用【衔接曲面】指令，衔接左右两边曲面使其边缘达到G1及以上连续。如图9-34所示。

㉟ 使用【以结构线分割曲面】指令分割曲面，随后使用【可调式混接曲线】指令混接曲线。如图9-35所示。

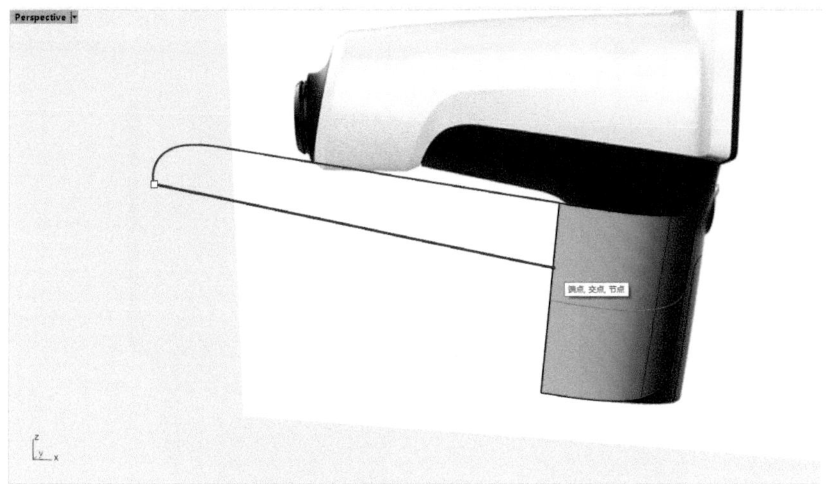

图9-33

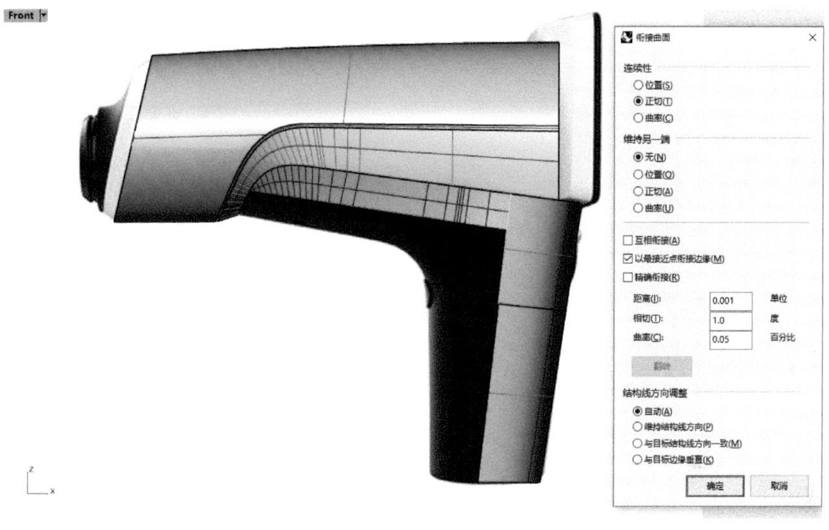

图9-34

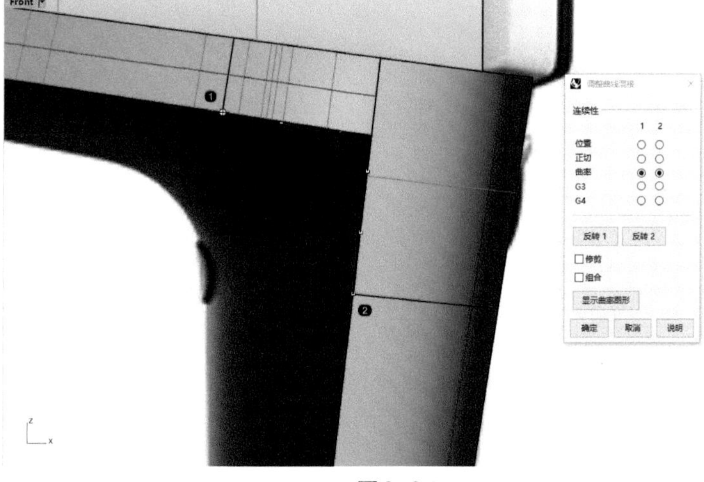

图9-35

1
2
3
4
5
6
7
8
9
10

㊱ 使用【抽离结构线】命令，依照参考图的位置抽离一根辅助线，接着使用【可调式混接曲线】指令混接曲线，并执行【修剪】。如图9-36所示。

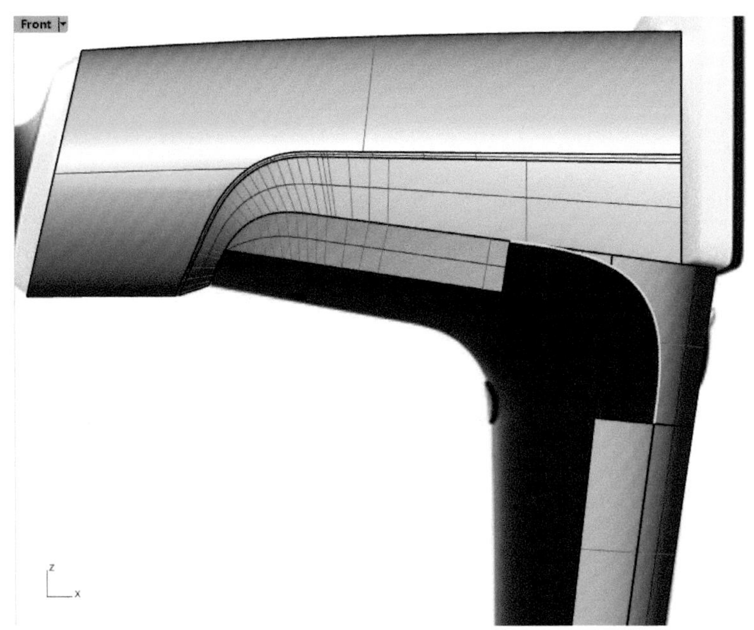

图9-36

㊲ 执行【双轨扫掠】指令，双轨成面补上缺口。如图9-37所示。

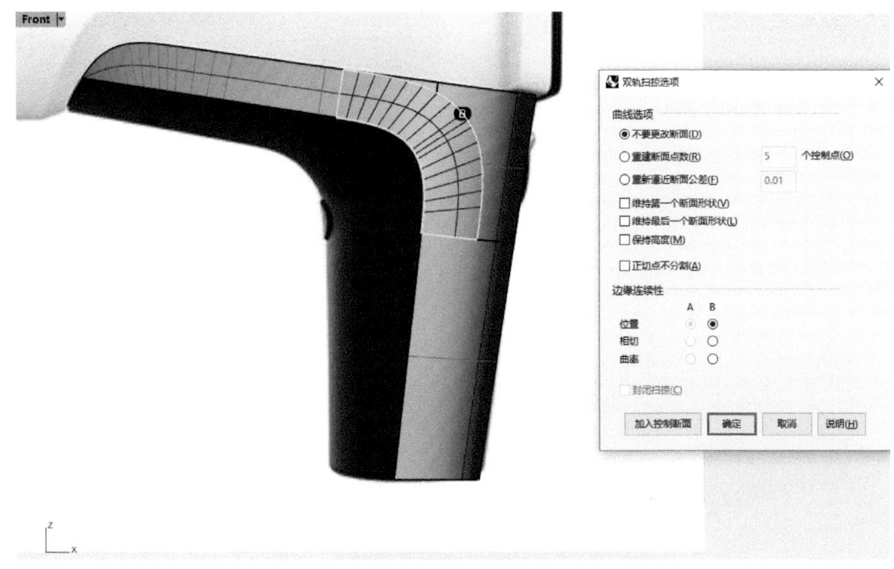

图9-37

㊳ 成面后使用【以结构线分割曲面】指令分割曲面，随后使用【衔接曲面】指令，依次衔接上下两边曲面使其边缘达到G1及以上连续。衔接完成并进行【组合】处理。如图9-38所示。

㊴ 衔接完成，如图9-39所示为光影效果。

㊵ 使用【控制点曲线】指令，绘制一根5阶6点的曲线（红色曲线）。随后使用【复制边缘】指令，复制边缘曲线（黄色曲线）。如图9-40所示。

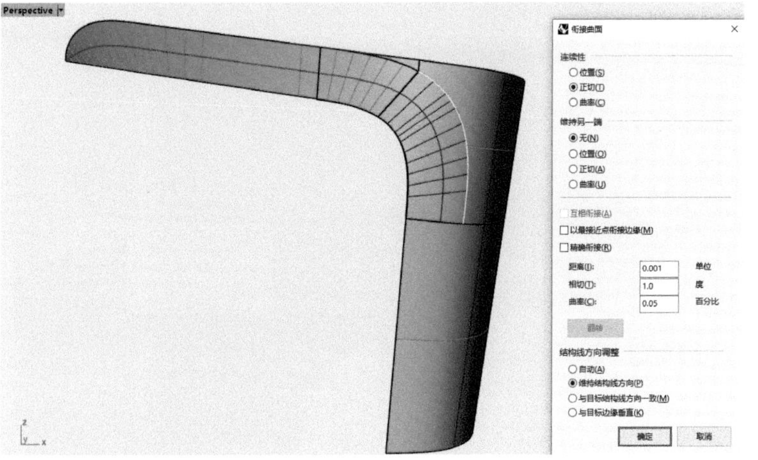

图9-38

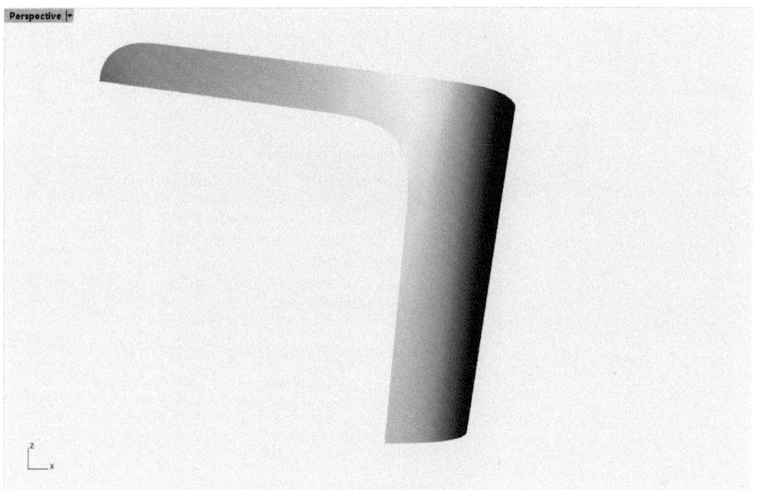

图9-39

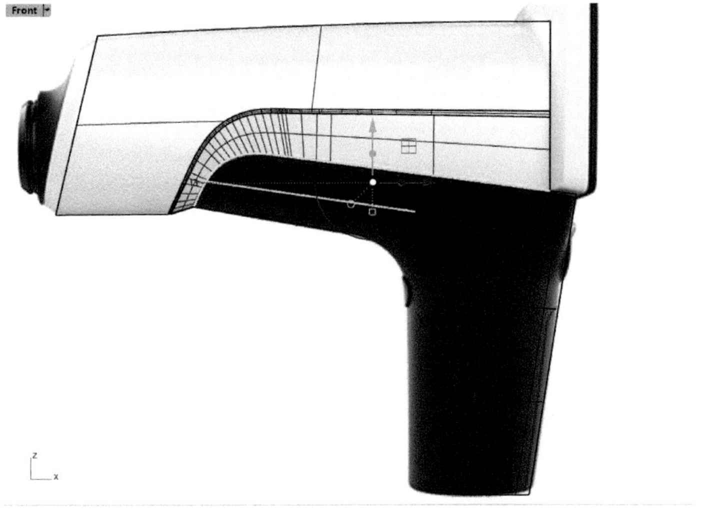

图9-40

㊶ 执行【修剪】去除多余的曲线部分，并对绿色曲线部分【重建曲线】，重建为5阶6点。如图9-41所示。

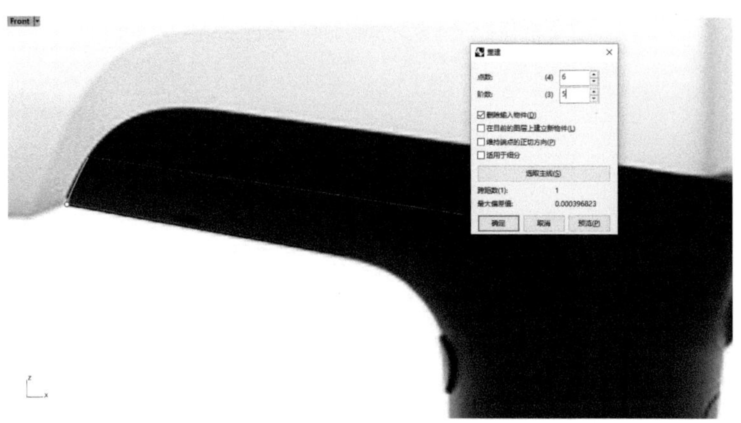

图9-41

㊷ 对上一步调整好的曲线，执行【双轨扫掠】指令，双轨成面。如图9-42所示。

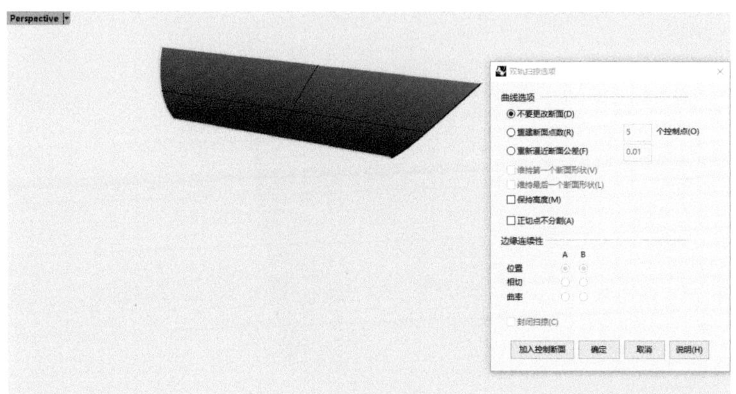

图9-42

㊸ 对选择的模型部分，执行【镜像】指令，镜像并复制得到右边造型。如图9-43所示。

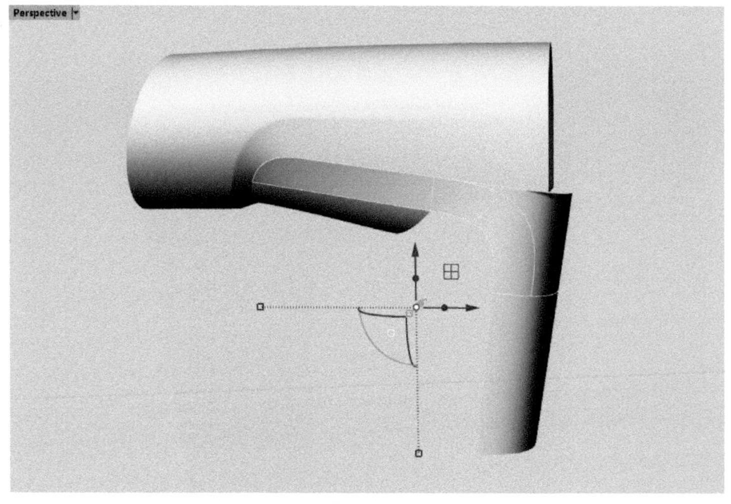

图9-43

㊹ 镜像完成，使用【可调式混接曲线】指令，混接并调整曲线，如图9-44所示。

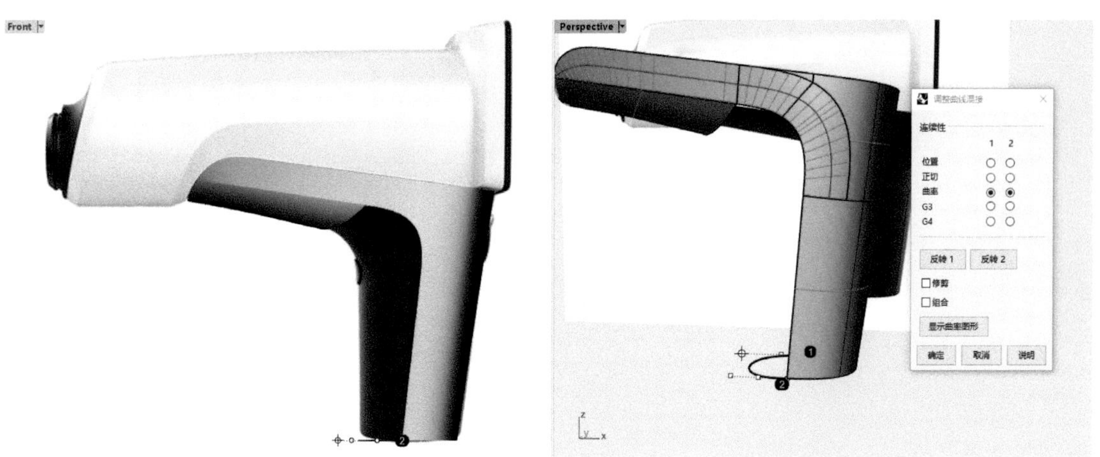

图9-44

㊺ 混接完成，执行【双轨扫掠】指令，双轨成面。随后开启曲面控制点对齐进行调整，曲面形状调整完成随后使用【以结构线分割曲面】指令，将曲面左右分开，并删除右边曲面。如图9-45所示。

注：此处缩回=是。

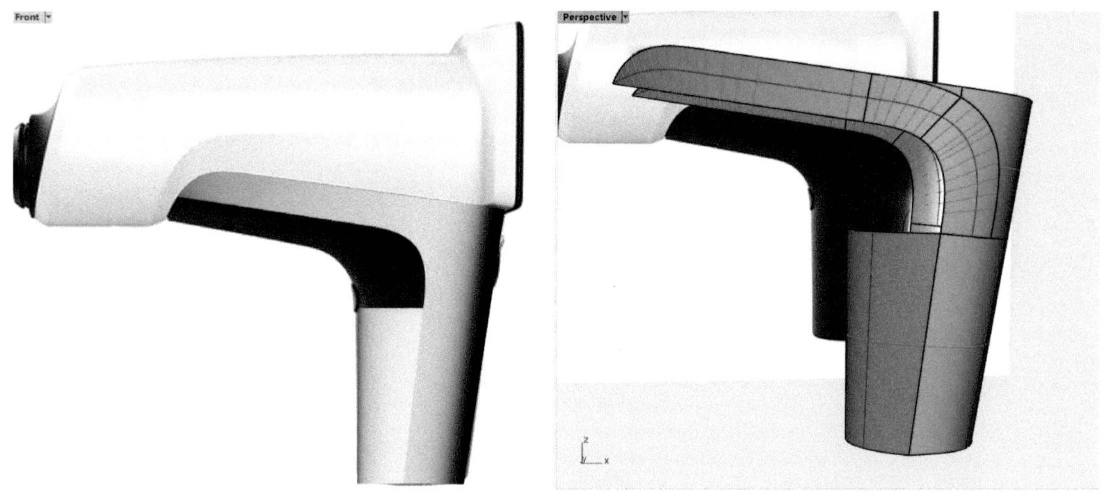

图9-45

㊻ 使用【可调式混接曲线】指令，搭建上下曲面的过渡线。混接完成后执行【双轨扫掠】指令，双轨成面。如图9-46所示。

㊼ 双轨完成后，组合并镜像复制曲面，得到整体造型。如图9-47所示。

㊽ 对模型进行圆角化处理，执行【复制边缘】指令，复制出曲线，随后执行【以直线延伸】命令，延长曲线。随后使用【圆管】指令，建立圆管。注意需在指令栏中点击：加盖（C）=无；起点与中点圆管半径系数=1；终点圆管半径系数=3。如图9-48所示。

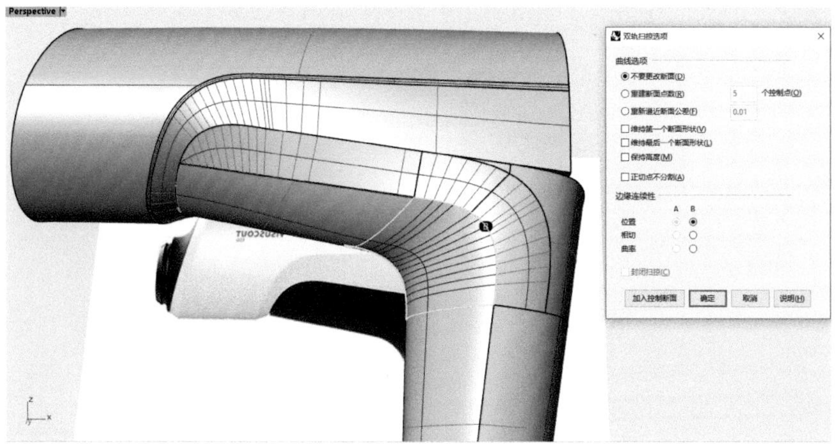

图9-46

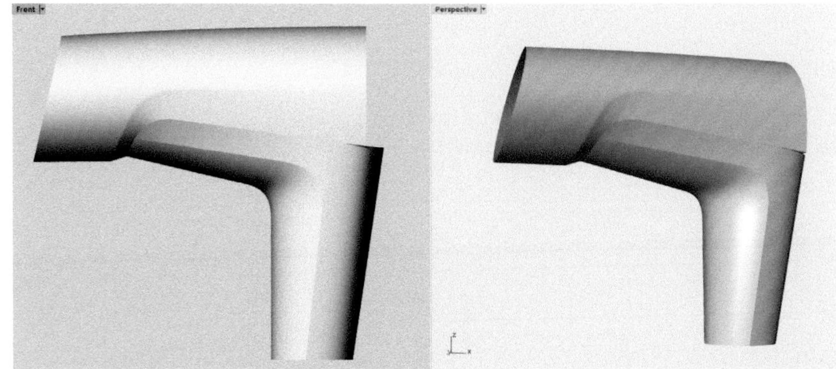

图9-47

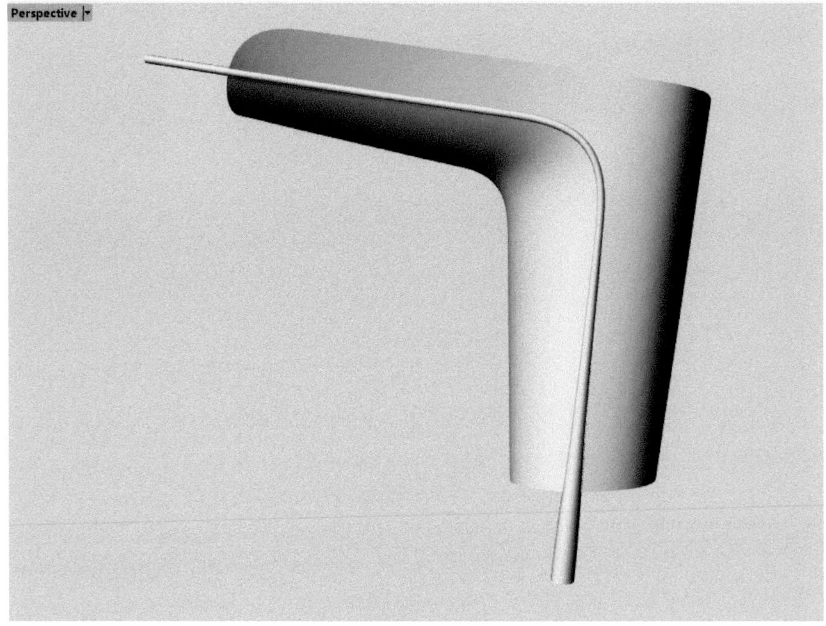

图9-48

㊾ 选取要分割的曲面与分割用的圆管进行【分割】。接着使用【混接曲面】指令，进行混接曲面，达到模拟圆角的效果。如图9-49所示。

图9-49

㊿ 处理混接曲面的边缘，使用【可调式混接曲线】指令，搭建上下曲面的过渡线。混接完成后使用【延伸曲面】指令，延伸混接的曲面。并通过【修剪】指令，修整好边缘，底部缺口同理可得。如图9-50所示。

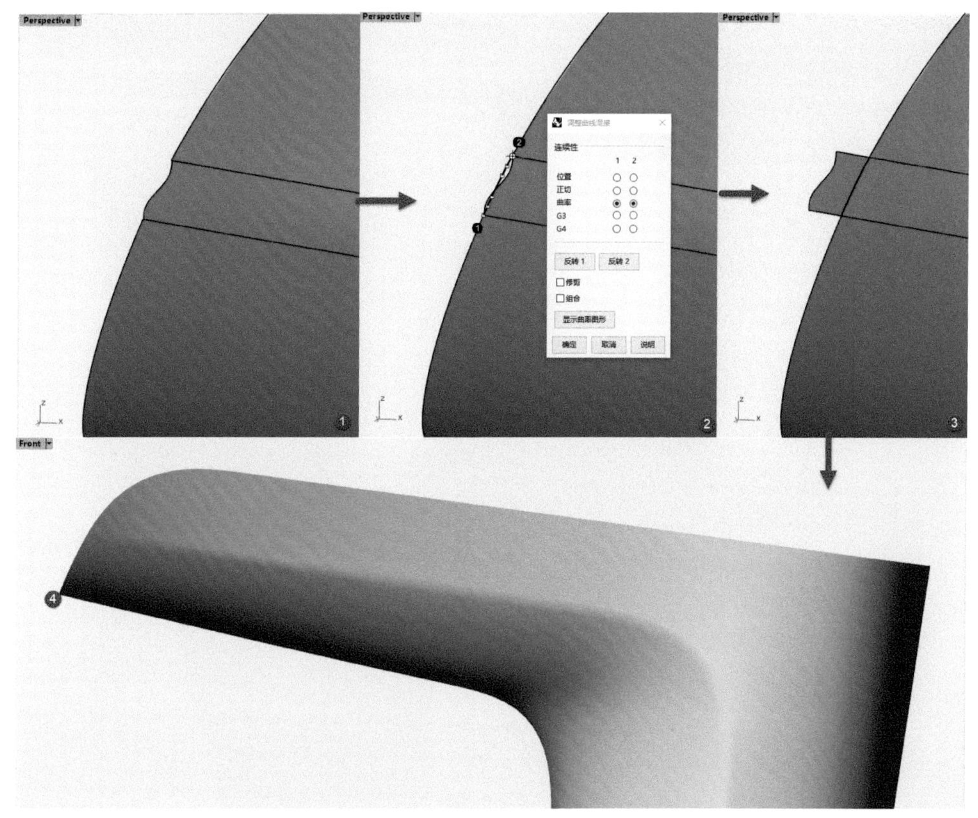

图9-50

(51) 使用 【放样】命令，依次对缺口部分进行放样成面填补缺口位置。放样完成并进行 【组合】曲面处理。底部为平面缺口则可以直接执行 【将平面洞加盖】指令。如图9-51所示。

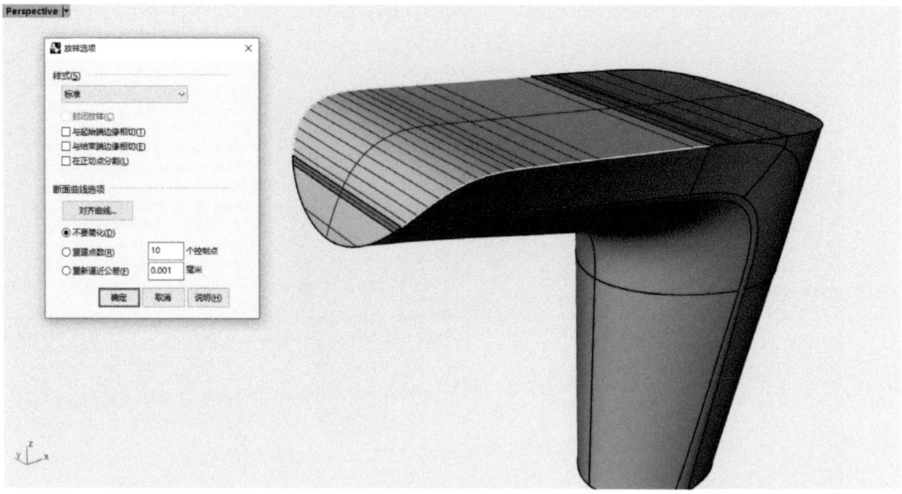

图9-51

(52) 继续对模型进行圆角化处理，执行 【复制边缘】指令，复制出曲线，随后使用 【圆管】指令，建立圆管；圆管半径系数=1。接着选取要分割的曲面与分割用的圆管进行 【分割】。分割完成，删除废弃曲面，使用 【混接曲面】指令，进行混接曲面，达到模拟圆角的效果。如图9-52所示。

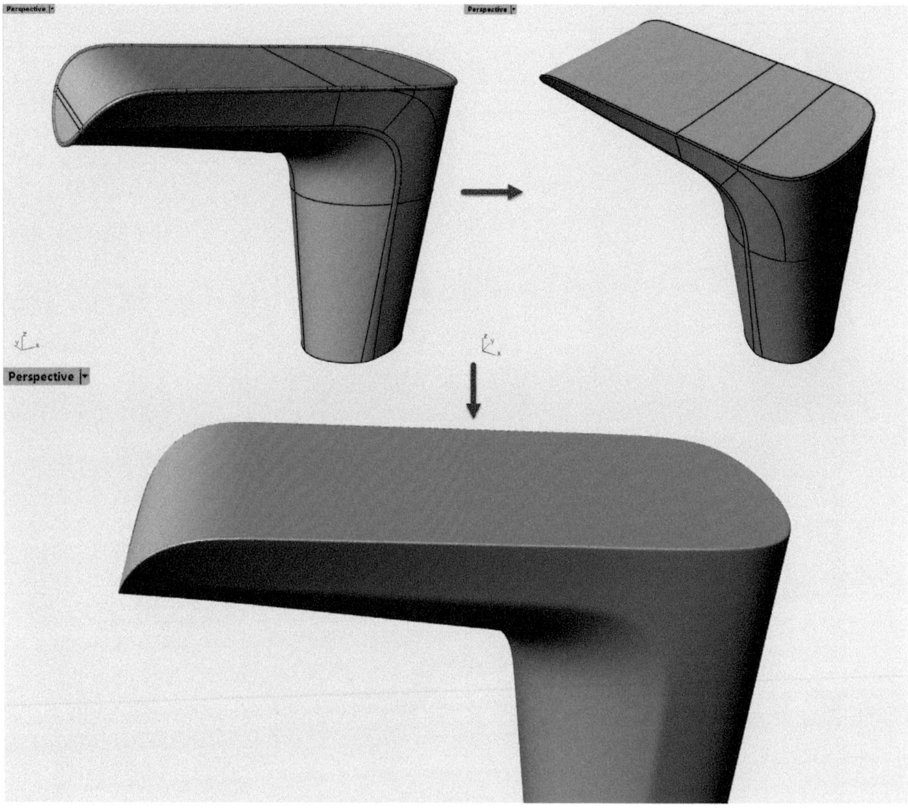

图9-52

(53) 执行【边缘圆角】工具，对底部边缘进行圆角处理，圆角半径系数=1。如图9-53所示。

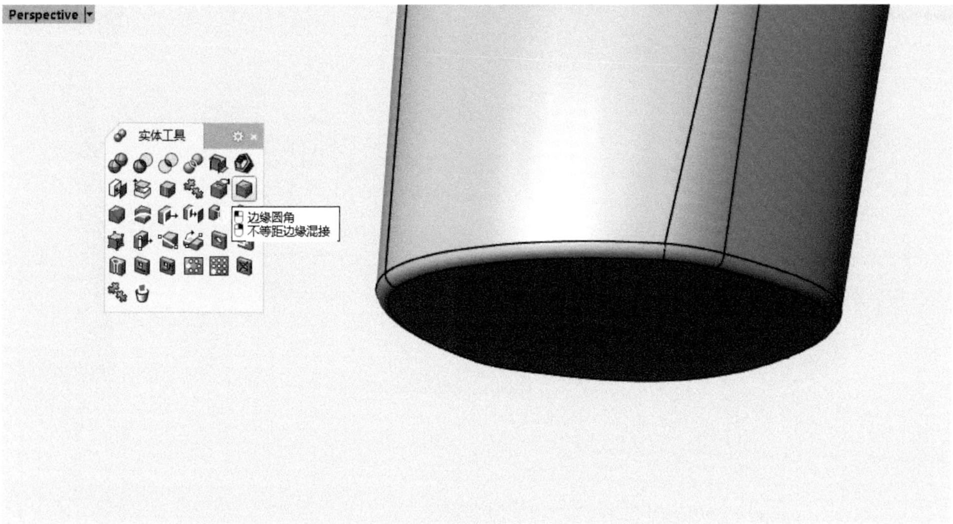

图9-53

(54) 手持部分模型圆角处理完成，如图9-54所示。

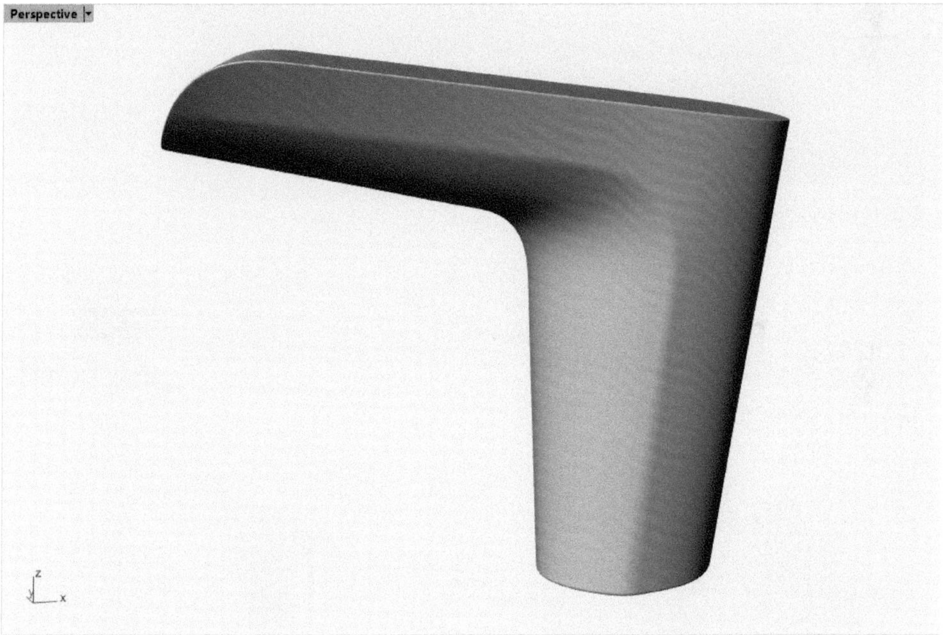

图9-54

(55) 执行【复制边缘】指令，复制出曲线，对曲线进行调整大小及其位置，并使用【放样】指令放样成面。如图9-55所示。

(56) 使用【多重直线】指令绘制好轮廓曲线，接着使用【旋转成形】命令，依据重点的位置旋转一周得到曲面造型。如图9-56所示。

(57) 在【Front】视图中使用【控制点曲线】指令绘制两根3阶4点的参考曲线，接着使用【双轨扫掠】指令，双轨成面。成面后对曲面与曲面之间进行【组合】曲面处理。如图9-57所示。

Front
Front
Perspective
放样选项
样式(S)
标准
封闭放样(C)
与起始端边缘相切(T)
与结束端边缘相切(E)
在正切点分割(L)
断面曲线选项
对齐曲线...
不要简化(D)
重建点数(R)
10
个控制点
重新逼近公差(F)
0.001
毫米
确定
取消
说明(H)
Front

图9-55

Front
Front

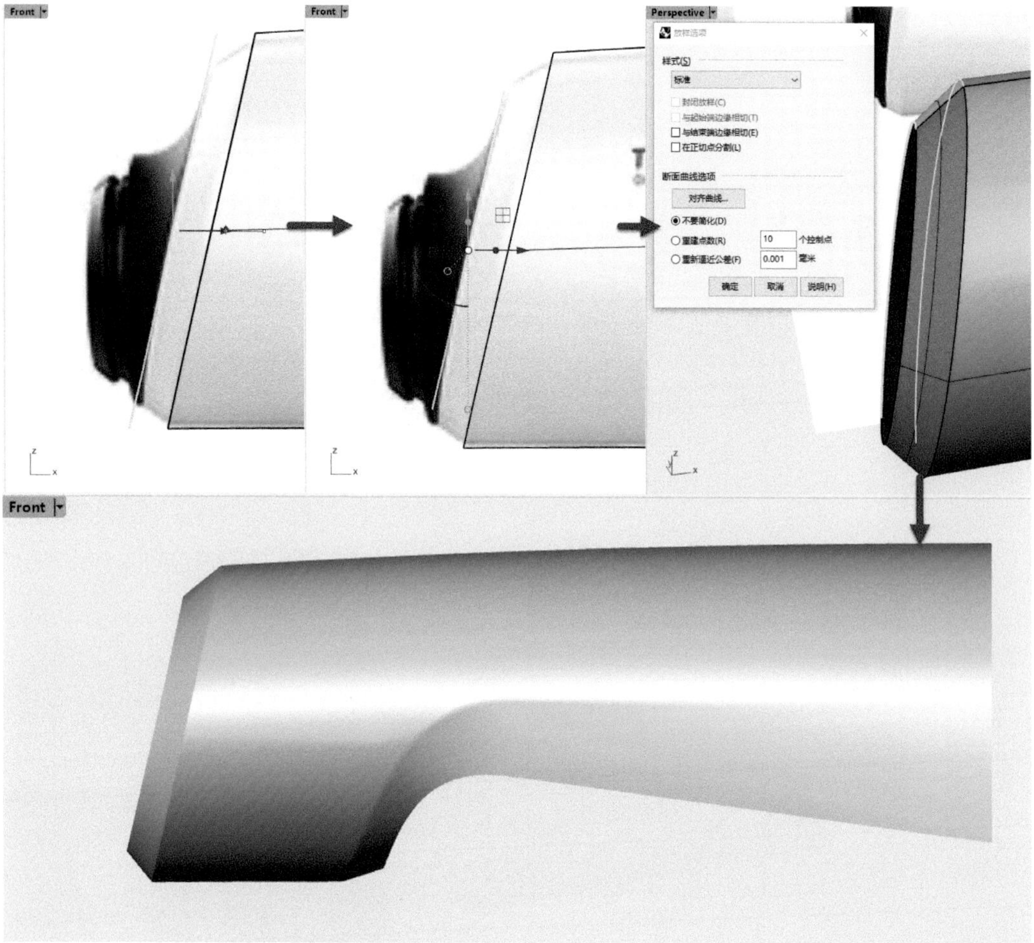

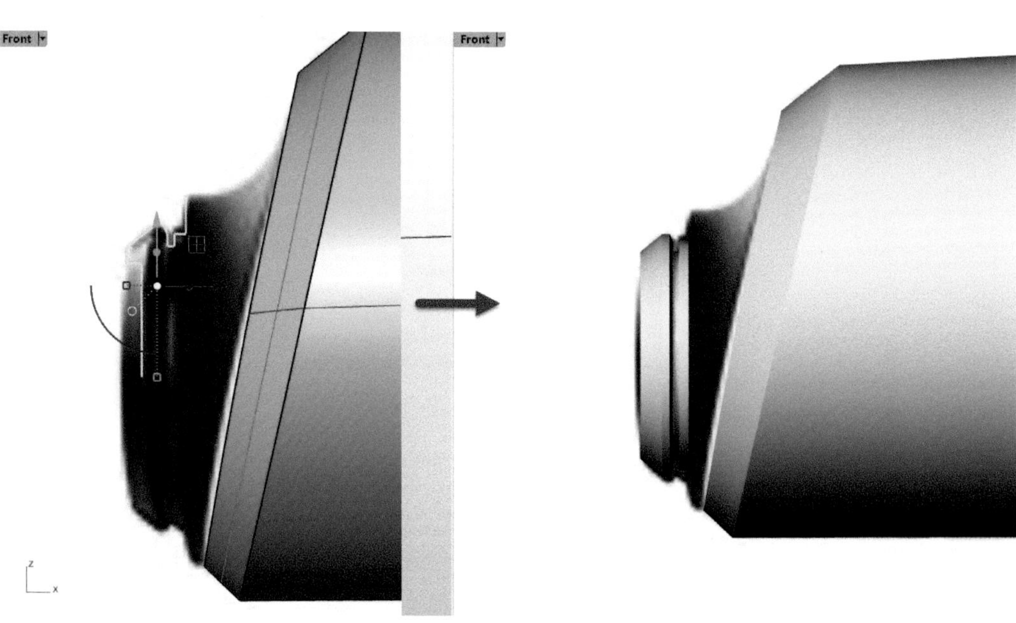

图9-56

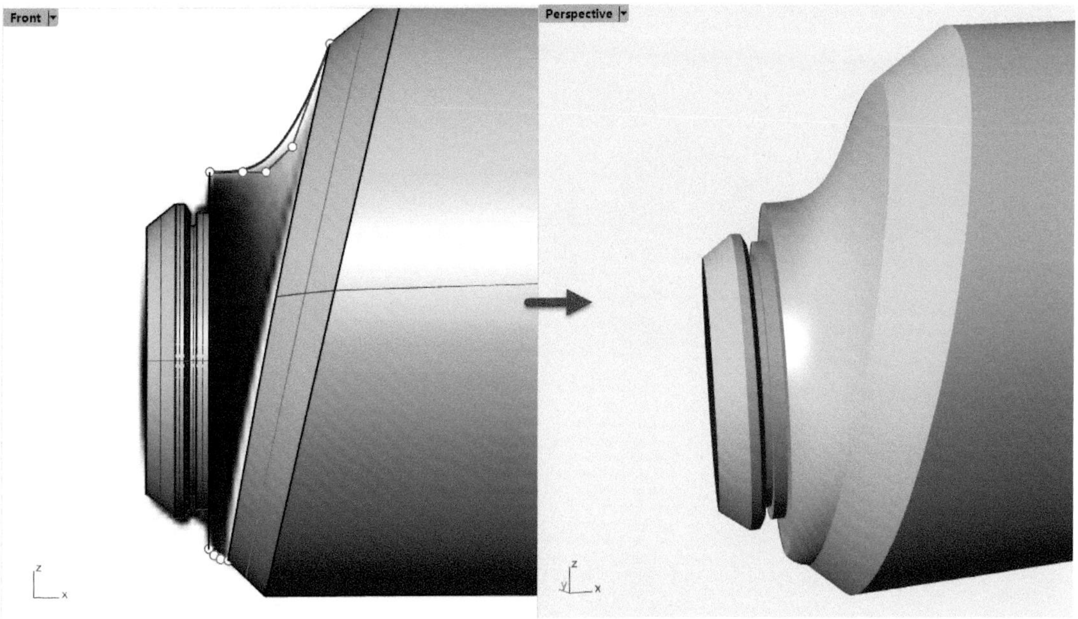

图9-57

(58) 执行 【边缘圆角】工具，对边缘进行圆角处理，圆角半径系数=1。如图9-58所示。

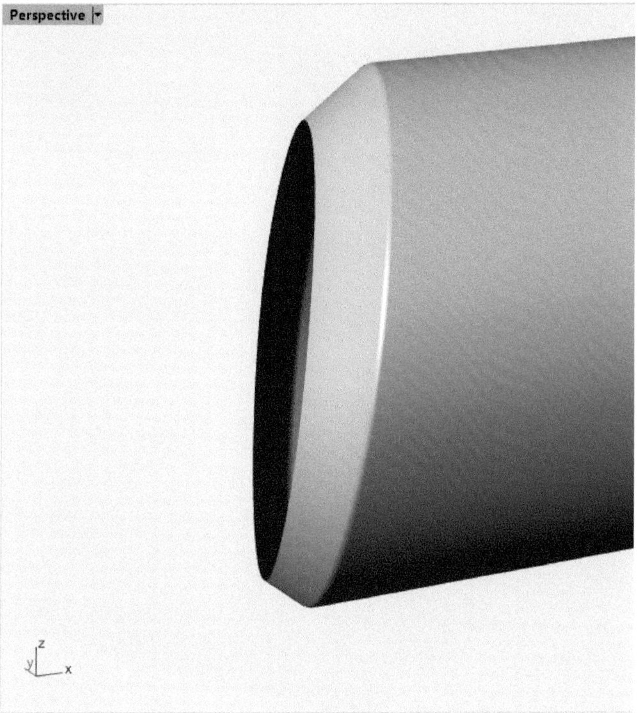

图9-58

(59) 选择边缘，执行 【往曲面法线方向挤出曲线】指令，挤出辅助曲面。并通知行 【镜像】指令，镜像复制另一侧曲面，随后进行 【组合】曲面处理。组合曲面后，执行 【边缘圆角】工具，对边缘进行圆角处理，圆角半径系数=1。如图9-59所示。

(60) 执行 【边缘圆角】工具，对边缘进行圆角处理，圆角半径系数=0.5。如图9-60所示。

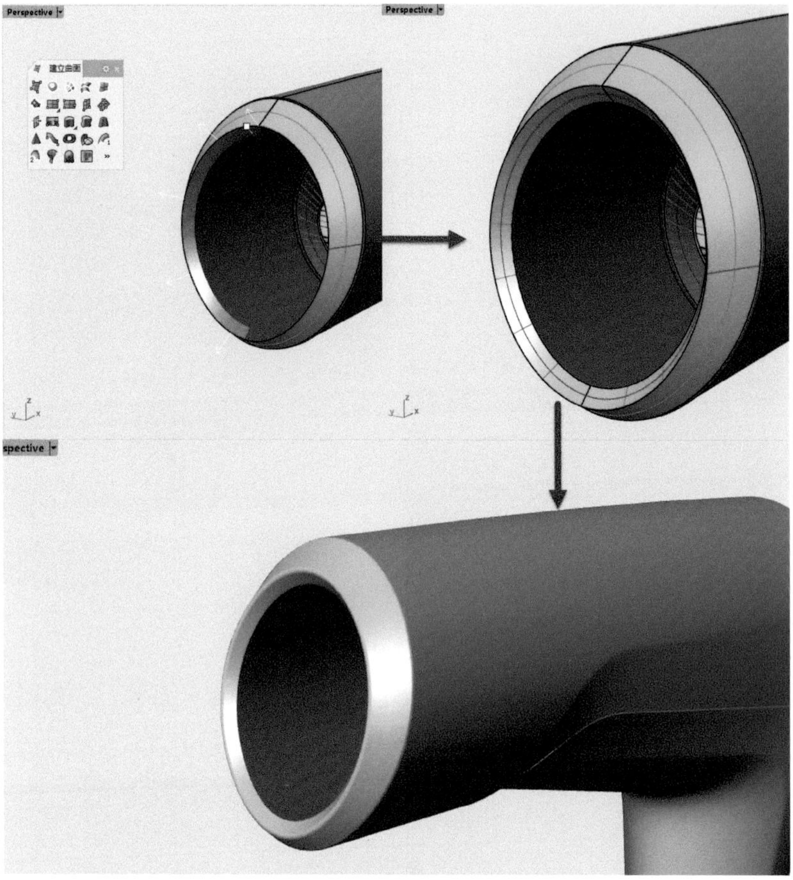

图9-59

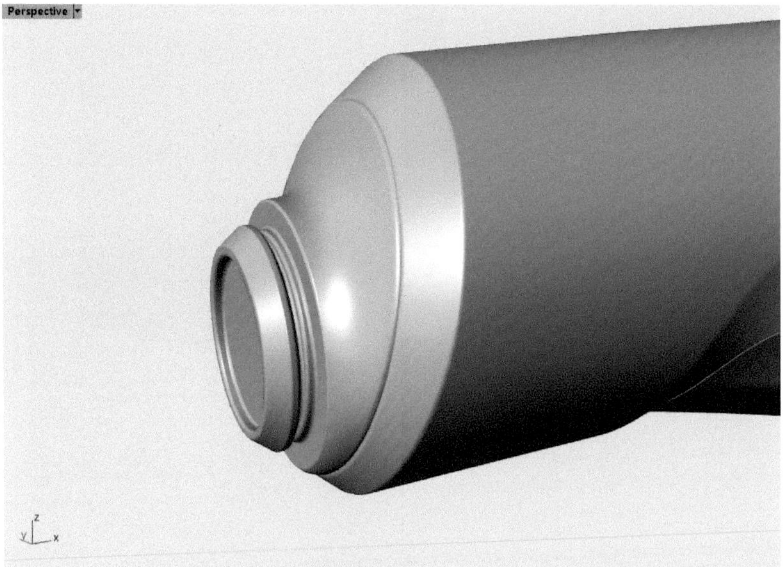

图9-60

(61) 切换至【Right】视图，使用 【矩形：角对角】指令，在辅助线的中点处绘制一个矩形线框。如图9-61所示。

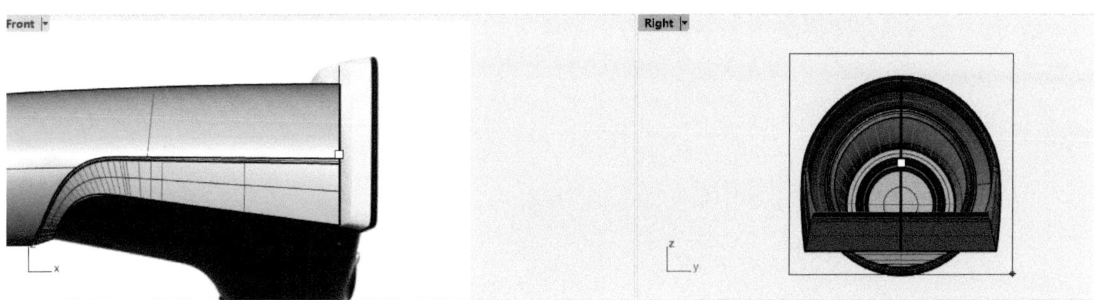

图9-61

⑥② 复制并调整矩形线框，点击【炸开】指令，炸开矩形线框。【重建曲线】，重建为3阶4点，并调整造型。如图9-62所示。

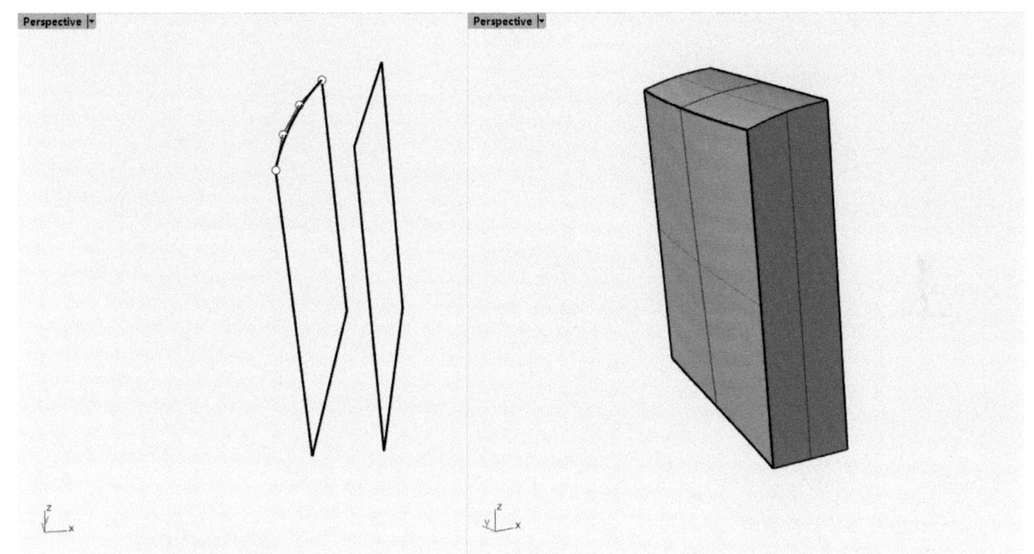

图9-62

⑥③ 使用【控制点曲线】指令绘制1根3阶4点的参考曲线，随后使用通过【修剪】指令，修整好边缘，并使用【将平面洞加盖】指令将屏幕底部补上缺口。如图9-63所示。

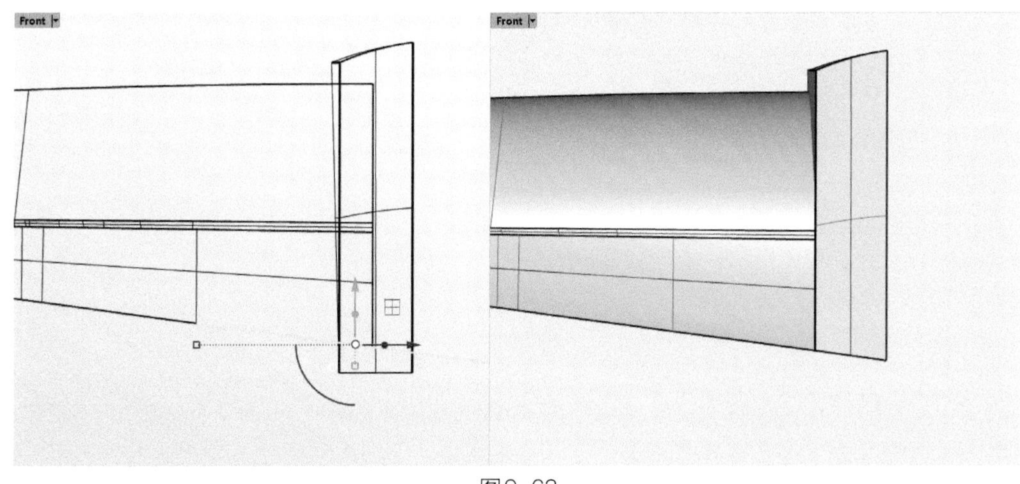

图9-63

64 使用 【布尔运算联集】指令，将模型联集为一体。随后使用 【边缘圆角】工具，对边缘进行圆角处理，圆角半径系数=3。如图9-64所示。

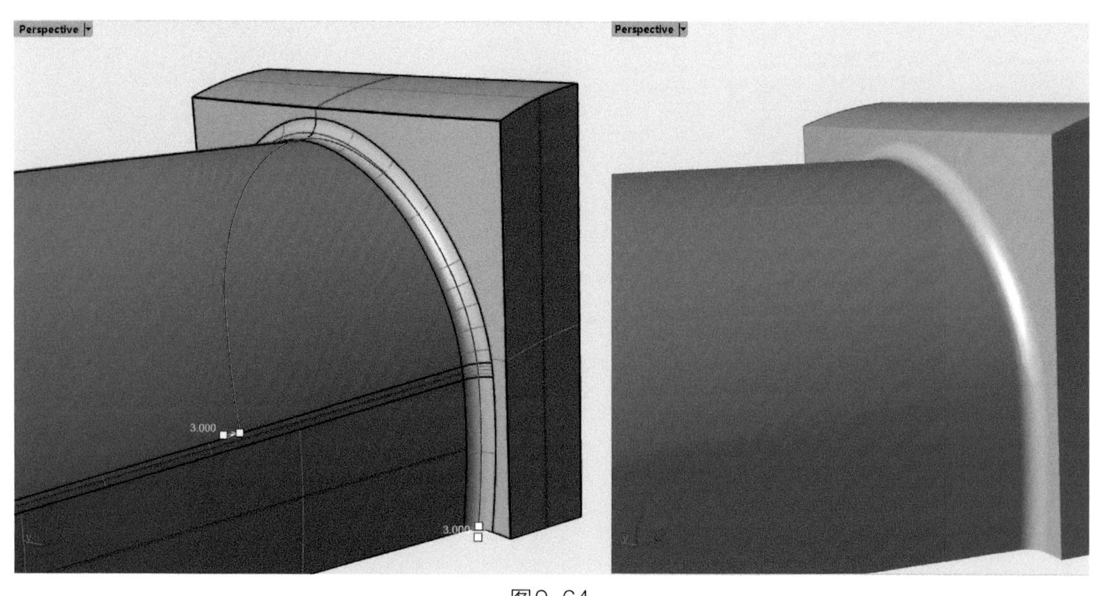

图9-64

65 使用 【边缘圆角】工具，对边缘进行圆角处理，圆角半径系数=1。如图9-65所示。

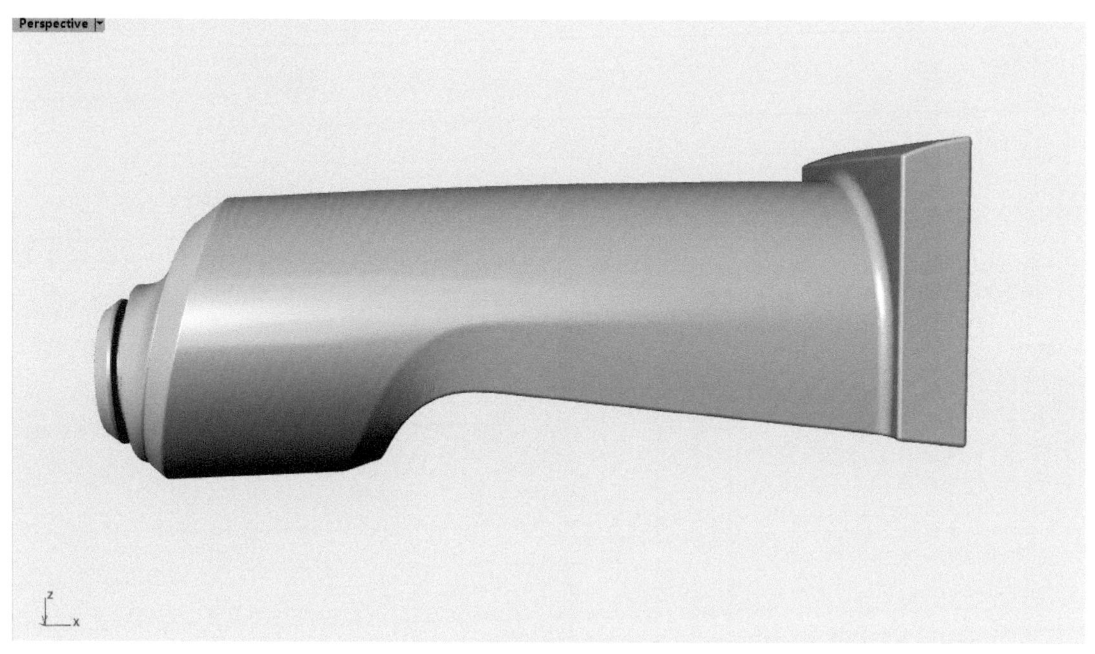

图9-65

66 使用 【控制点曲线】指令，绘制用于实体分割的曲线并使用 【直线挤出】指令，挤出曲面。随后使用 【布尔运算分割】指令，分割实体。如图9-66所示。

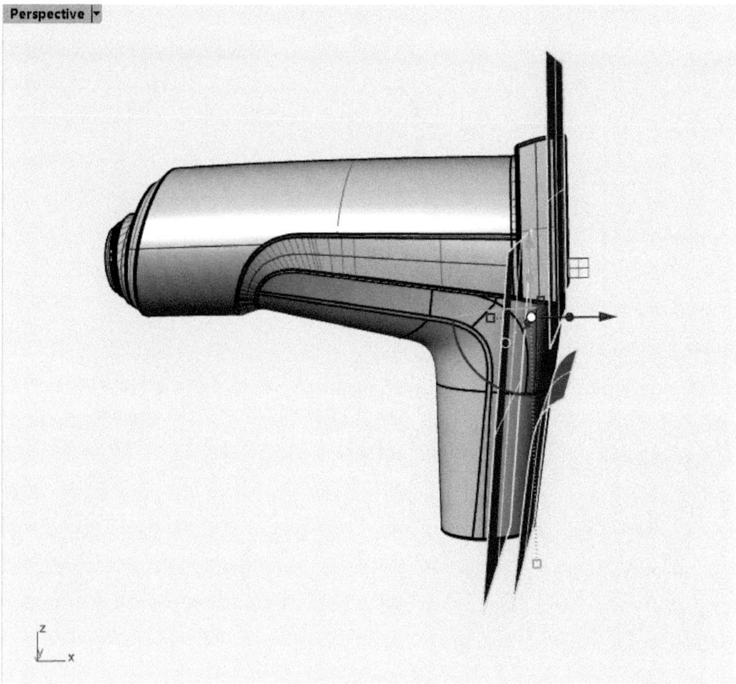

图9-66

(67) 实体分割完成，随后使用【边缘圆角】工具，对边缘进行圆角处理，圆角半径系数=0.6。如图9-67所示。

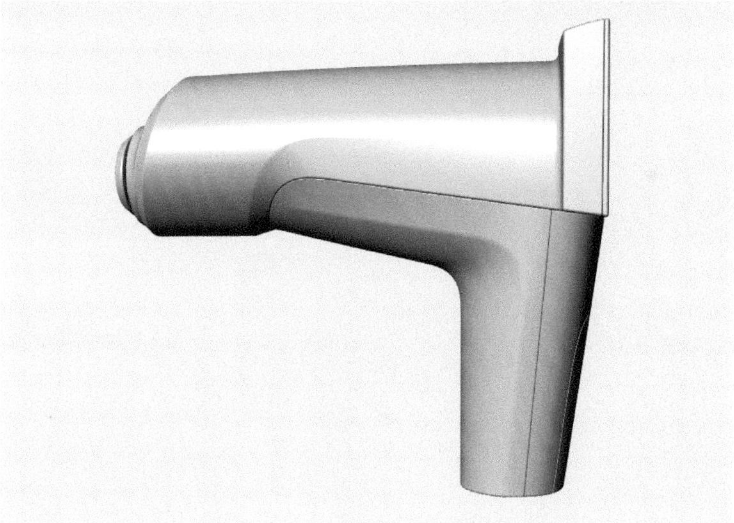

图9-67

(68) 先使用【椭圆：从中心点】指令，绘制一个椭圆线框后使用【直线挤出】指令，挤出曲面成实体。随后使用【布尔运算分割】指令，分割实体使用【边缘圆角】工具，对边缘进行圆角处理，圆角半径系数=0.4。其余按钮细节同理可得。如图9-68所示。

注：根据前面制作按钮细节部分，我们不难总结出制作按钮细节的如下一个规律。使用绘制曲线工具，绘制具体的按钮造型形状，然后建立实体。使用布尔运算分割工具进行分割，随后对细节处完成圆角边缘处理。

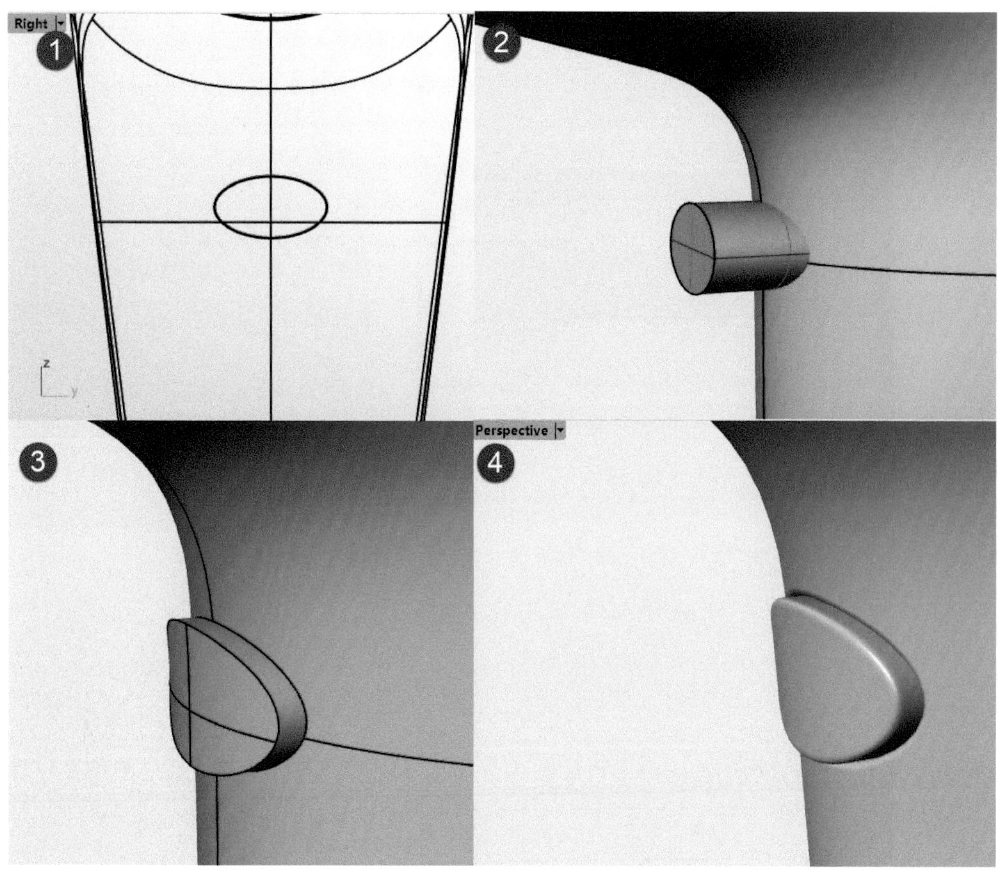

图9-68

⑥⑨ 模型整体绘制完毕。如图9-69所示。

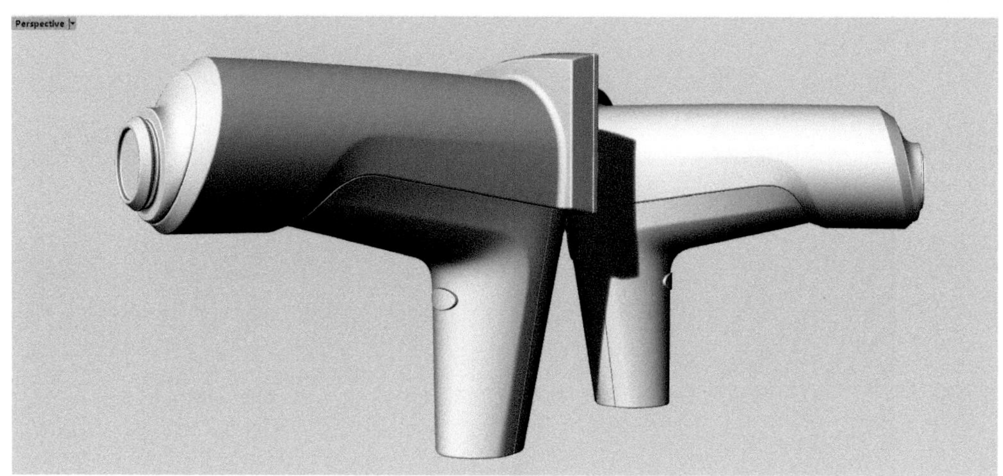

图9-69

10

电钻造型分面建模案例

素材与源文件

Rhino

① 建模准备工作。在进行建模前，读者可以根据需要建模的模型的特点，如模型的大小、精细程度来决定建模文件的环境，使建立模型的环境达到一个最佳状态。如图10-1所示为本次建模的基本单位与公差，点击 【选项】指令即可看到。

图10-1

② 导入背景参考图。在【Front】视图中的坐标原点，使用 【控制点曲线】指令绘制一根200mm的曲线作为案例图片摆放的参考（执行命令的时候输入0即可从坐标原点处绘制曲线）。接着，使用 【添加一个图像平面】指令，将案例图片依据事先绘制好的曲线参考点摆放好，然后在【Perspective】视图用操作轴把图片往*Y*轴（绿色箭头方向）移动至一定距离，并执行 【锁定】命令把参考图锁定或放置进图层内进行锁定。如图10-2所示。

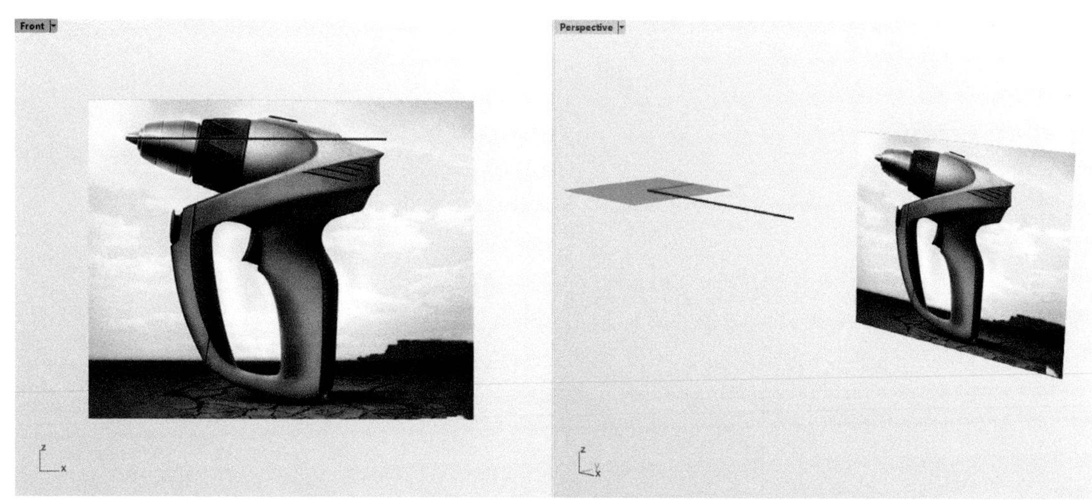

图10-2

③ 综合【Front】视图与【Top】视图之间的关系，使用 【控制点曲线】指令绘制一根5阶8点的曲线。如图10-3所示。

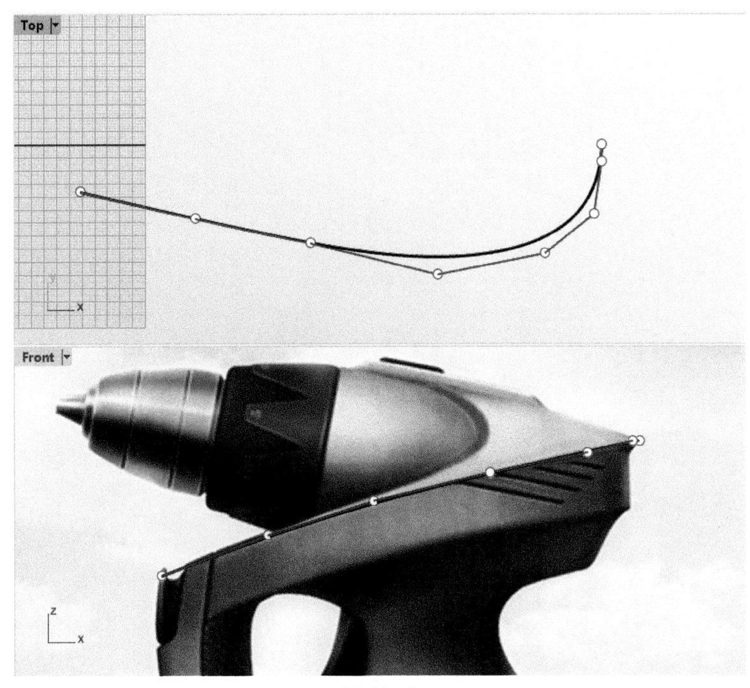

图10-3

④ 使用 【镜像】指令，镜像并复制得到整体曲线造型，镜像完毕。如图10-4所示。

注：在镜像前可以开启【记录建构历史】，这样镜像完成后开启曲线控制点进行调整曲线时，通过镜像得到的曲线也会跟着变动。

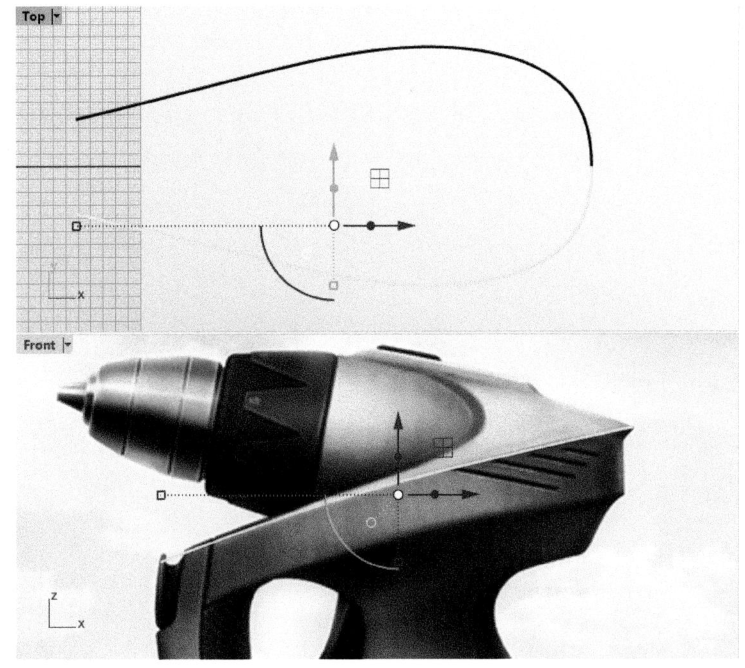

图10-4

⑤ 选中曲线，使用操作轴的移动轴配合键盘的【Ctrl】键向下移动并挤出曲面。如图10-5所示。

图10-5

⑥ 将绘制好的曲线放置进图层并隐藏起来，防止误删除。这样后续如需还要使用，可以方便调用。如图10-6所示。

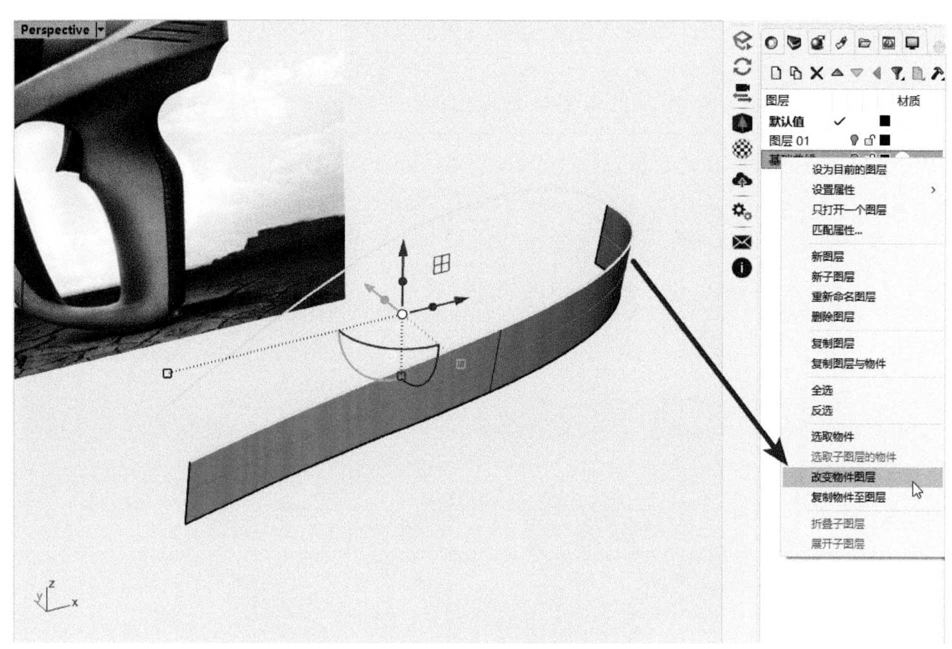

图10-6

⑦ 在【Perspective】视图使用 【放样】指令，放样成面。如图10-7所示。

⑧ 开启曲面控制点，选择曲面内部2排控制点使用操作轴的移动轴对曲面进行微调。如图10-8所示。

⑨ 执行 【结构线分割】指令，进行分割，缩回（S）=是。如图10-9所示。

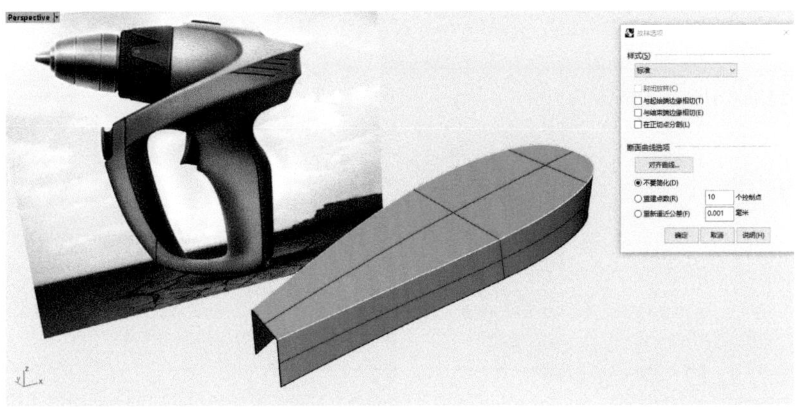

图10-7

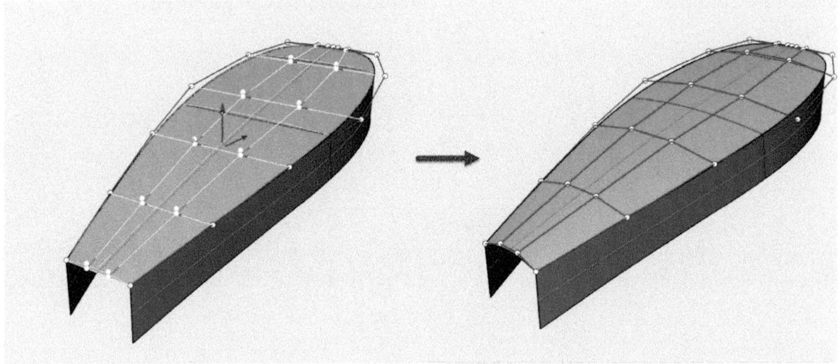

图10-8

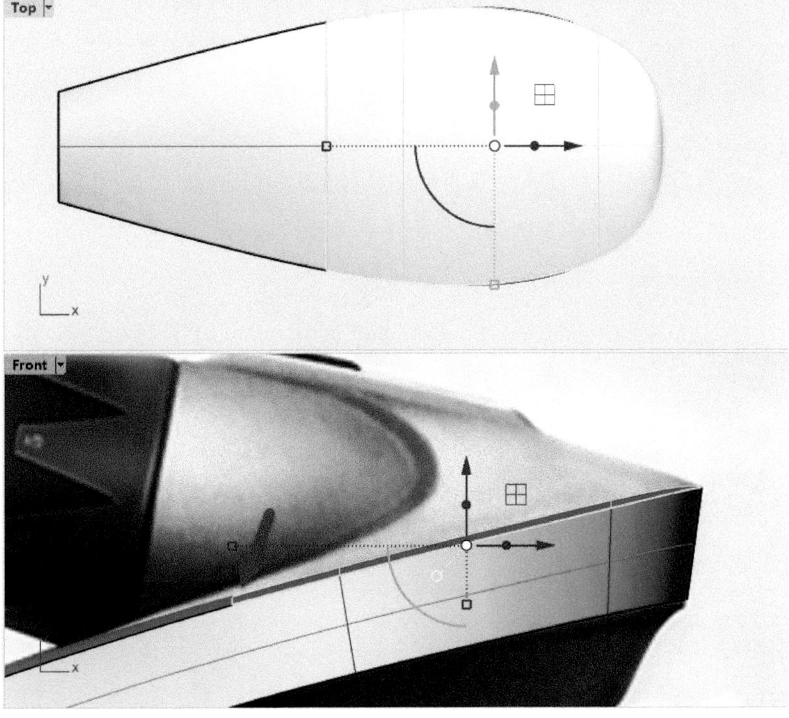

图10-9

图10-10

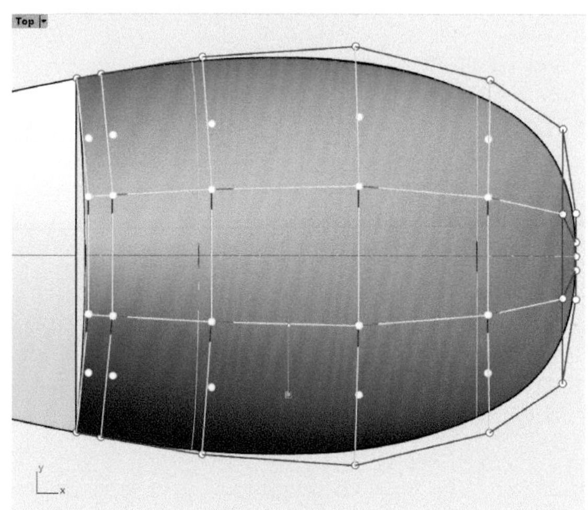

图10-11

⑩ 在【Front】视图中开启曲面控制点，选择曲面内部2排控制点使用操作轴的移动轴对曲面进行调整，如图10-10所示。

⑪ 切换至【Top】视图中，继续调整曲面控制点，达到想要的曲面形状。如图10-11所示。

⑫ 调整完成，如图10-12所示为每个视窗中的对应效果。

⑬ 在【Front】视图中使用 【控制点曲线】指令，依据底图绘制一根修剪用的点的曲线。如图10-13显示。

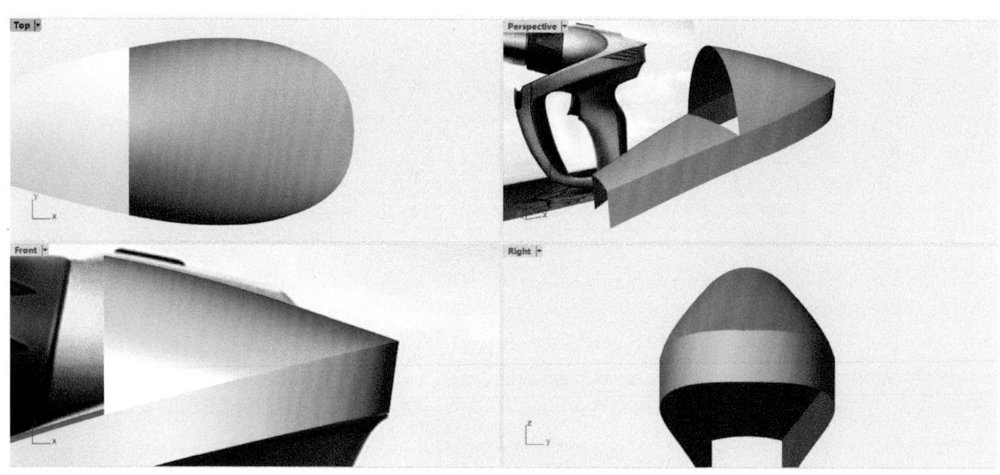

图10-12

图10-13

⑭ 执行 【分割】指令，先选取要分割的曲面，随后选取切割用的曲线，对曲面进行分割。如图10-14所示分割完成。

注：分割前可以对原曲面复制一份保留到图层，以防后续需要调整。

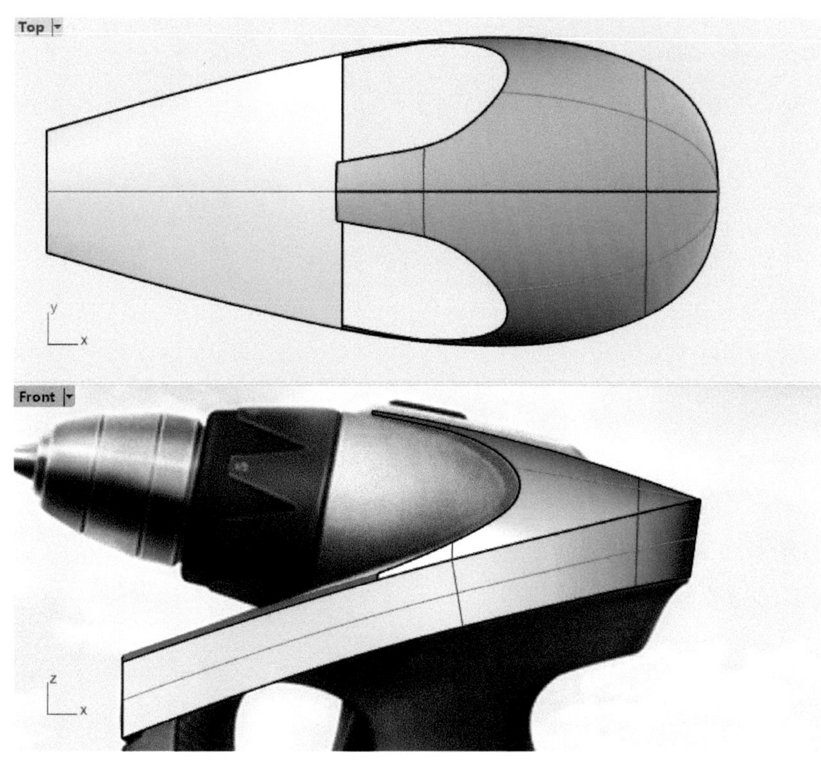

图10-14

⑮ 在【Front】视图中使用 【控制点曲线】指令绘制1根参考曲线。如图10-15所示。

⑯ 继续在【Front】视图中使用 【控制点曲线】指令绘制2根3阶4点的轮廓曲线。如图10-16所示。

⑰ 轮廓曲线绘制完成，接着使用 【圆：可塑形的】指令，在曲线两端绘制一个曲线圆。指令栏处选择：两点（p）；垂直（v）。如图10-17所示。

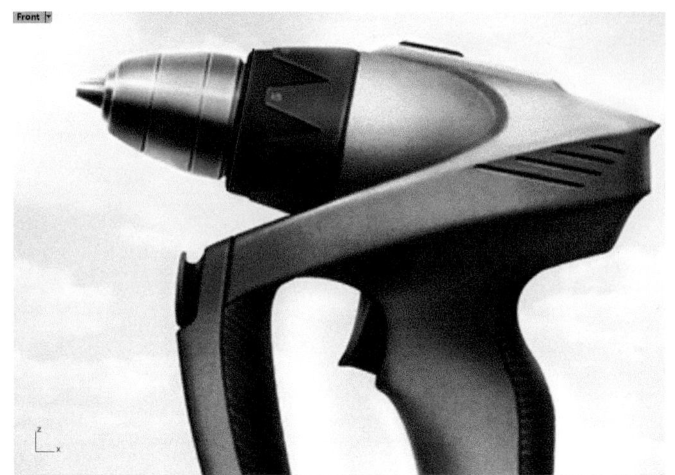

图10-15

图10-16

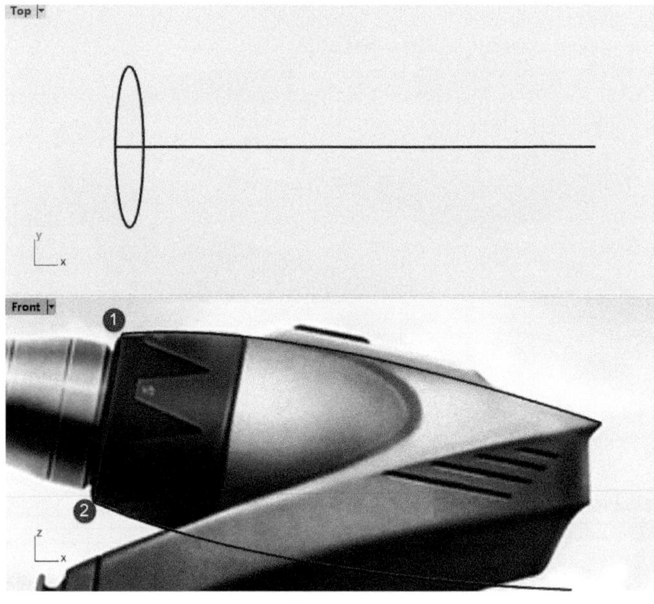

图10-17

⑱ 执行 【分割】指令，先选取要分割的曲线圆，随后选取切割用的轮廓曲线，对曲线圆进行分割，如图10-18所示。

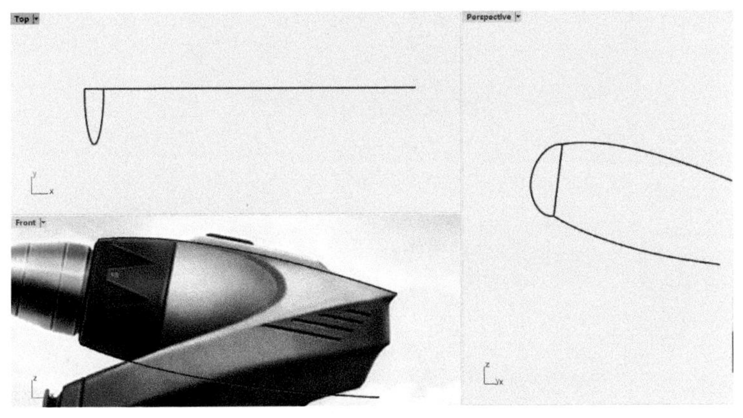

图10-18

⑲ 对分割后的曲线圆进行 【重建曲线】指令，重建为3阶5点，如图10-19所示。

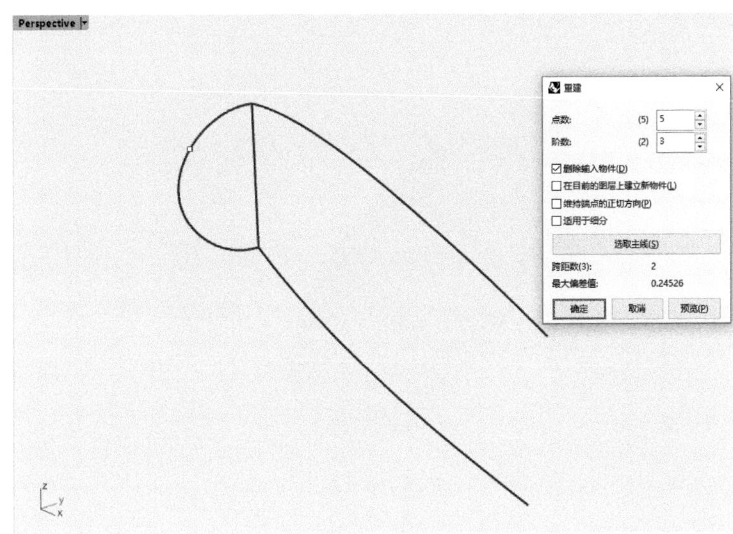

图10-19

⑳ 执行 【双轨扫掠】指令，半圆曲线作为断面，轮廓曲线作为路径进行双轨成面建立基本曲面。如图10-20所示。

㉑ 对双轨出来的曲面执行 【镜像】指令，镜像并复制得到整体造型，镜像完毕。接着使用 【衔接曲面】指令，衔接左右两边曲面。衔接完毕后删除右边曲面。此次衔接是为了检测左右曲面的连续性，因为在双轨扫掠前重建了半圆曲线。如图10-21所示。

㉒ 衔接完成，检查光影，如图10-22所示。

㉓ 执行 【以结构线分割曲面】指令，依据参考图进行分割，将曲面一分为二。如图10-23所示。

㉔ 对分割后的曲面做暂时的隐藏，随后使用 【往曲面法线方向挤出曲线】指令，在修剪的边缘处挤出一段曲面，如图10-24所示。

㉕ 开启曲面控制点，选择边缘一排的控制点，使用操作轴的缩放轴配合键盘【Shift】键对曲面进行调整。如图10-25所示。

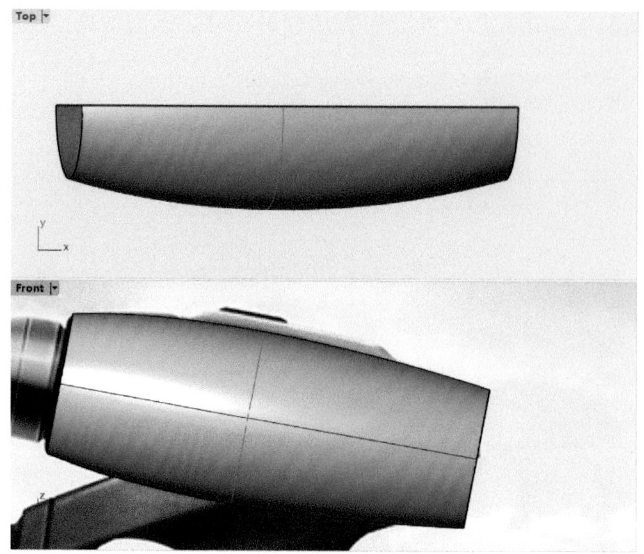

图10-20

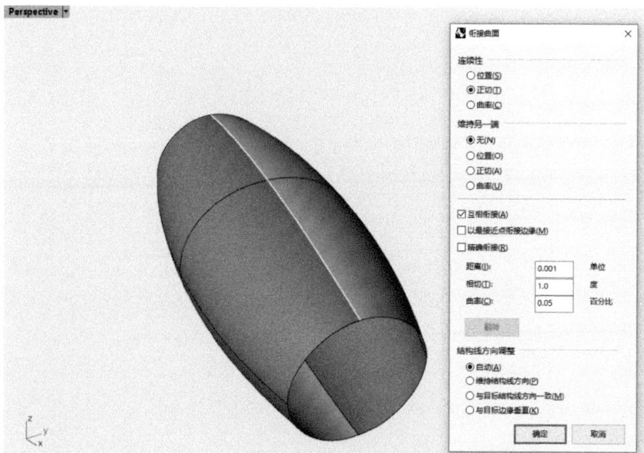

图10-21

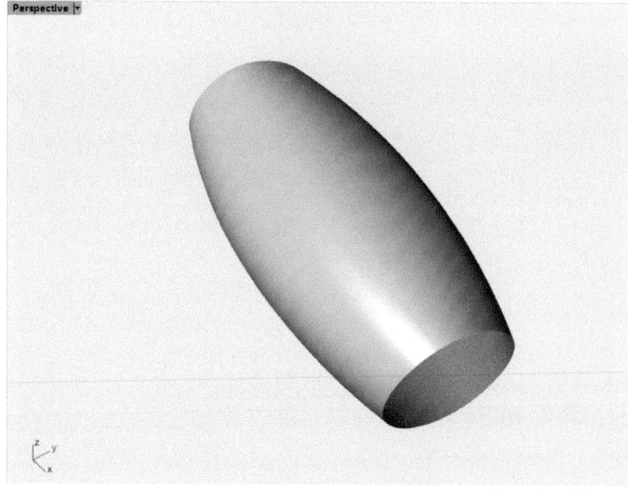

图10-22

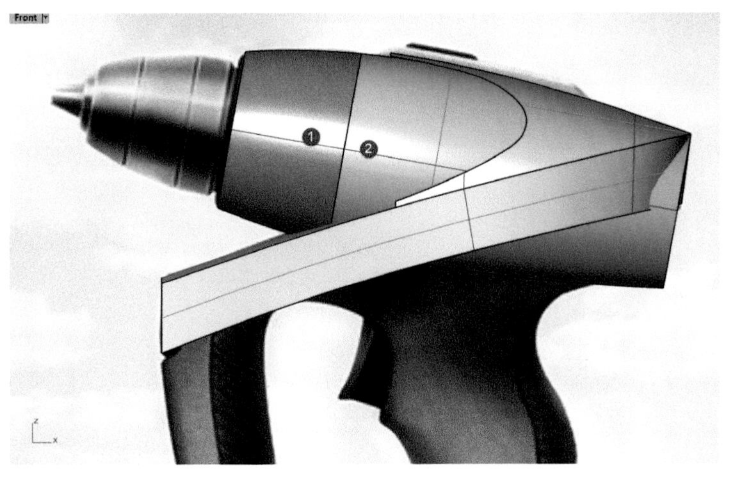

图10-23

图10-24

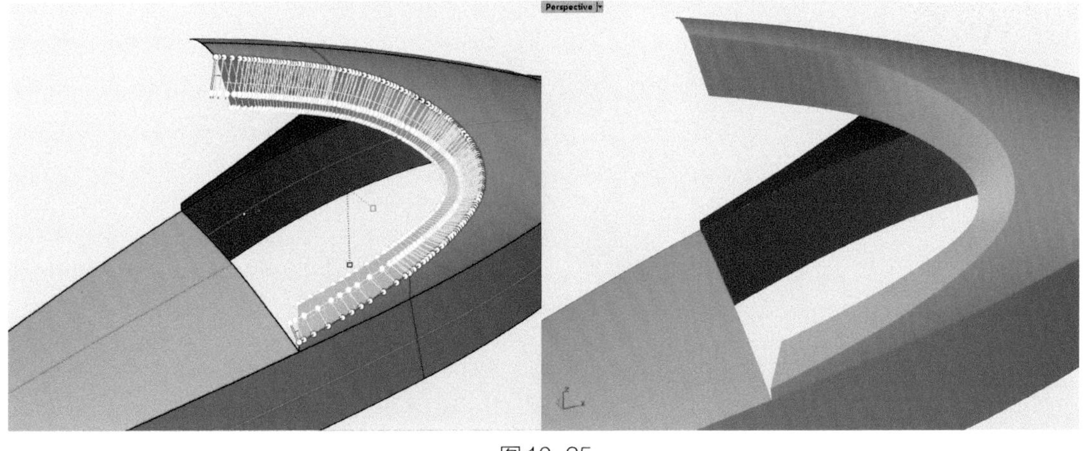

图10-25

10

㉖ 补齐边缘，在【Front】视图中使用 【控制点曲线】指令绘制1根垂直于1端点参考曲线，随后切换至【Top】视图中使用 【控制点曲线】指令绘制1根垂直于2端点参考曲线，如图10-26所示。

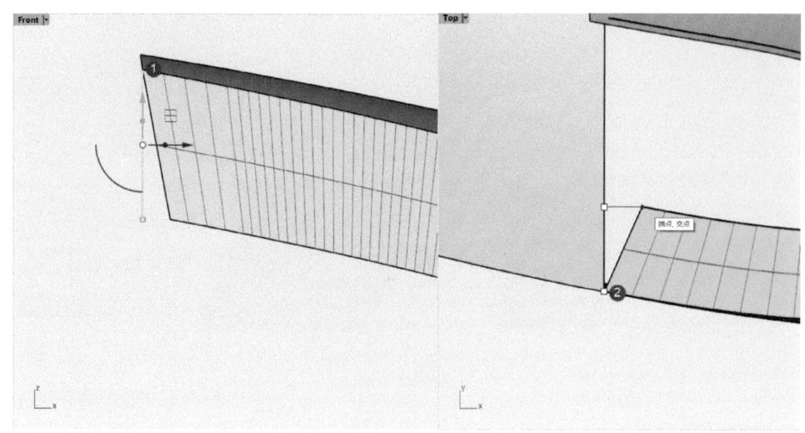

图10-26

㉗ 使用 【延伸曲面】指令，延伸曲面。随后使用 【修剪】指令，修整好边缘。如图10-27所示。

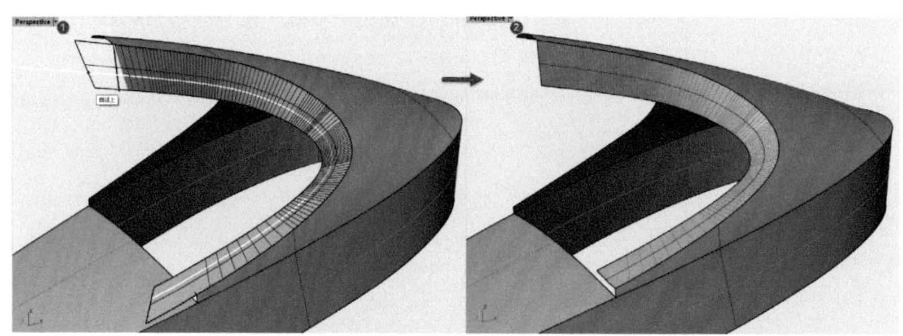

图10-27

㉘ 选择修整好的曲面，执行 【镜像】指令，镜像并复制得到右边曲面，并对曲面做 【组合】处理。如图10-28所示。

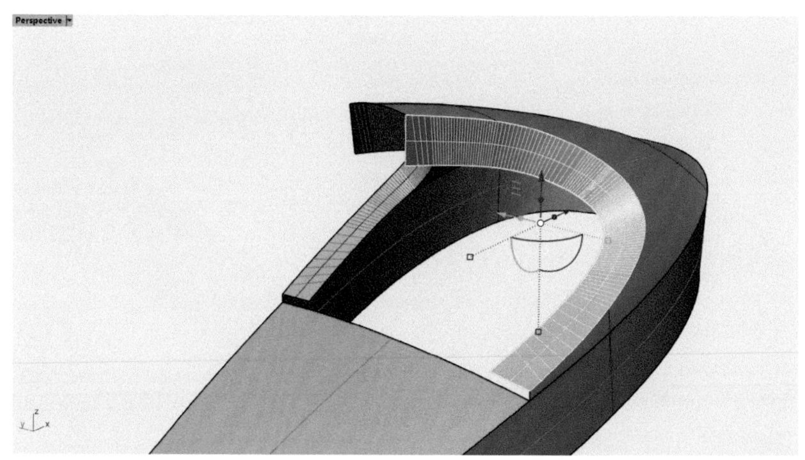

图10-28

㉙ 使用【放样】指令，放样成面补齐剩余缺口，放样完成并【组合】曲面。如图10-29所示。

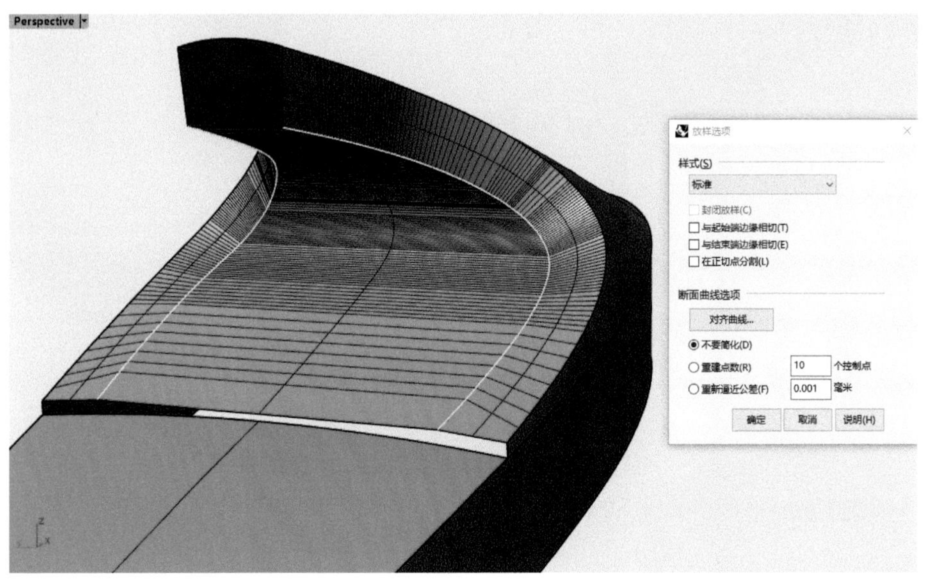

图10-29

㉚ 执行【复制边缘】指令，复制出曲线并【组合】，随后执行【双轨扫掠】指令，双轨成面封住缺口。如图10-30所示。

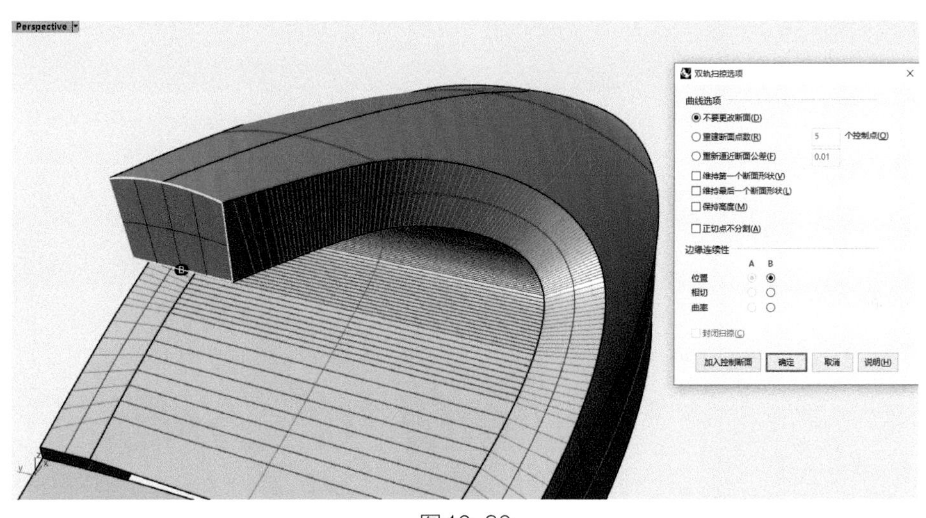

图10-30

㉛ 对边缘进行圆角化处理，执行【复制边缘】指令，复制出曲线，随后执行【以直线延伸】命令，延长曲线。随后使用【圆管】指令，建立圆管。注意需在指令栏中点击：加盖（C）=无；圆管半径系数=1。最后执行【分割】指令，先选取要分割的曲面，随后选取切割用的圆管进行分割。如图10-31所示。

㉜ 使用【混接曲面】指令，进行混接曲面，混接完成并【组合】曲面，达到模拟圆角的效果。如图10-32所示。

㉝ 处理边缘缺口，显示双轨得到的曲面。执行【复制边缘】指令，复制混接曲面复制出曲线，如图10-33所示。

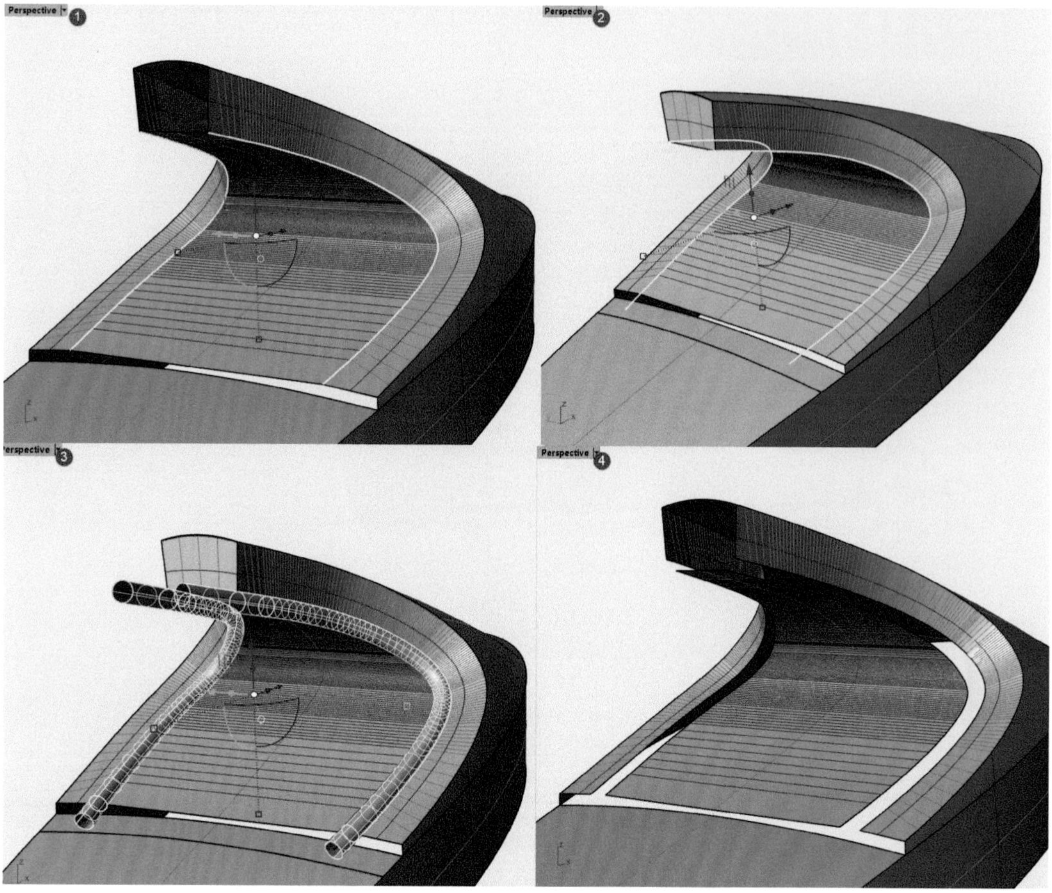

图10-31

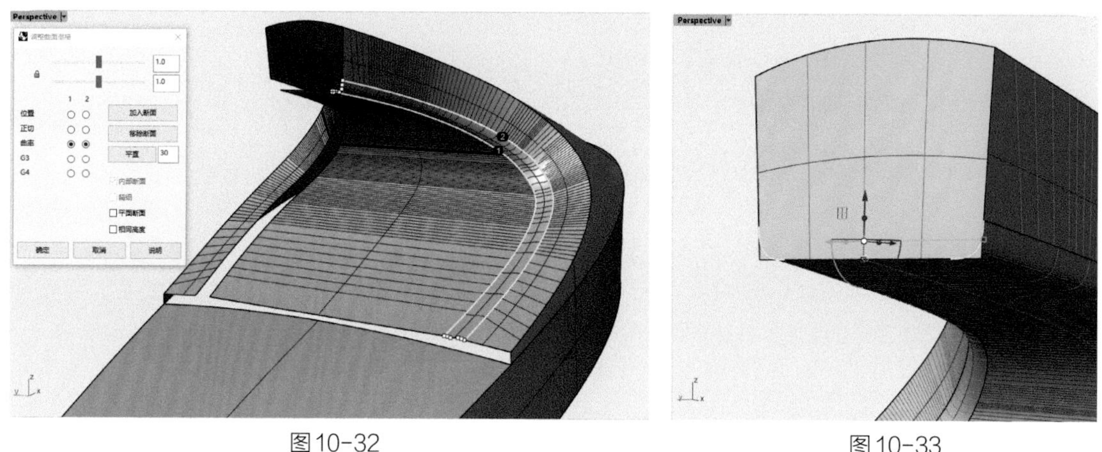

图10-32　　　　图10-33

㉞ 执行【分割】指令，先选取要分割的曲面，随后选取切割用的曲线进行分割。分割完成并【组合】曲面。如图10-34所示。

㉟ 执行【以结构线分割曲面】指令，对曲面进行分割，分割成序号1与2两块曲面。如图10-35所示。

㊱ 删除序号2曲面，随后使用【可调式混接曲线】指令，搭建上下曲面的过渡线。混接完成后，将混接线做【镜像】，镜像并复制得到另一侧的混接线。如图10-36所示。

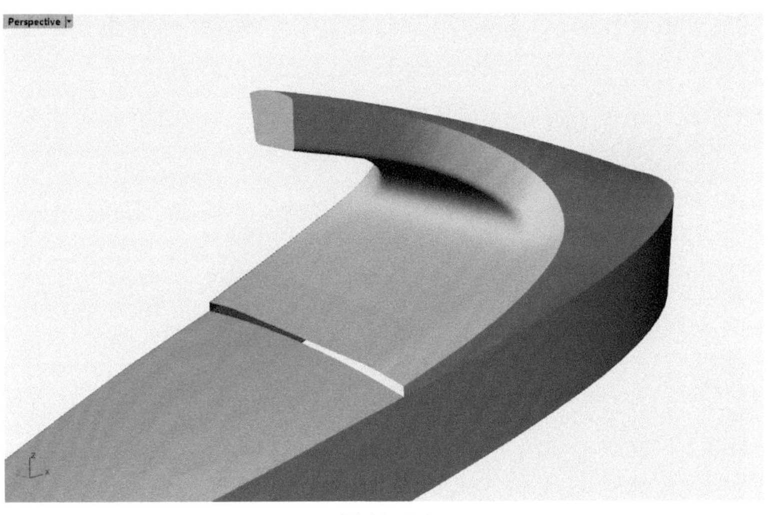

图10-34

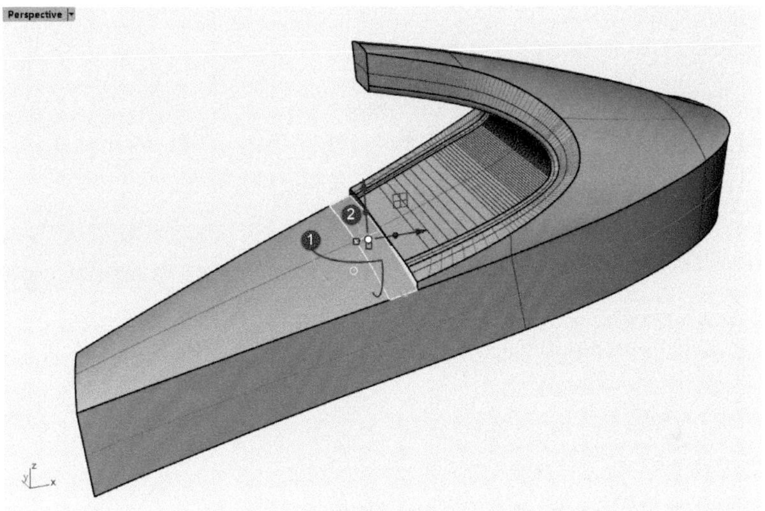

图10-35

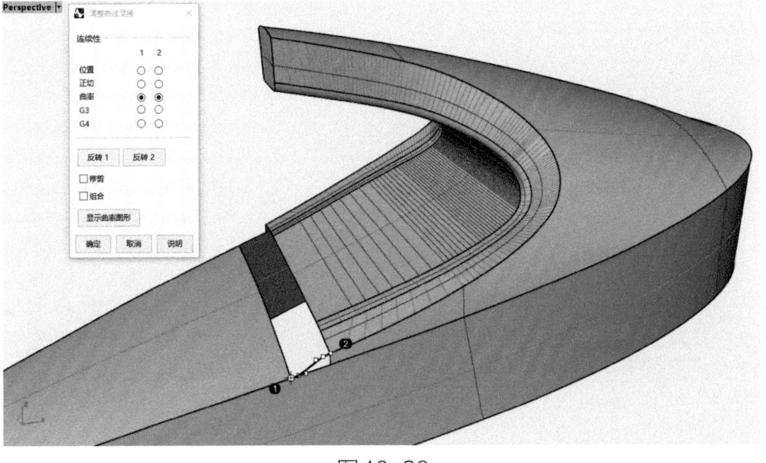

图10-36

㊲ 执行【复制边缘】指令，复制序号1边缘复制出曲线并【组合】，随后执行【双轨扫掠】指令，双轨成面封住缺口并对模型【组合】处理。如图10-37所示。

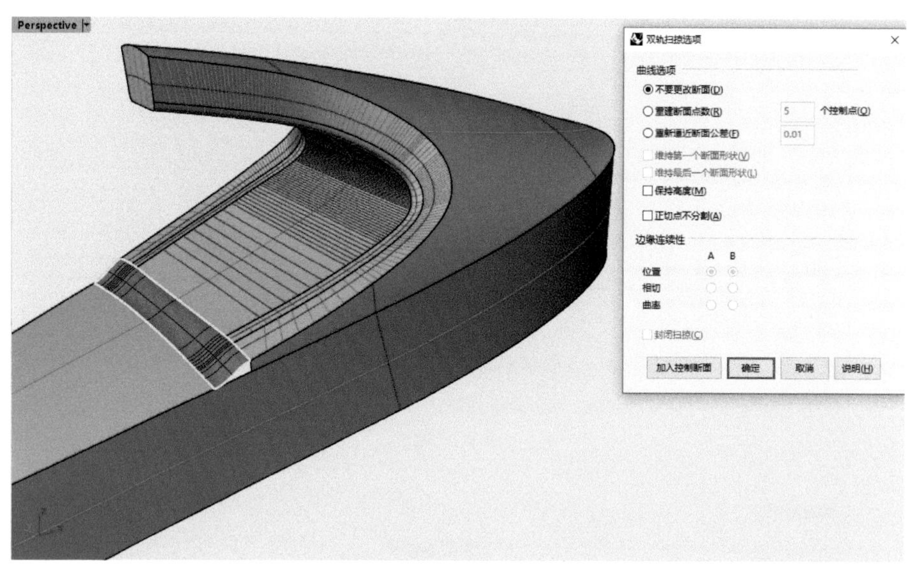

图10-37

㊳ 使用【放样】指令，放样成面补齐剩余缺口，放样完成，对小曲面做【镜像】，镜像并复制得到另一侧的小曲面并【组合】曲面。如图10-38所示。

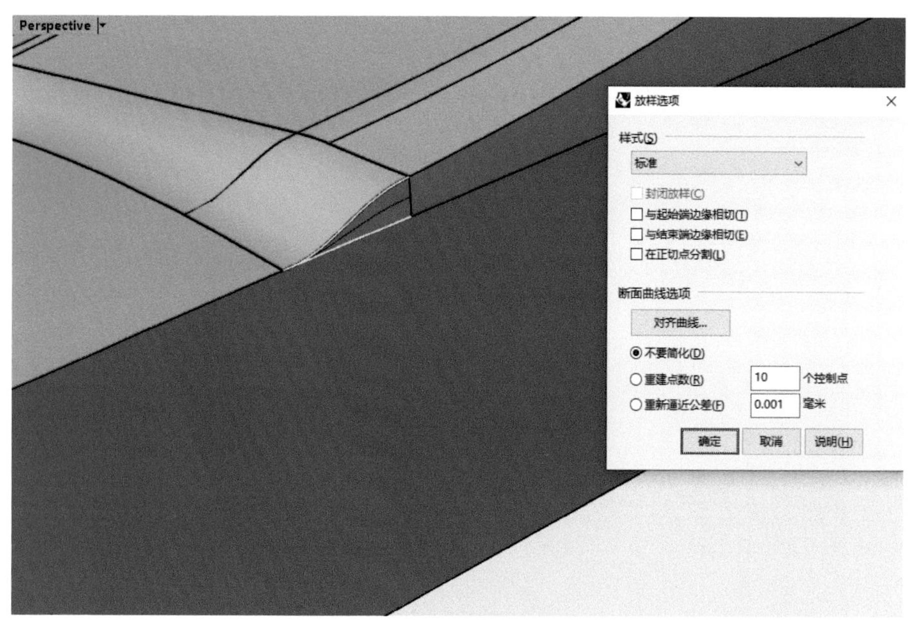

图10-38

㊴ 显示双轨得到的序号1与2曲面并依次【组合】曲面序号1与2左右的曲面，随后使用【将平面洞加盖】指令，依次对序号1与2补齐缺口成实体。如图10-39所示。

㊵ 对序号1实体做暂时的隐藏，继续编辑序号2实体，执行【分割】指令，对序号2实体进行分割。如图10-40所示。

㊶ 继续执行【分割】指令，分割完成后对物件进行【组合】，如图10-41所示。

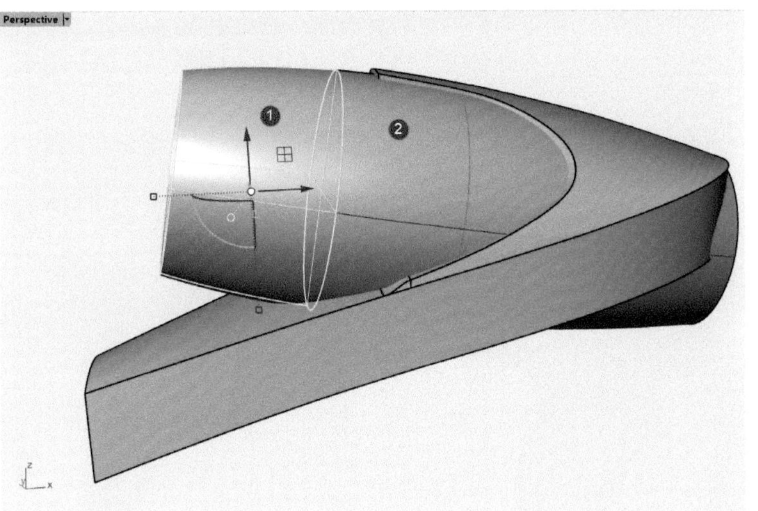

图10-39

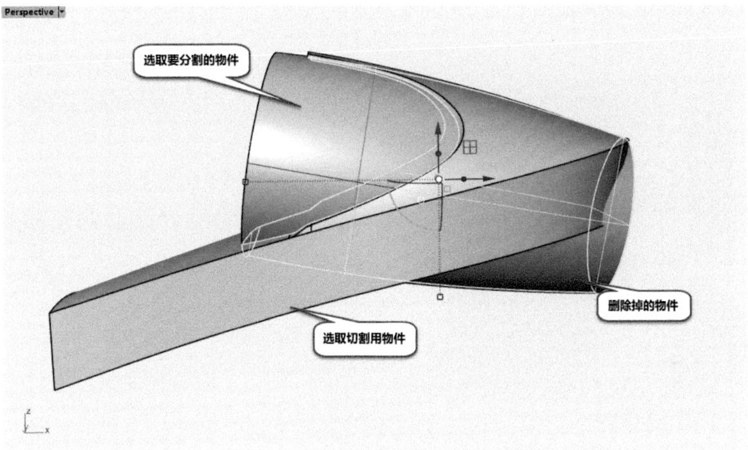

图10-40

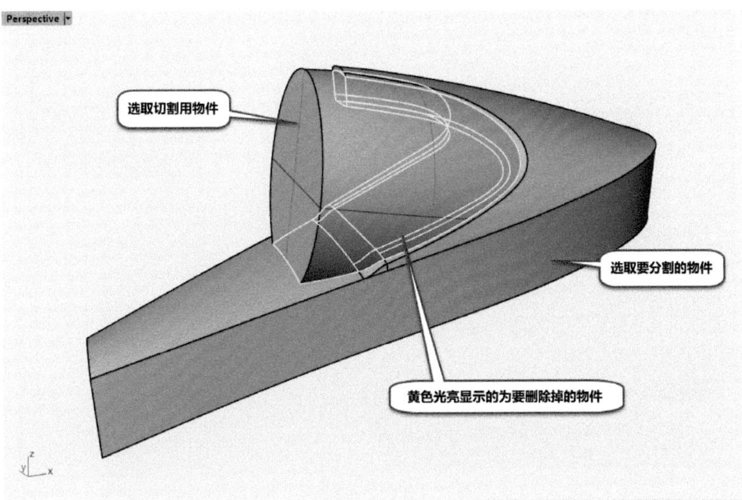

图10-41

1
2
3
4
5
6
7
8
9
10

㊷ 显示序号1实体物件，切换至【Front】视图中，先使用【抽离曲面】将圆形曲面抽离开，并使用【面积中心】指令，建立中心点。最后使用【多重直线】指令，绘制旋转参考曲线。如图10-42所示。

㊸ 在【Front】视图中，执行【2D旋转】指令，旋转底图与模型。如图10-43所示。

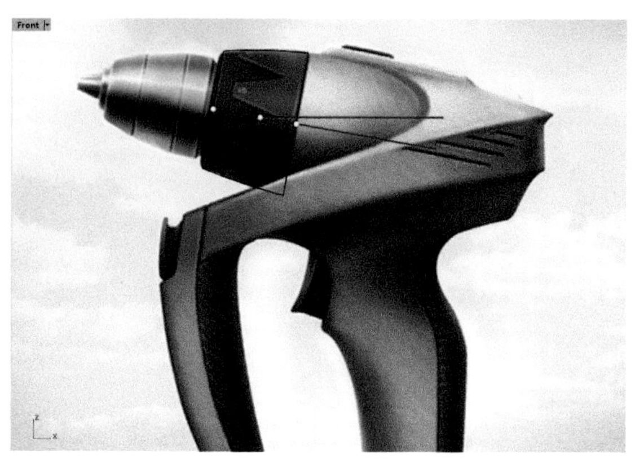

图10-42

图10-43

图10-44

㊹ 切换至【Front】视图中，使用【多重直线】指令，参考底图绘制曲线造型。如图10-44所示。

㊺ 在【Front】视图中，使用【投影曲线】，将绘制好的曲线投影至曲面上。如图10-45所示。

㊻ 选择投影后的曲线，将不需要的曲线删除或隐藏。随后使用【环形阵列】指令，阵列投影后的曲线，阵列数（I）=8。如图10-46所示。

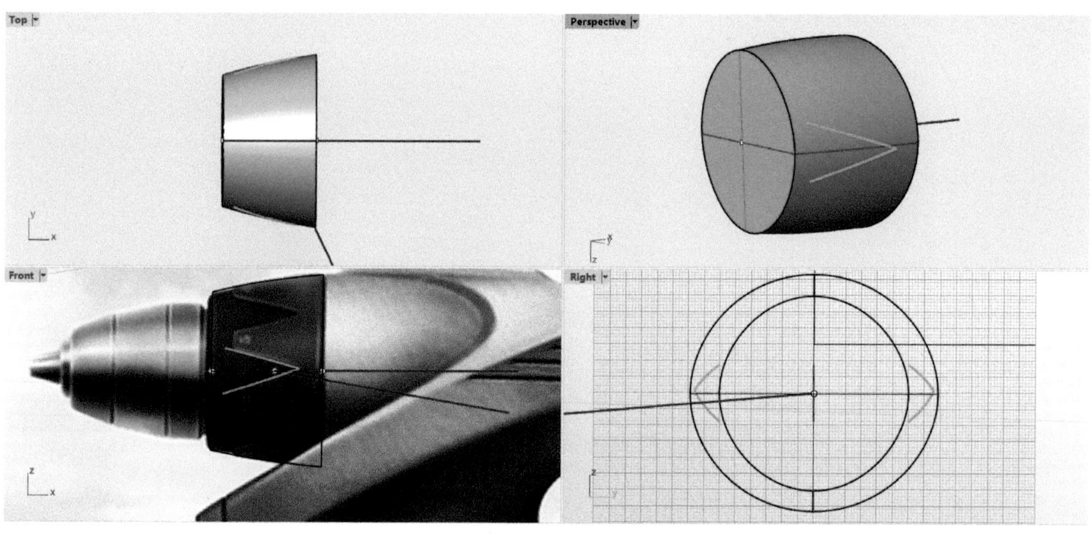

图10-45

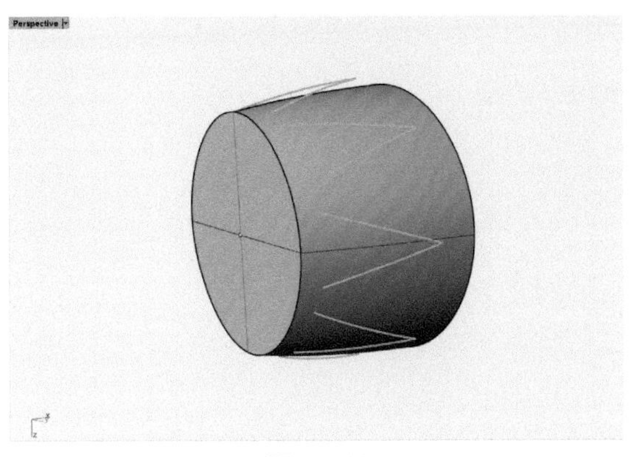

图10-46

图10-47

㊼ 对环形阵列后的曲线，使用 【投影曲线】，将所有曲线投影至曲面上与其贴合。如图10-47所示。

㊽ 使用 【抽离结构线】指令，在左右曲面上抽离两根结构线出来。如图10-48所示。

㊾ 选中所有的曲线，随后使用 【修剪】指令，进行互相修剪，如图10-49所示。

㊿ 修剪完成并对曲线进行 【组合】，随后执行 【分割】指令，先选择分割用的曲面，随后选取切割用的曲线，将实体分割成序号1与2曲面，如图10-50所示。

(51) 对序号1部分进行 【偏移曲面】指令，偏移系数=2，并删除输入的物件。如图10-51所示。

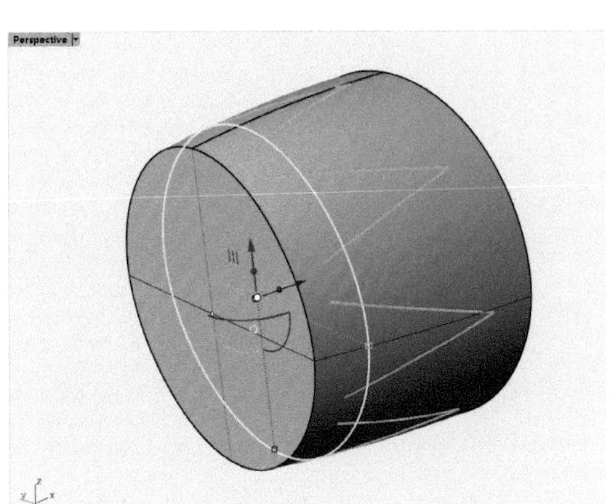

图10-48

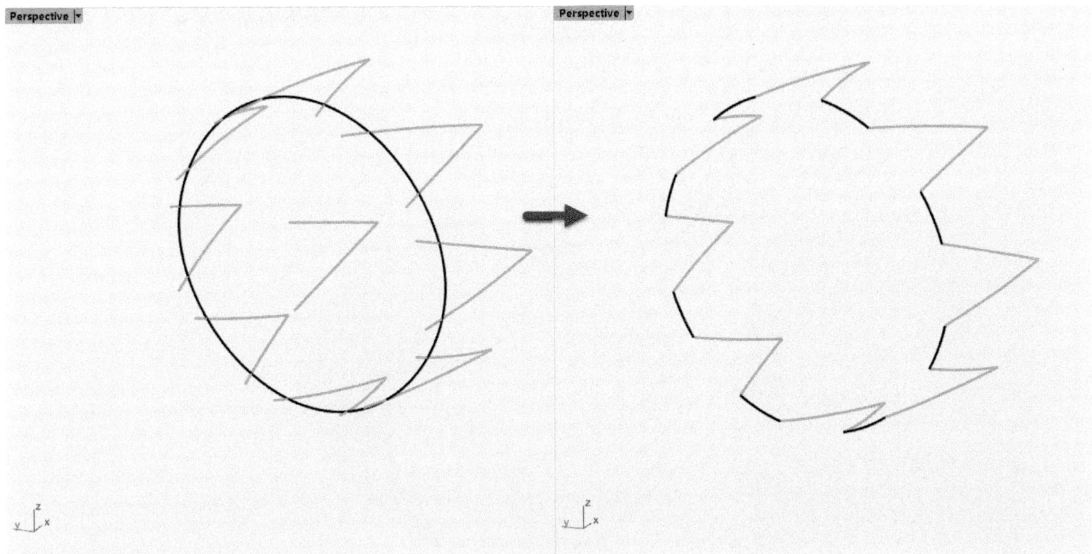

图10-49

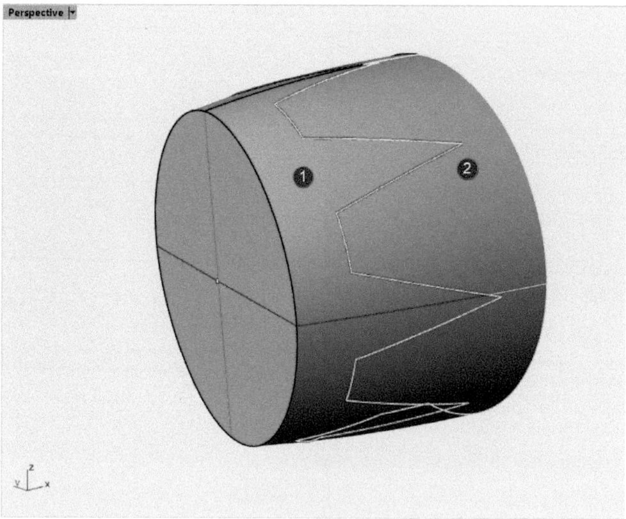

图10-50

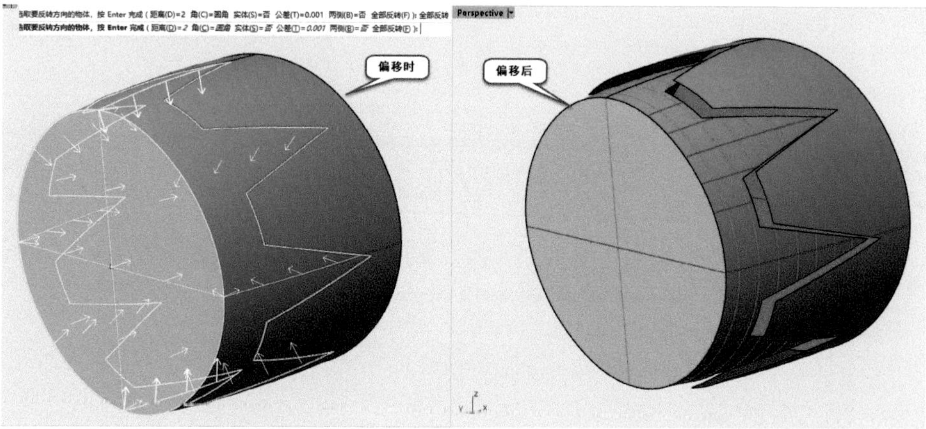

图10-51

(52) 在【Perspective】视图中先使用【多重直线】指令，在1点与2点之间连接一条曲线，随后使用【双轨扫掠】指令，注意在指令栏修改参数为：自动连锁（A）=是，连锁连续性（C）=位置。双轨成面补齐剩余缺口，双轨完成并【组合】曲面。如图10-52所示。

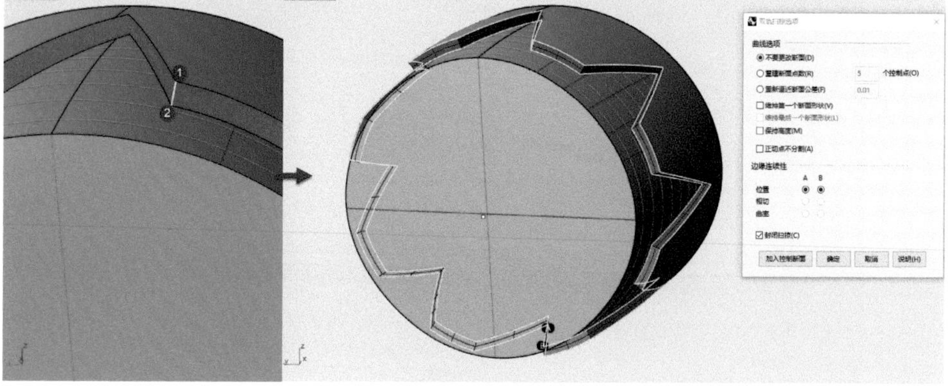

图10-52

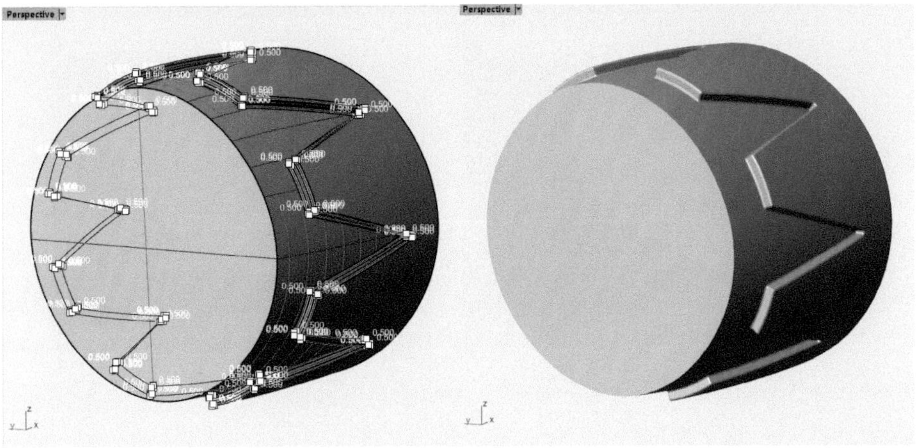

图10-53

(53) 组合完成，在确保此处无后续编辑时可以先对此区域做实体圆角处理，使用【边缘圆角】工具，对边缘进行圆角处理，圆角半径系数=1。如图10-53所示。

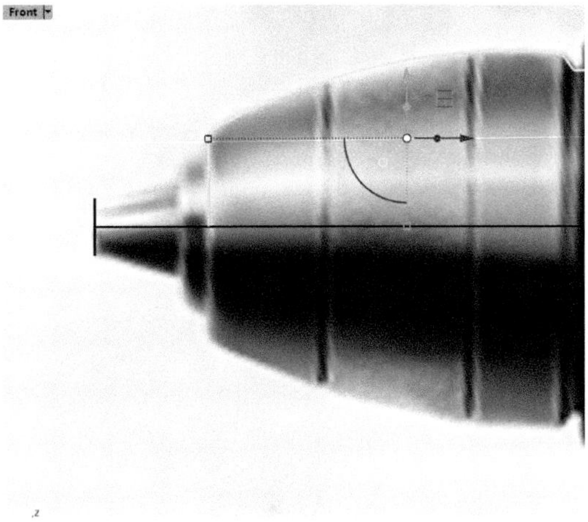

图10-54

(54) 在【Front】视图中，使用【控制点曲线】指令，参考底图绘制造型曲线。如图10-54所示。

(55) 选中曲线使用【旋转成形】指令，360°旋转成面，旋转曲面完成并【组合】曲面。如图10-55所示。

(56) 在【Front】视图中使用【抽离结构线】指令，在曲面上参考底图抽离两根结构线出来，随后使用【圆管】指令，建立圆管；圆管半径系数=1。如图10-56所示。

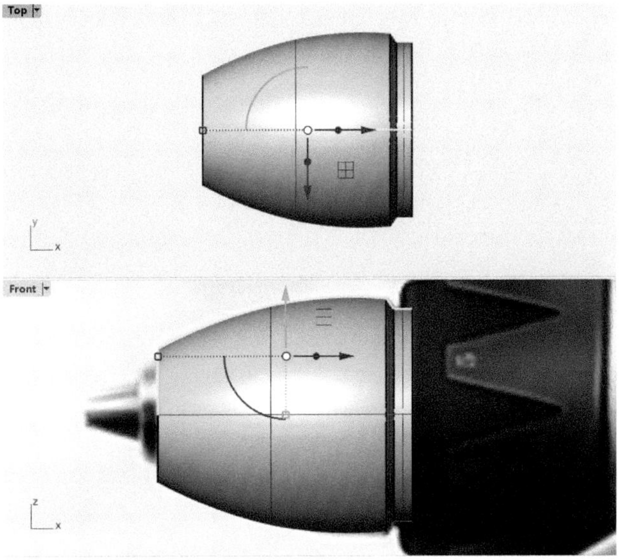

图10-55

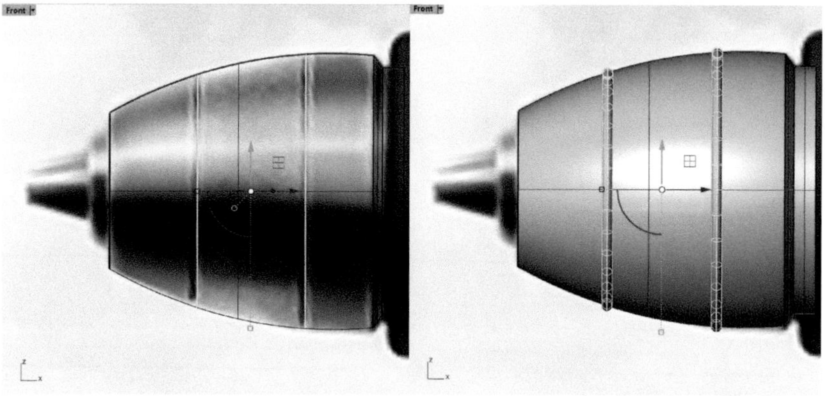

图10-56

(57) 切换至【Perspective】视图中先使用【布尔运算分割】指令，先选取要分割的多重曲面，再选取分割用的圆管，进行分割实体，随后删除废弃的物件。并使用【边缘圆角】工具，对边缘进行圆角处理，圆角半径系数=0.5。如图10-57所示。

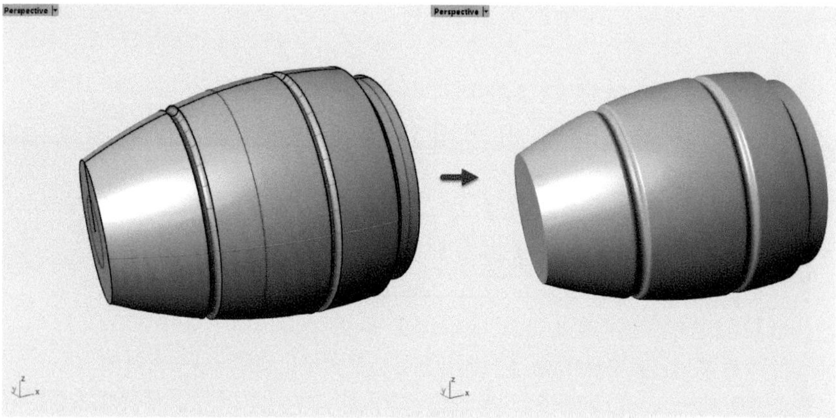

图10-57

(58) 钻头部分同理可得。在【Front】视图中，使用【多重直线】指令，参考底图绘制造型曲线。选中曲线使用【旋转成形】指令，360°旋转成面，旋转曲面完成。如图10-58所示。

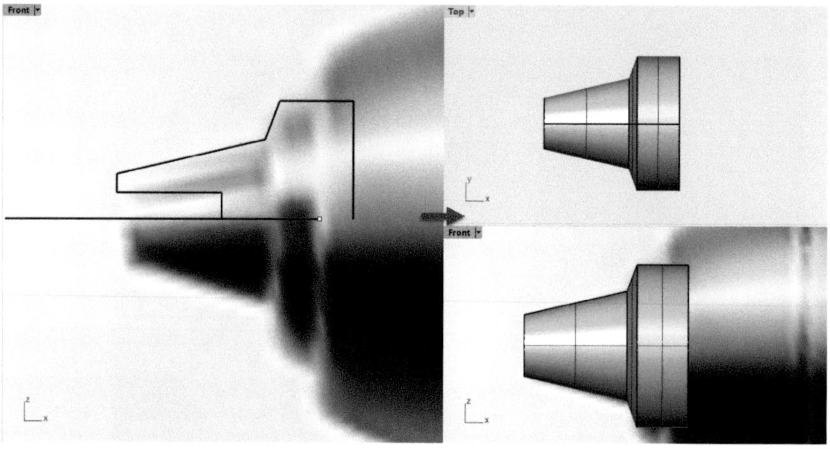

图10-58

(59) 在【Perspective】视图中使用【边缘圆角】工具，对钻头不等距边缘进行圆角处理，圆角半径系数=0.5。如图10-59所示。

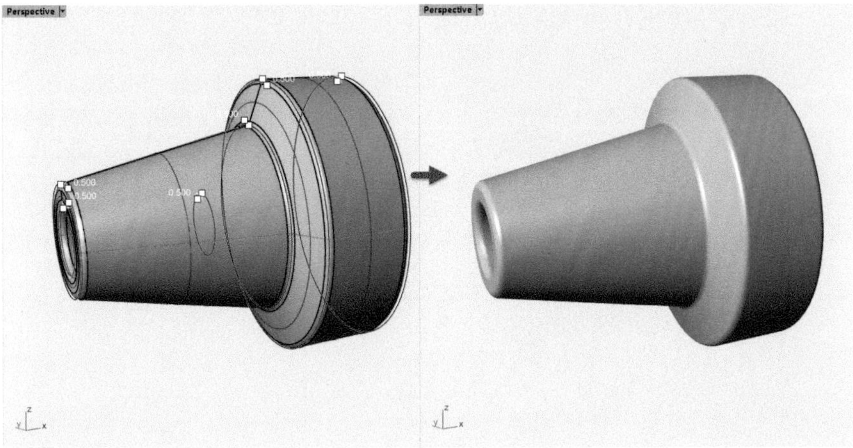

图10-59

(60) 钻头部分实体圆角后如图10-60所示。

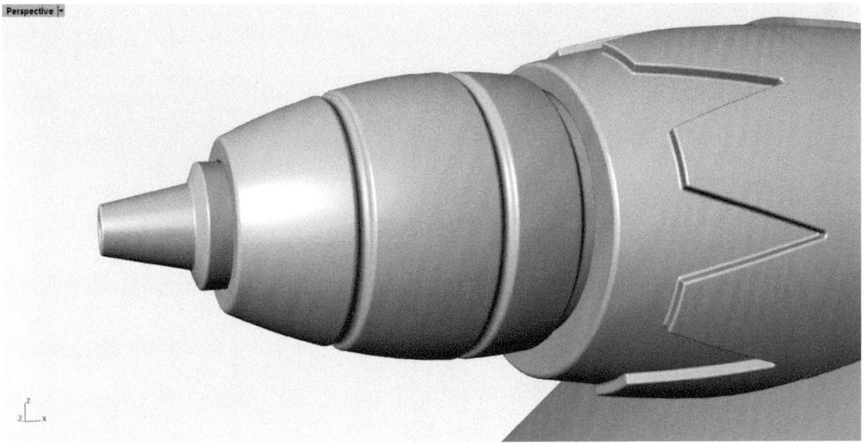

图10-60

(61) 钻头部分绘制完成，切换至【Front】视图中，执行【2D旋转】指令，按照前面绘制好的参考线将底图与模型旋转回最初的状态。如图10-61所示。

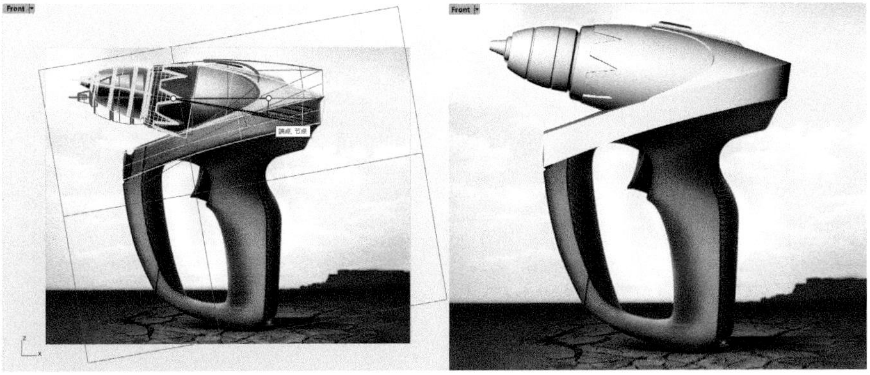

图10-61

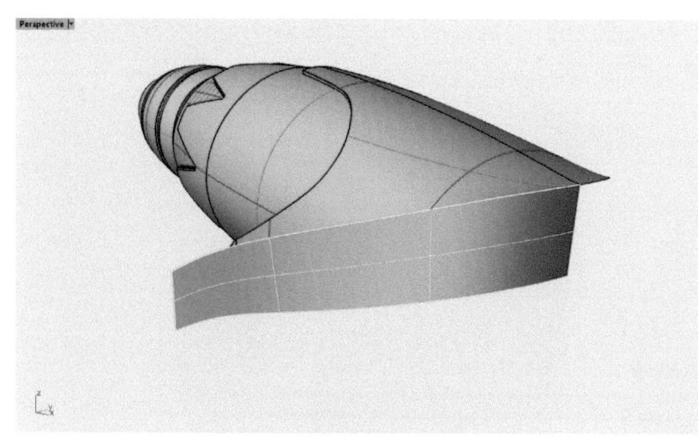

图10-62

⑥② 切换至【Perspective】视图中，使用【抽离曲面】将曲面抽离开来，并将另一侧曲面删掉，通常对称的物件我们只需要绘制好一侧，另一侧镜像过去即可。如图10-62所示。

⑥③ 执行【以结构线分割】指令，分割曲面并缩回曲面。如图10-63所示。

注：分割前也可对曲面做备份保留工作，以便后续调整使用，因为缩回后的曲面是无法取消修剪的。

图10-63

⑥④ 开启曲面控制点，并选中控制点，配合调整工具或操作轴，根据参考图调整曲面造型，如图10-64所示。

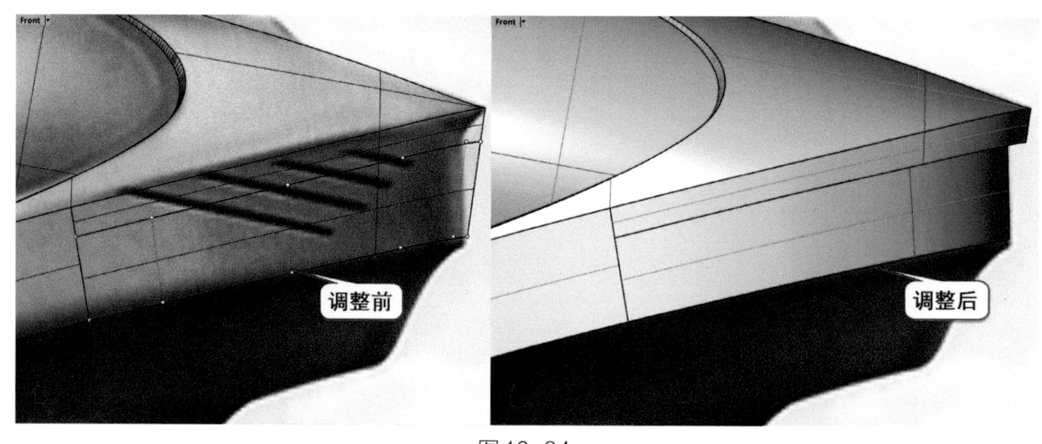

图10-64

⑥⑤ 选中曲面控制点，使用【更改曲面阶数】指令，对曲面的U方向改为2阶则为3个点，方向保持不变。如图10-65所示。

⑥⑥ 切换至【Perspective】视图中，使用【衔接曲面】指令，衔接边缘，参数如图10-66所示。

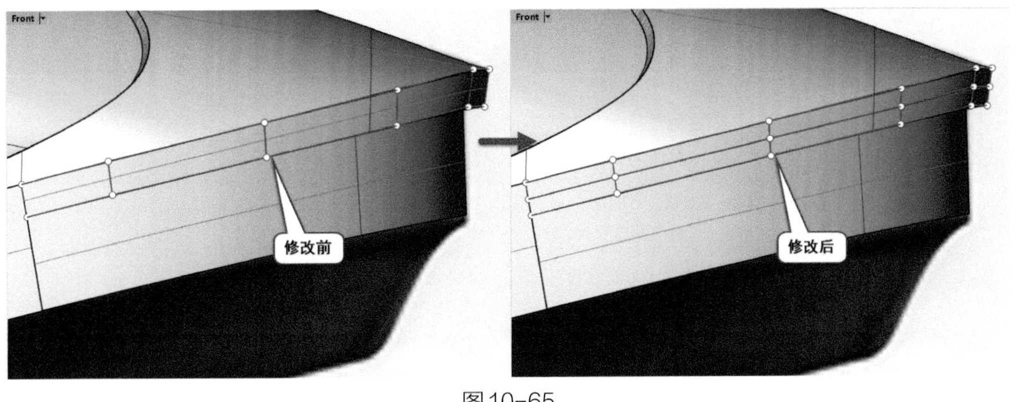

图10-65

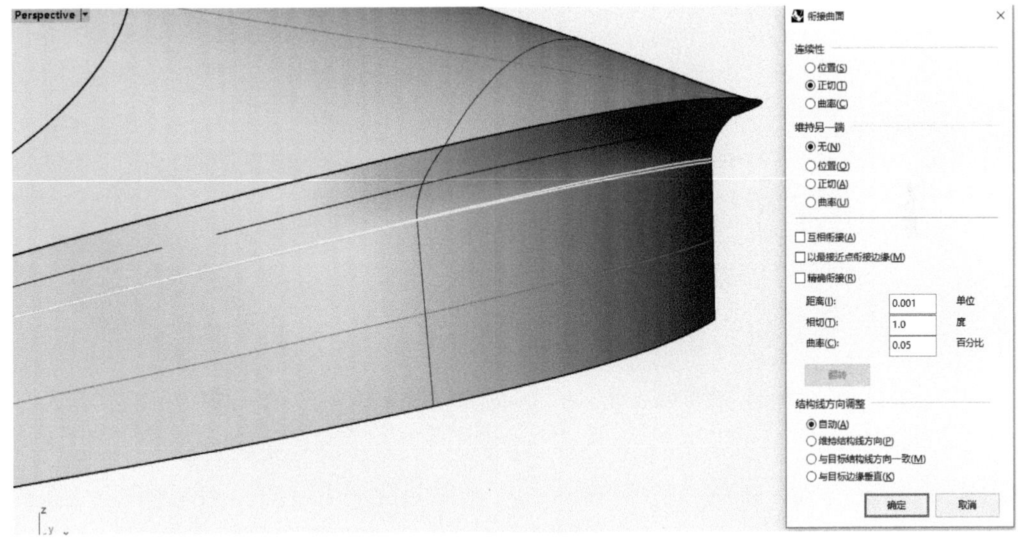

图10-66

⑰ 衔接完成并【组合】曲面，随后使用【镜像】指令，镜像并复制得到整体造型，镜像完毕再次【组合】曲面。如图10-67所示。

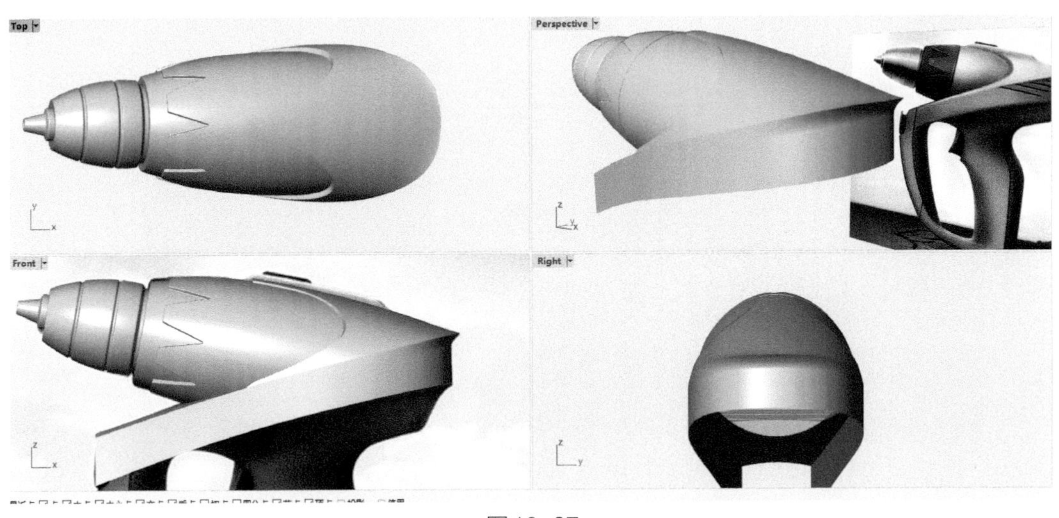

图10-67

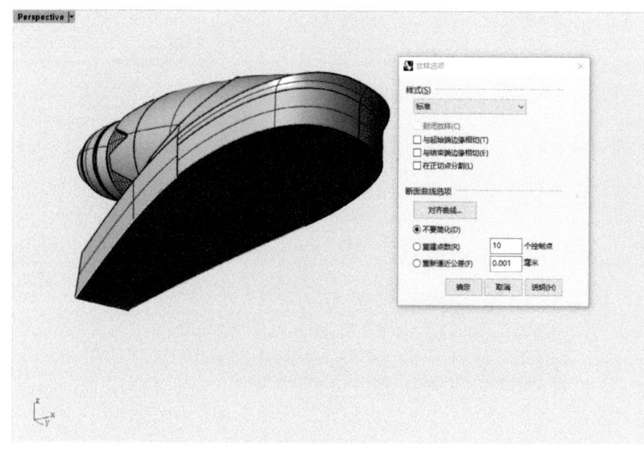

图10-68

⑱ 在【Perspective】视图中，使用【放样】指令，补齐缺口曲面并【组合】。如图10-68所示。

⑲ 在【Perspective】视图中，执行【复制边缘】指令，复制出曲线，对曲线使用操作轴进行调整大小及其位置。如图10-69所示。

⑳ 使用【可调式混接曲线】指令，混接调整好的曲线并【组合】。如图10-70所示。

㉑ 在曲线中点处使用【控制点曲线】指令绘制一根直线，并使用【修剪】指令，将曲线修剪成一半。如图10-71所示。

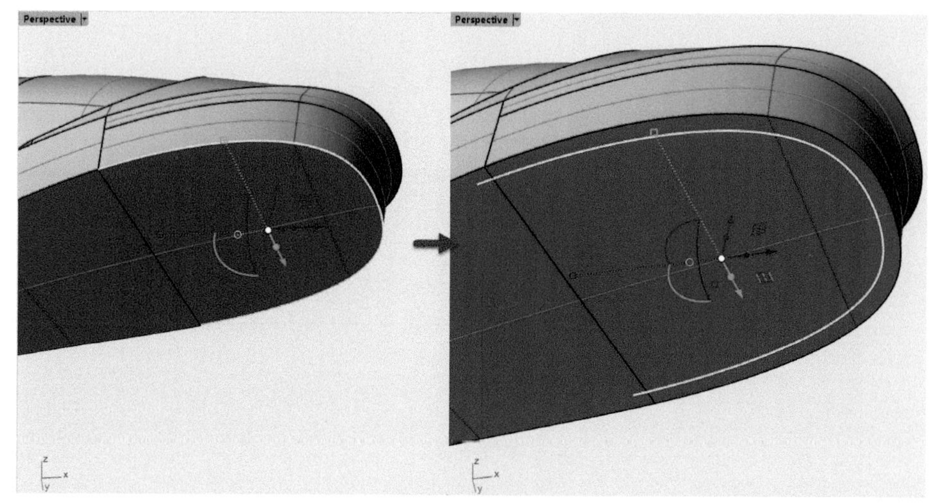

图10-69

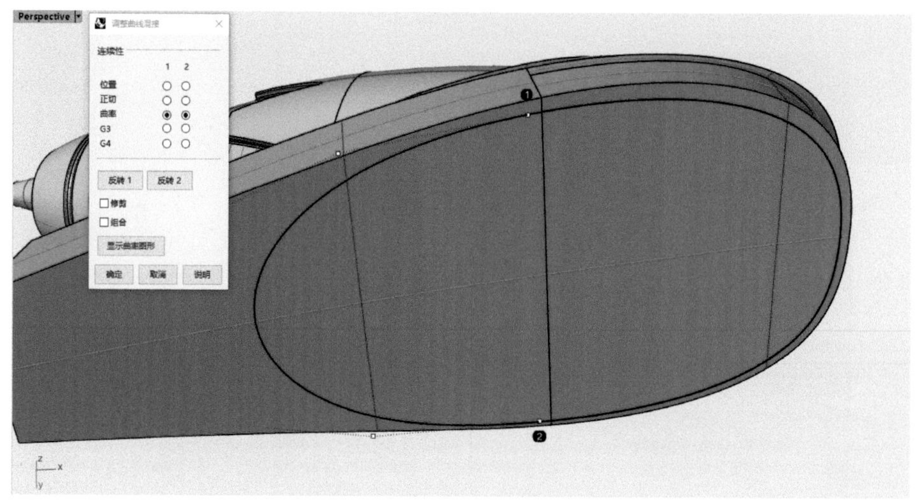

图10-70

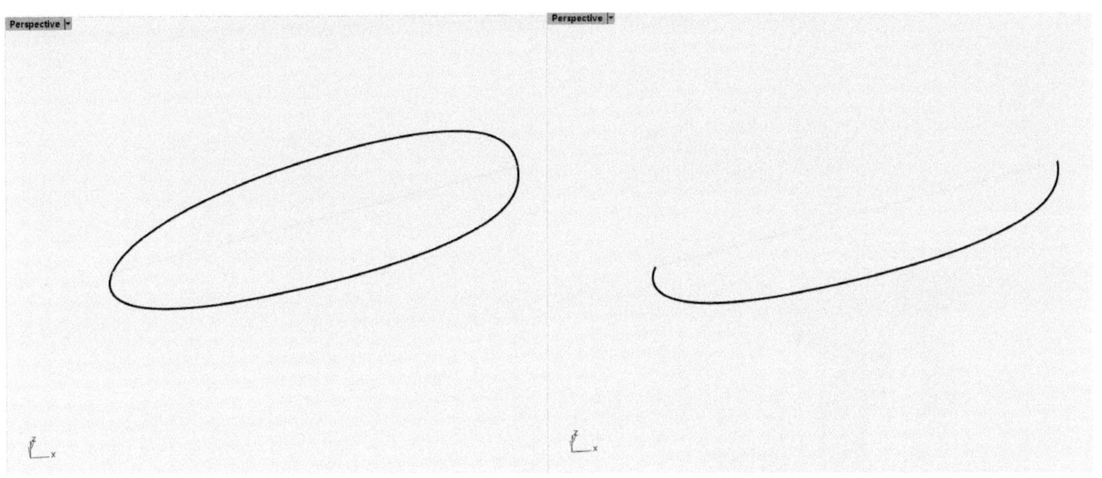

图10-71

⑫ 对修剪好的曲线执行【重建曲线】指令，重建为5阶6点，如图10-72所示。

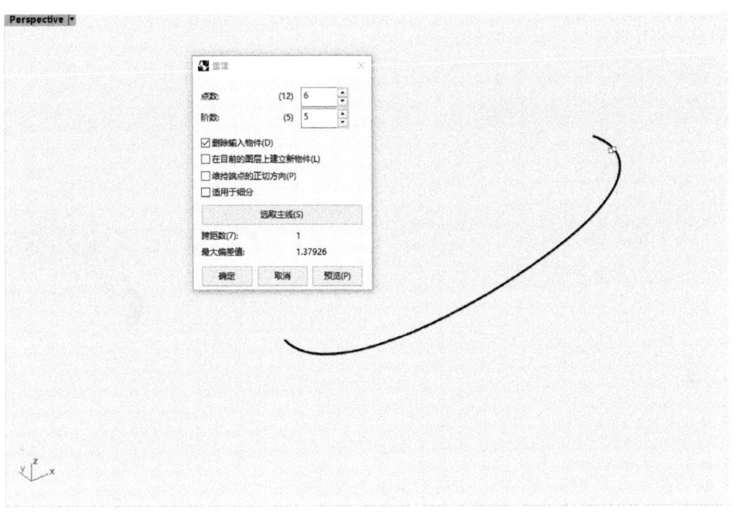

图10-72

⑬ 在【Front】视图中，使用【控制点曲线】指令，根据参考图绘制两根5阶6点的曲线，并注意曲线控制点的排布。如图10-73所示。

⑭ 在【Front】视图中,使用【圆：可塑形的】指令，在曲线两端绘制一个曲线圆，指令栏处选择：两点（p)；垂直（v)。如图10-74所示。

⑮ 切换至【Top】视图中，使用【修剪】指令，对曲线圆进行修剪。如图10-75所示。

图10-73

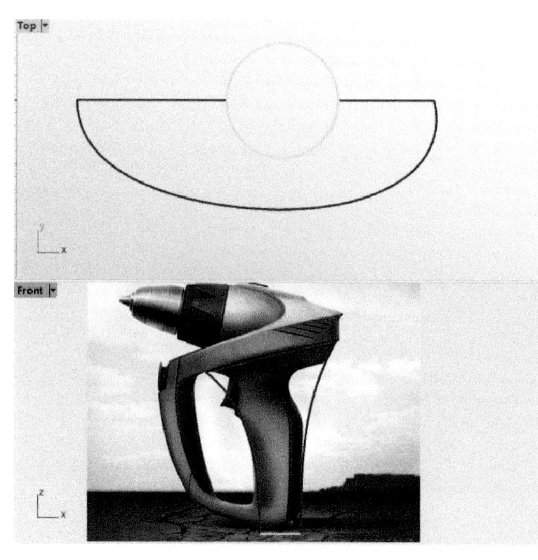

图10-74

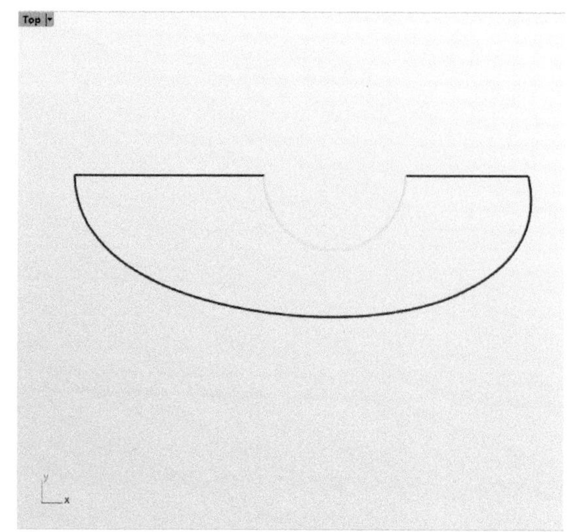

图10-75

⑯ 对修剪后的曲线圆进行【重建曲线】指令，重建为5阶6点，如图10-76所示。

⑰ 开启曲线控制点，选中曲线控制点，使用操作轴对曲线进行轻微调整。如图10-77所示。

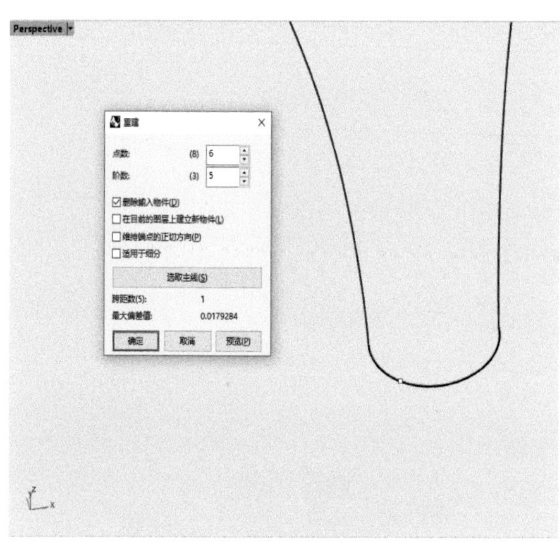

图10-76

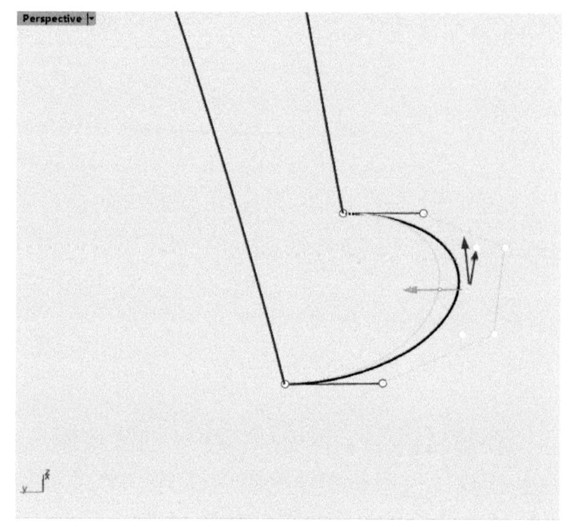

图10-77

⑱ 在【Front】视图中执行【双轨扫掠】指令，半圆曲线作为断面，轮廓曲线作为路径，进行双轨成面建立基本曲面。如图10-78所示。

⑲ 对双轨出来的曲面执行【镜像】指令，镜像并复制得到整体造型，镜像完毕。接着使用【衔接曲面】指令，衔接左右两边曲面。衔接完毕后删除右边曲面。此次衔接是为了检测左右曲面的连续性，因为在双轨扫掠前重建了半圆曲线。如图10-79所示。

图10-78

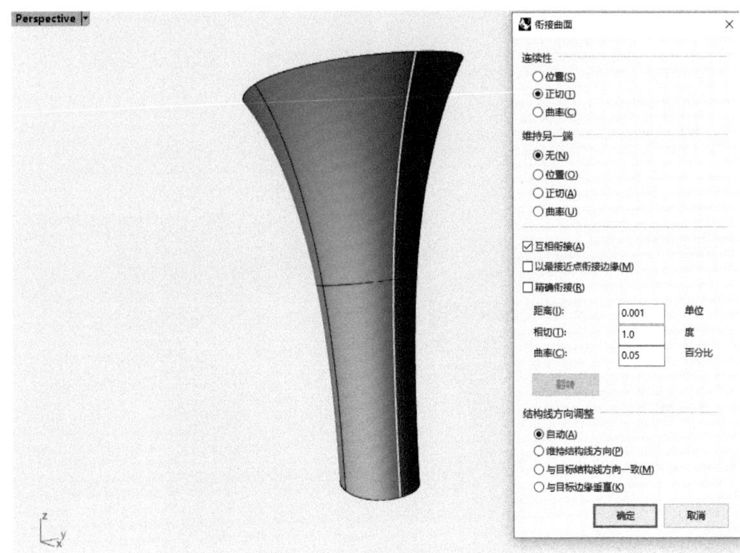

图10-79

⑻ 衔接完成，检查光影，如图10-80所示。

⑻ 切换至【Front】视图中，参照底图使用【插入节点】指令，添加结构线。如图10-81所示。

⑻ 开启曲面控制点，参照底图选中需要调整部分的控制点进行调整，如图10-82所示。

⑻ 执行【以结构线分割曲面】指令，对曲面进行分割，分割成序号1与2两块曲面。如图10-83所示。

⑻ 在【Front】视图中，使用【控制点曲线】指令，根据参考图绘制造型曲线，如图10-84所示。

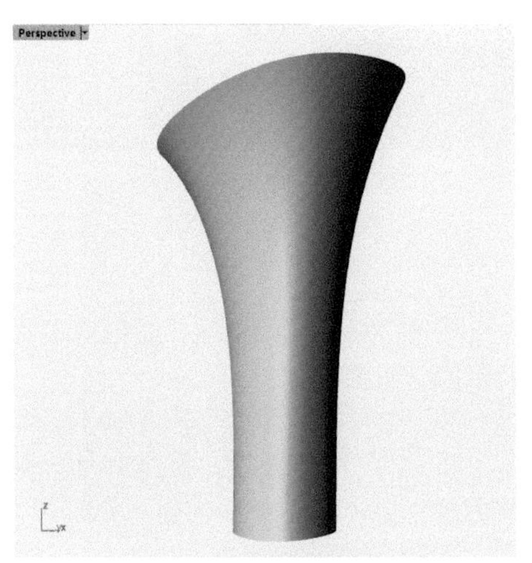

图10-80

10

图10-81

图10-82

图10-83

图10-84

㉟ 先隐藏序号2曲面，随后选中曲线以及需要修剪的曲面，执行【修剪】指令，对其进行修剪。如图10-85所示。

注：需注意尾部边缘曲线与边缘的相切连续性。

㊱ 显示序号2曲面，执行【分割】指令，先选择分割用的曲面，随后选取切割用的曲线，将曲面分割成序号3与4曲面。如图10-86所示。

图10-85

图10-86

⑧⑦ 删除序号4不要的曲面，如图10-87所示。

图10-87

⑧⑧ 对比【Front】视图与【Perspective】视图中，使用【可调式混接曲线】指令，搭建左右曲面的过渡线，并依据参考图调整曲线造型。如图10-88所示。

⑧⑨ 执行【双轨扫掠】指令，混接曲线作为断面，轮廓曲线为路径，进行双轨成面建立基本曲面。如图10-89所示。

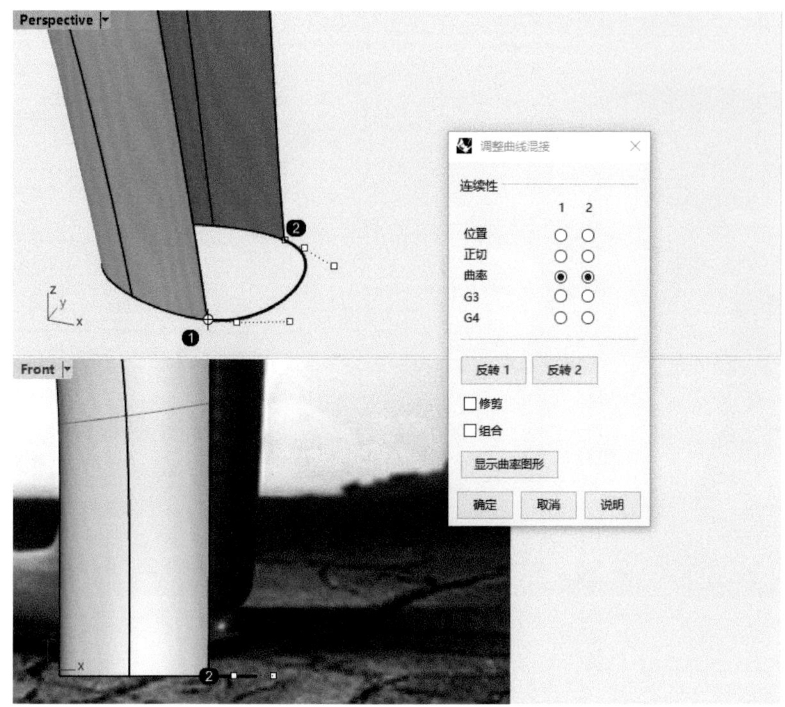

图10-88

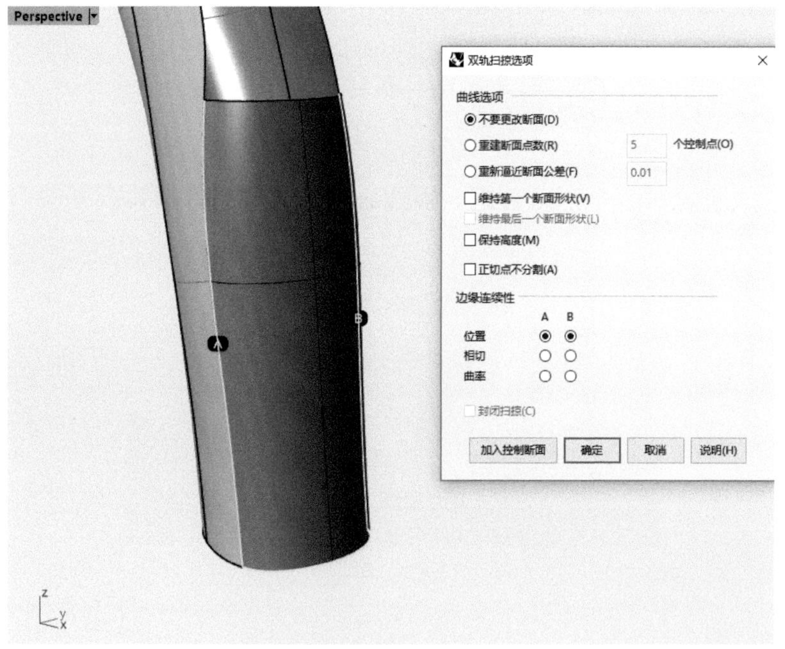

图10-89

⑩ 执行【以结构线分割】指令，分割曲面。此处分割需在指令栏点击：缩回（S）=是。并删除不要的曲面部分。如图10-90所示。

⑪ 分割完成，随后使用【衔接曲面】指令，衔接左右两边曲面，检测曲面之间的连续性。衔接完成并【镜像】曲面。如图10-91所示。

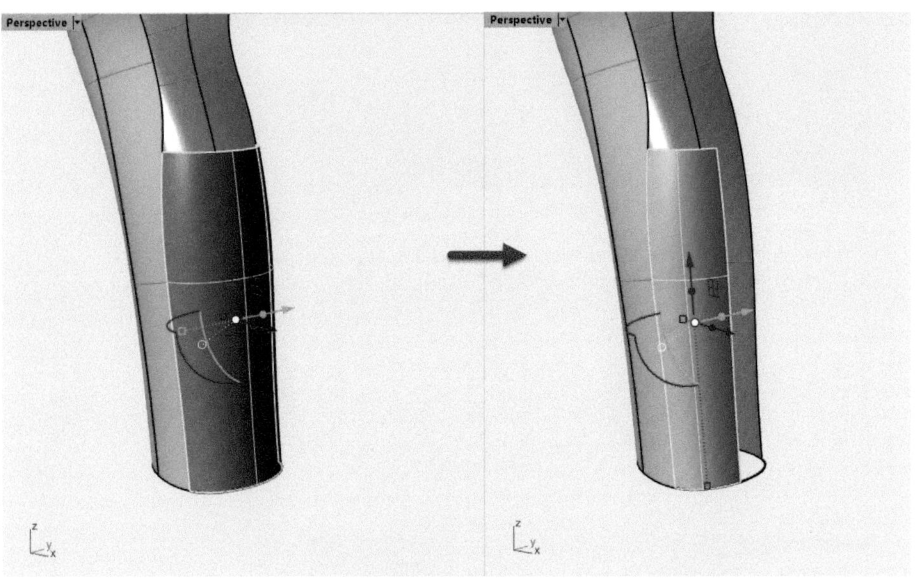

图10-90

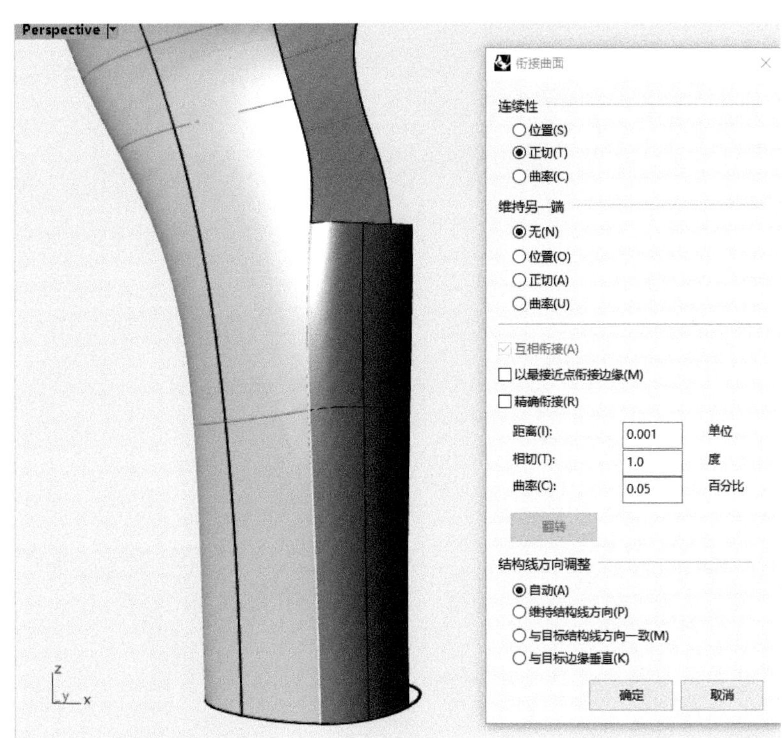

图10-91

⑫ 执行【复制边缘】指令，复制出曲线，随后使用【重建曲线】指令，重建为5阶9点，如图10-92所示。

⑬ 对重建后的曲线执行【放样】指令，放样成面。如图10-93所示。

⑭ 切换至【Front】视图中，开启曲面控制点，并选择曲面内部两排控制点，参照底图进行调整。如图10-94所示。

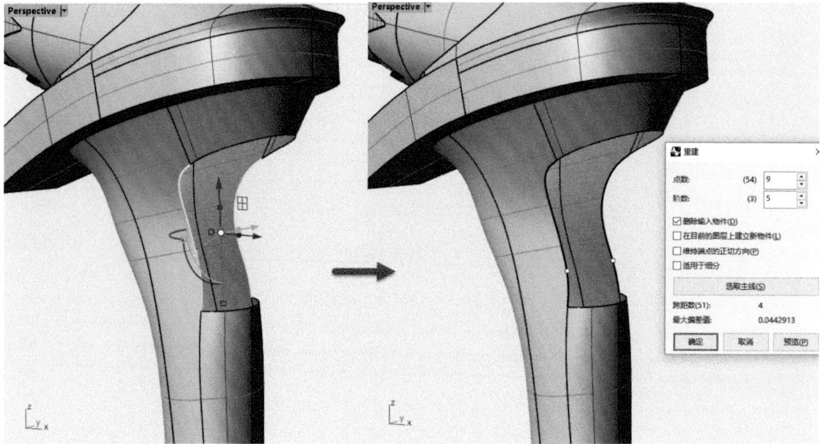

图10-92

图10-93

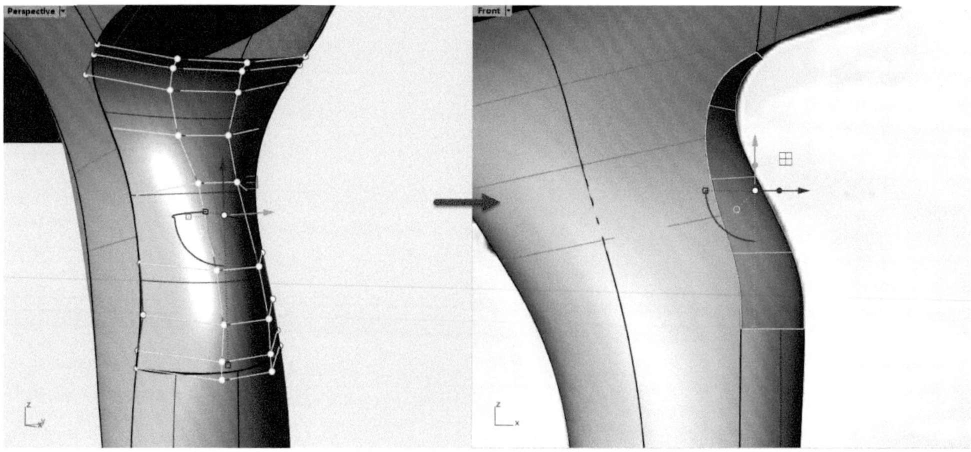

图10-94

⑮ 执行 【以结构线分割】指令，分割曲面。此处分割需在指令栏点击：缩回（S）=是。并删除不要的曲面部分，分割完成。随后使用 【衔接曲面】指令，衔接上下两边曲面。检测曲面之间的连续性。衔接完成并 【镜像】曲面。如图10-95所示。

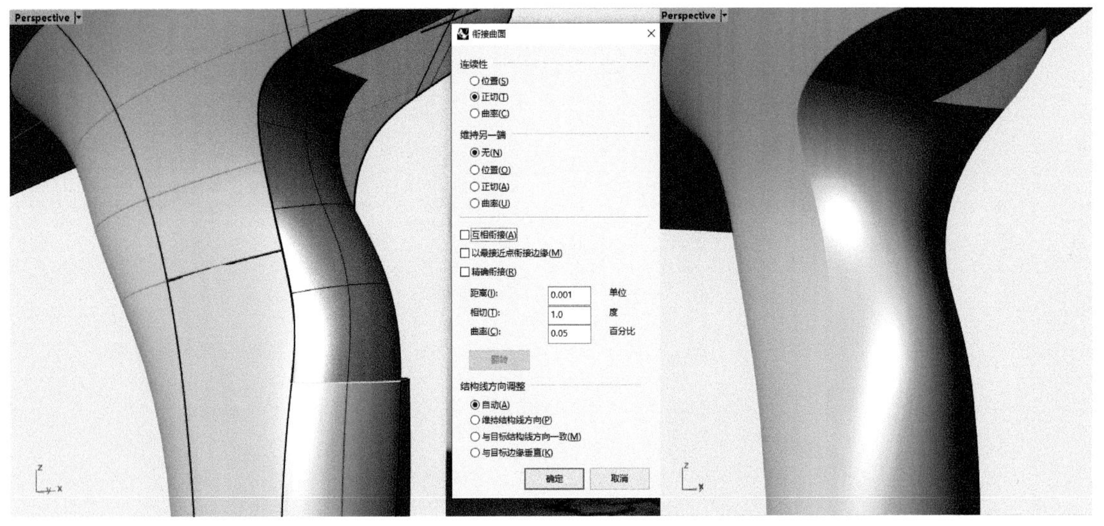

图10-95

⑯ 执行 【复制边缘】指令，复制出曲线并 【重建曲线】指令。随后使用 【双轨扫掠】指令，补齐缺口。如图10-96所示。

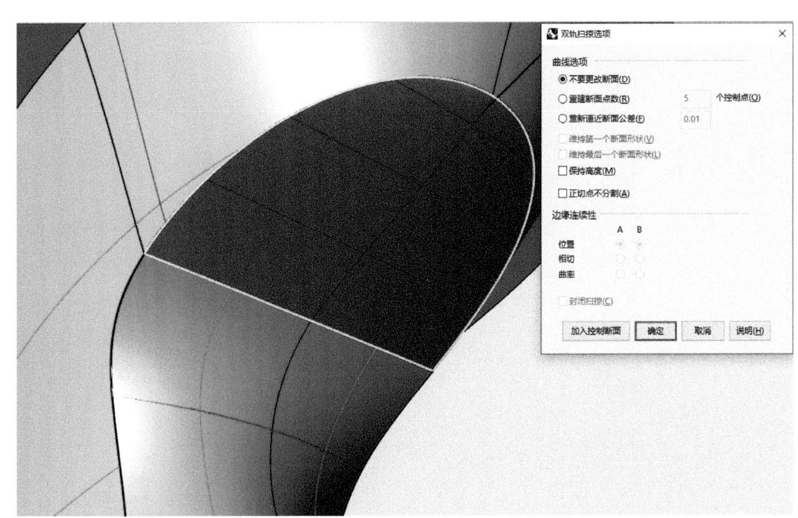

图10-96

⑰ 执行 【以结构线分割】指令，分割曲面。此处分割需在指令栏点击：缩回（S）=是。并删除不要的曲面部分，分割完成。随后使用 【衔接曲面】指令，衔接上下两边曲面。检测曲面之间的连续性，衔接完成。如图10-97所示。

⑱ 选择尾部曲面，随后使用 【放样】指令，依次放样成面。如图10-98所示。

⑲ 纹理制作部分方法一：先使用 【以结构线分割】指令，此处分割需在指令栏点击将【缩回（S）=否】修改成【缩回（S）=是】的状态下进行分割曲面。分割完成，开启曲面控制点并选择内部2排控制点。然后使用 【UVN移动】指令，往N方向调整曲面控制点去制作把手纹理部分。如图10-99所示。

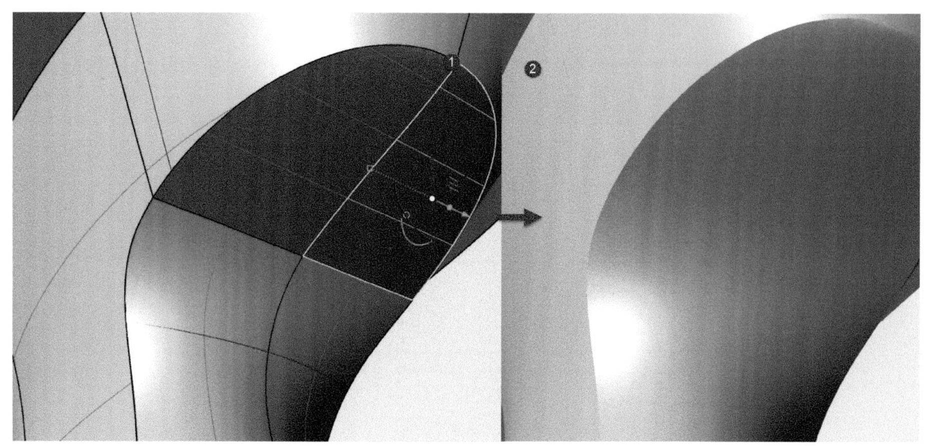

图10-97

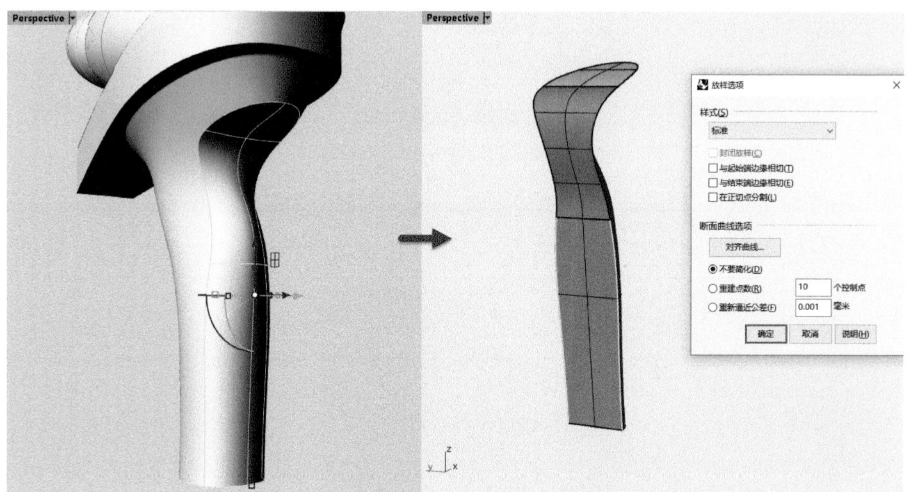

图10-98

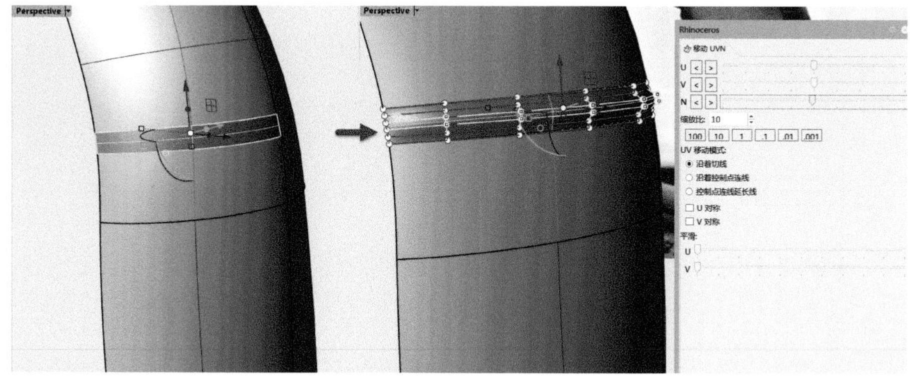

图10-99

⑩⓪ 纹理制作部分方法二：在【Front】视图中，使用 【控制点曲线】指令，根据参考图绘制两根曲线，执行 【分割】指令，先选择分割用的曲面，随后选取切割用的曲线，将曲面分割开，并删除分割出来的曲面。如图10-100所示。

图10-100

⑩① 在【Perspective】视图中使用【可调式混接曲线】指令，搭建曲面的过渡线，并开启曲线控制点【UVN移动】指令往法线方向进行调整。如图10-101所示。

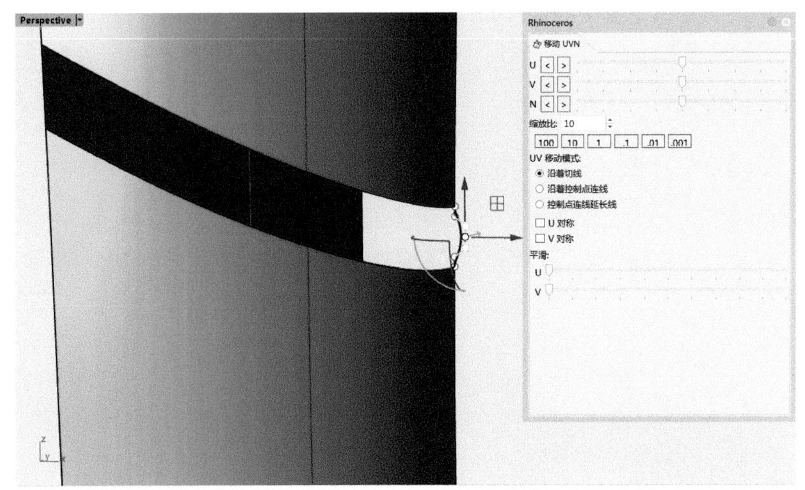

图10-101

⑩② 使用【双轨扫掠】指令，混接曲线作为断面，轮廓曲线为路径，进行双轨成面建立曲面。如图10-102所示。

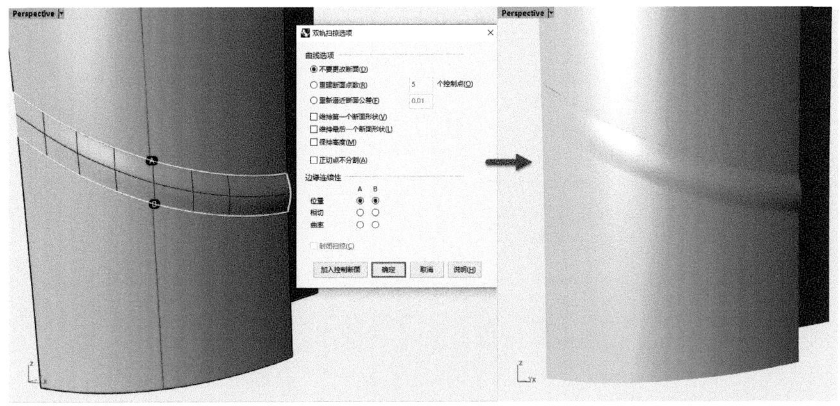

图10-102

⑩③ 其余纹理同理可得，读者可依据同样的方法完成，需注意纹理的变化。如图10-103所示为完成的效果展示。

⑩④ 在【Front】视图中，使用 【控制点曲线】指令，根据参考图绘制两根3阶4点的曲线，并在【Right】视图中调整曲线位置。如图10-104所示。

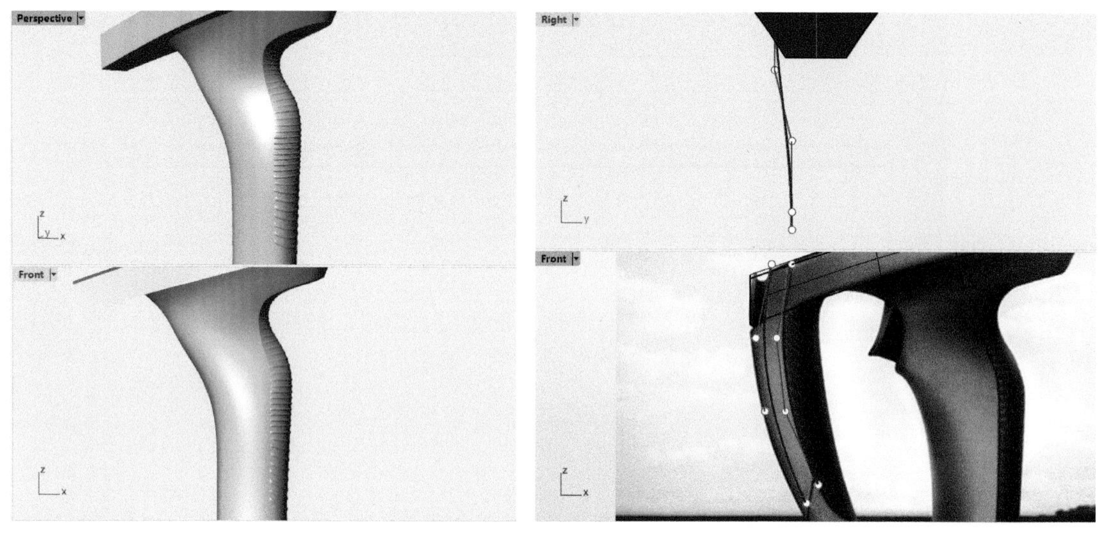

图10-103　　　　图10-104

⑩⑤ 在【Front】视图中使用 【投影曲线】，将曲线投影至曲面上。如图10-105所示。

⑩⑥ 切换至【Perspective】视图中，使用 【衔接曲线】命令，将绘制好的曲线衔接至投影的曲线上，如图10-106所示。

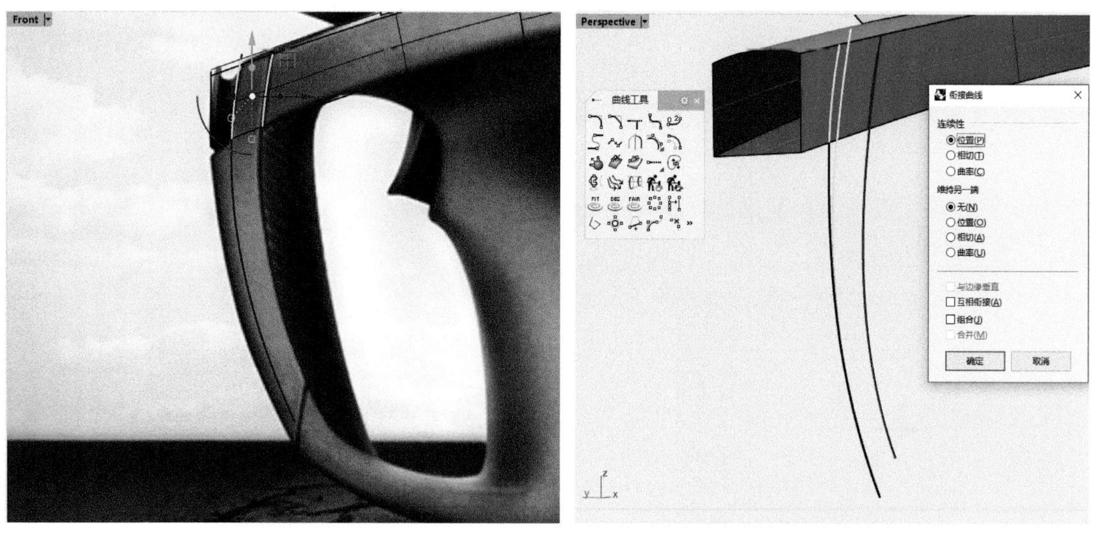

图10-105　　　　图10-106

⑩⑦ 衔接完成，并检查各个视图中的位置关系。如图10-107所示。

⑩⑧ 在【Front】视图中，使用 【抽离结构线】指令，在曲面上抽离两根曲线，具体位置参照底图。如图10-108所示。

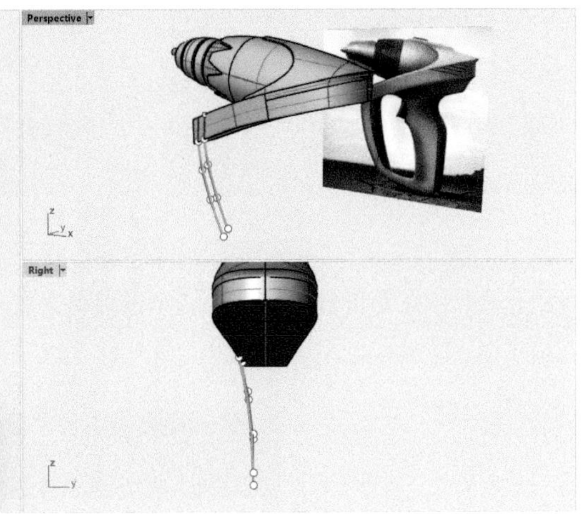

图10-107

⑲ 使用 【可调式混接曲线】指令，搭建左右过渡线，并依据参考图调整曲线造型。如图10-109所示。

⑪ 使用 【放样】指令，依次放样成面并 【镜像】。如图10-110所示。

⑪ 镜像完成，继续使用 【放样】指令，依次对外边缘放样成面。如图10-111所示。

注：此处放样使用曲面边缘进行，可选择与结束端和起始端边缘相切的选项。

⑫ 继续使用 【放样】指令，依次对内边缘放样成面。如图10-112所示。

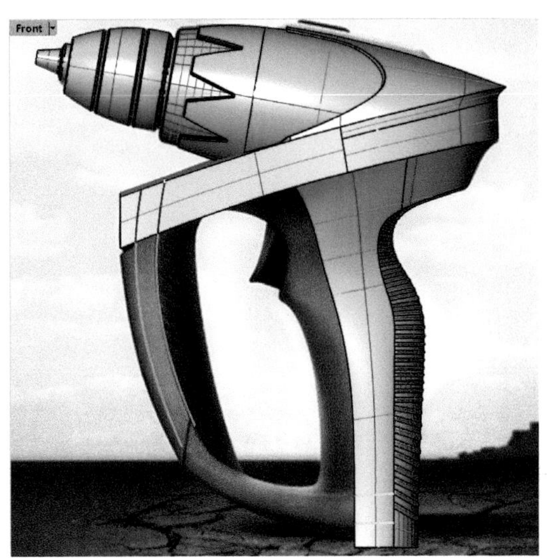

图10-108

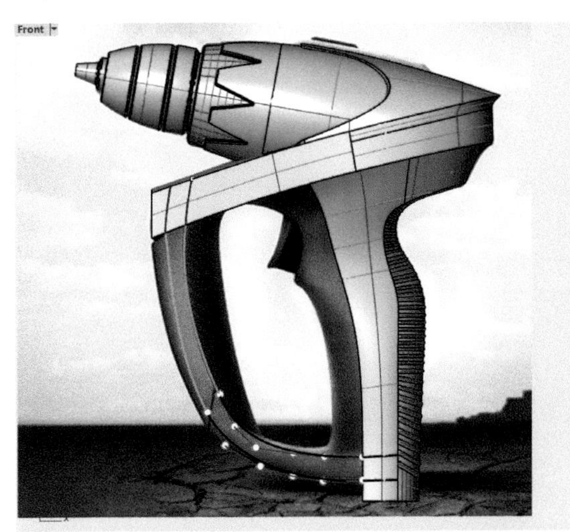

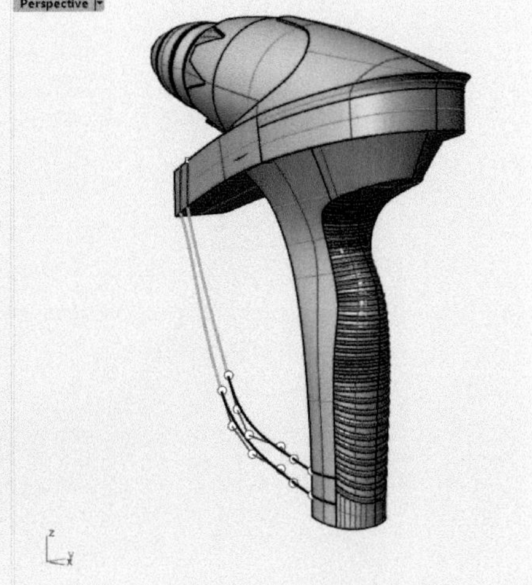

图10-109

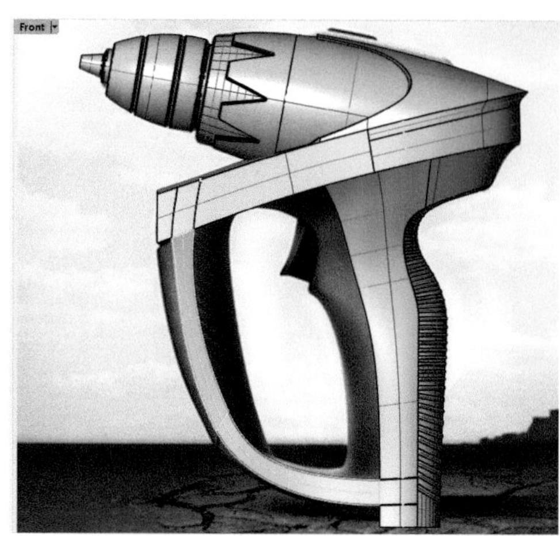

图10-110

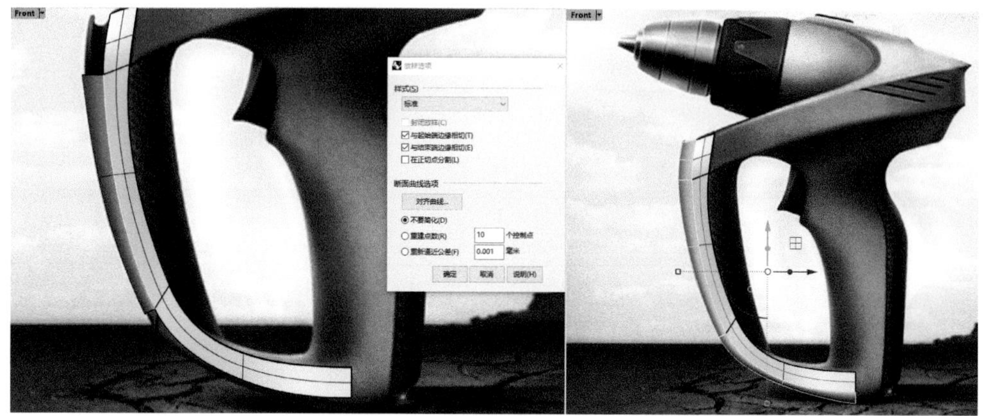

图10-111

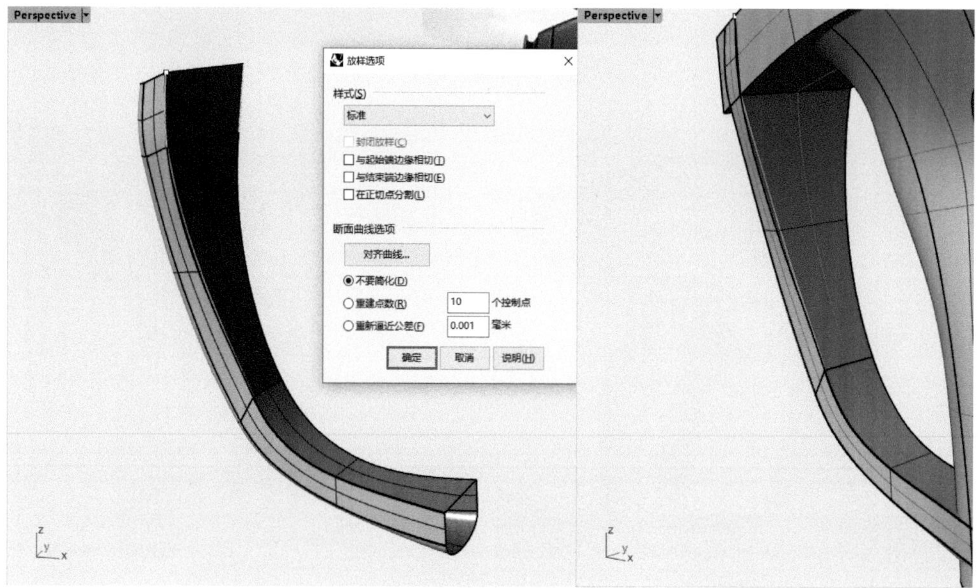

图10-112

⑪③ 在【Front】视图与【Perspective】视图中，点选需要调整的曲面，开启曲面控制点，选择内部的控制点，使用【UVN移动】指令往法线方向进行调整。如图10-113所示。

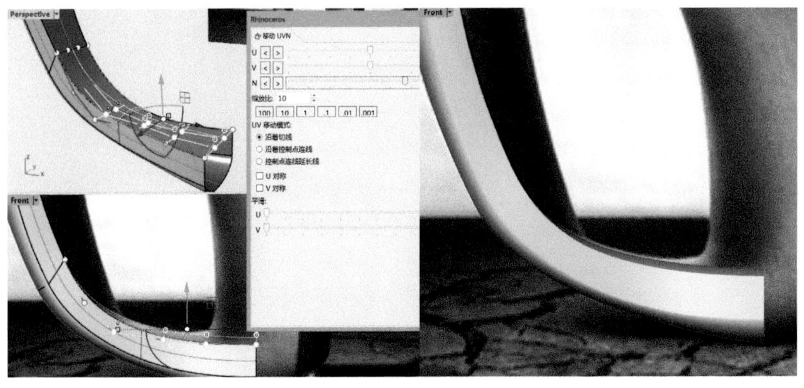

图10-113

⑪④ 选择曲面边缘，使用【放样】指令，放样成面，并开启曲面控制点参考底图调整曲面。如图10-114所示。

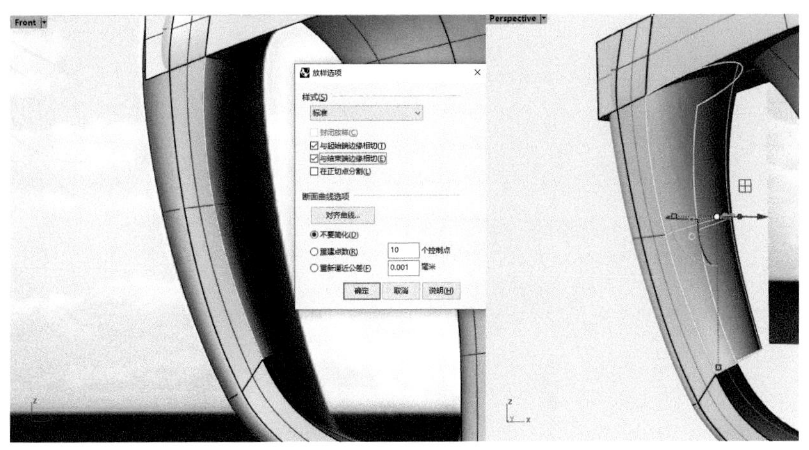

图10-114

⑪⑤ 同理可得补齐下面缺口，如图10-115所示。

图10-115

⑯ 至此产品大体已完成，接下来就是细节的创建与模型倒角的处理。如图10-116所示。

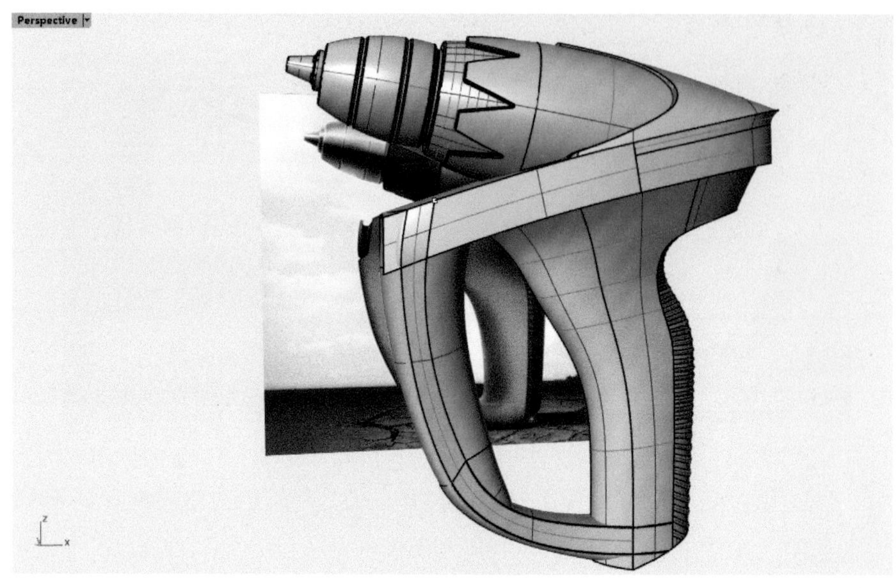

图10-116

⑰ 读者可以参考前面章节案例细节的创建部分以及所学知识完成剩余的细节以及倒角部分，如图10-117所示为模型最终的效果演示。

图10-117